项目二任务一——名片

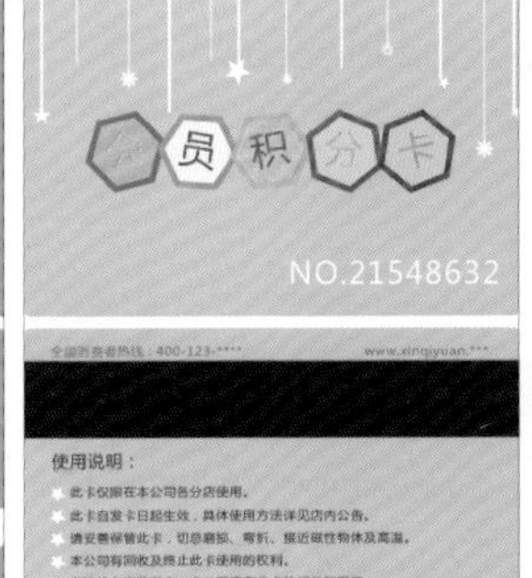

项目二任务二——积分卡

项目二任务三——贺卡

项目三任务一——花纹背景

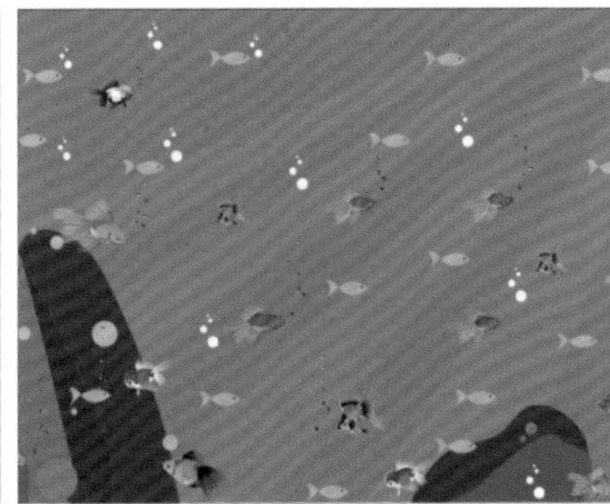
项目三任务二——卡通画

项目三任务三——兑奖券

项目四任务二——房屋平面布置图

项目五任务一——台历效果

项目五任务三——明信片

项目五实训一——牛奶包装盒

项目六任务一——月饼券

项目六任务二——杂志内页

项目七任务一——促销海报

项目七任务二——食品包装袋

项目七任务三——挂历

项目八任务一——相机广告

项目八任务二——点餐牌

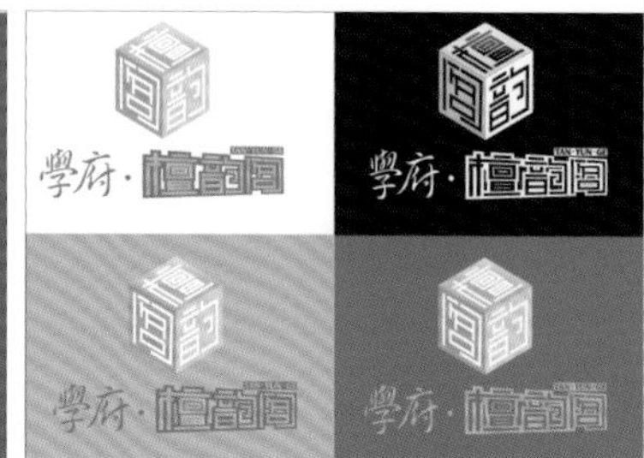

项目十任务一——设计 LOGO

项目十任务二——名片

项目十任务二——纸杯

项目十任务三——记事本

项目十任务三——工作牌

项目十任务三——VIP 卡

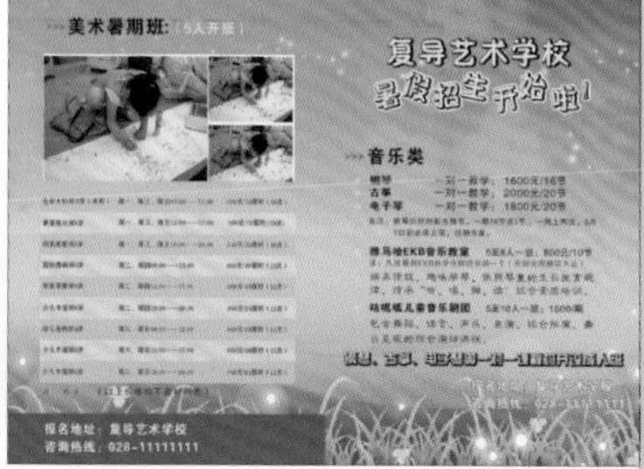

项目十实训二——DM 单

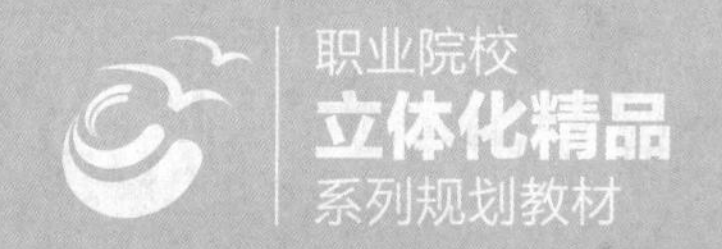

CorelDRAW X4 图形设计教程

王维 ◎ 主编
何颖 杨旭 朱顺良 ◎ 副主编

人 民 邮 电 出 版 社
北 京

图书在版编目（CIP）数据

CorelDRAW X4图形设计教程 / 王维主编. -- 北京 : 人民邮电出版社, 2013.10 (2021.1重印)
职业院校立体化精品系列规划教材
ISBN 978-7-115-32707-9

Ⅰ. ①C… Ⅱ. ①王… Ⅲ. ①图形软件—高等职业教育—教材 Ⅳ. ①TP391.41

中国版本图书馆CIP数据核字(2013)第171674号

内 容 提 要

本书主要讲解 CorelDRAW X4 基础知识，绘制与编辑图形，绘制与编辑曲线，编辑轮廓线和填充颜色，排列与组合图形，处理文本，添加特殊效果，编辑位图及打印输出图形等知识。本书最后还安排了综合实训内容，进一步提高学生对软件知识的应用能力。

本书采用项目式、分任务讲解，每个任务主要由任务目标、相关知识和任务实施 3 个部分组成，然后再进行强化实训。每章最后还总结了常见疑难解析，并安排了相应的练习和实践。本书着重于对学生实际应用能力的培养，将职业场景引入课堂教学，因此可以让学生提前进入工作的角色。

本书适合作为职业院校计算机应用以及平面设计专业等相关专业的教材使用，也可作为各类社会培训学校的教材，同时还可供平面设计初学人员自学使用。

◆ 主　　编　王　维
副 主 编　何　颖　杨　旭　朱顺良
责任编辑　王　平
责任印制　焦志炜

◆ 人民邮电出版社出版发行　　北京市丰台区成寿寺路 11 号
邮编　100164　　电子邮件　315@ptpress.com.cn
网址　https://www.ptpress.com.cn
北京隆昌伟业印刷有限公司印刷

◆ 开本：787×1092　1/16　　彩插：1
印张：16　　2013 年 10 月第 1 版
字数：357 千字　　2021 年 1 月北京第 11 次印刷

定价：44.00 元（附光盘）

读者服务热线：(010)81055256　印装质量热线：(010)81055316
反盗版热线：(010)81055315
广告经营许可证：京东市监广登字20170147号

前 言 PREFACE

随着近年来职业教育课程改革的不断发展，也随着计算机软硬件日新月异地升级，以及教学方式的不断发展，市场上很多教材的软件版本、硬件型号、教学结构等很多方面都已不再适应目前的教授和学习。

有鉴于此，我们认真总结了教材编写经验，用了2~3年的时间深入调研各地、各类职业教育学校的教材需求，组织了一批优秀的、具有丰富的教学经验和实践经验的作者团队编写了本套教材，以帮助各类职业院校快速培养优秀的技能型人才。

本着“工学结合”的原则，我们在教学方法、教学内容和教学资源3个方面体现出了自己的特色。

教学方法

本书精心设计“情景导入→任务目标→相关知识→任务实施→实训→常见疑难解析与拓展→课后练习”教学法，将职业场景引入课堂教学，激发学生的学习兴趣；然后在任务的驱动下，实现“做中学，做中教”的教学理念；最后有针对性地解答常见问题，并通过练习全方位帮助学生提升专业技能。

- 情景导入：以主人公“小白”的实习情景模式为例引入本项目教学主题，并贯穿于项目讲解中，让学生了解相关知识点在实际工作中的应用情况。
- 任务目标：对项目中的任务提出明确的制作要求，并提供最终效果图。
- 相关知识：帮助学生梳理基本知识和技能，为后面实际操作打下基础。
- 任务实施：通过操作并结合相关基础知识的讲解来完成任务的制作，讲解过程中穿插有“操作提示”、“知识补充”两个小栏目。
- 实训：结合任务讲解的内容和实际工作需要给出操作要求，提供操作思路及步骤提示，让学生独立完成操作，训练学生的动手能力。
- 常见疑难解析：精选出学生在实际操作和学习中经常会遇到的问题并进行答疑解惑，让学生可以深入地了解一些提高应用知识。
- 拓展知识：在完成项目的基本知识点后，再深入介绍一些命令的使用。
- 课后练习：结合本项目内容给出难度适中的上机操作题，让学生强化巩固所学知识。

教学内容

本书的教学目标是循序渐进地帮助学生掌握CorelDRAW的基本操作，掌握软件的使用，能够使用软件设计、制作图形。全书共10个项目，可分为如下几个方面的内容。

- 项目一：主要讲解CorelDRAW X4的基础知识，包括CorelDRAW X4的工作界面和CorelDRAW X4的基本操作等知识。

- 项目二至项目八：主要讲解在CorelDRAW X4中绘制与编辑图形、绘制与编辑曲线、编辑轮廓线和填充颜色、排列与组合图形、处理文本、添加特殊效果和编辑位图的相关操作等知识。
- 项目九：主要讲解打印与输出图形的相关知识，包括图形的打印输出设置和图形的印刷输出及格式转换等。
- 项目十：以设计企业VI系统为例，进行综合实训。

教学资源

本书的教学资源包括以下3方面的内容。

（1）配套光盘

本书配套光盘中包含图书中实例涉及的素材与效果文件、各项目任务实训及习题的操作演示动画以及模拟试题库3个方面的内容。模拟试题库中含有丰富的关于CorelDRAW图形设计的相关试题，包括填空题、单项选择题、多项选择题、判断题、简答题、操作题等多种题型，读者可自动组合出不同的试卷进行测试。另外，光盘中还提供了两套完整的模拟试题，以便读者测试和练习。

（2）教学资源包

本书配套精心制作的教学资源包，包括PPT教案和教学教案（备课教案、Word文档），以便老师顺利开展教学工作。

（3）教学扩展包

教学扩展包中包括方便教学的拓展资源以及每年定期更新的拓展案例两个方面的内容。其中拓展资源包含图形设计素材和“关于印前技术与印刷”PDF文档等。

特别提醒：上述第（2）、（3）教学资源可在人民邮电出版社教学服务与资源网（http:// www.ptpedu.com.cn）搜索下载，或者发电子邮件至dxbook@qq.com索取。

本书由王维任主编，何颖、杨旭和朱顺良任副主编，虽然编者在编写本书的过程中倾注了大量心血，但恐百密之中仍有疏漏，恳请广大读者及专家不吝赐教。

编者

2013年6月

目 录 CONTENTS

项目三 绘制与编辑曲线 53

项目四 编辑轮廓线和填充颜色 79

项目五　排列与组合图形　107

项目六　处理文本　131

项目八　编辑位图　185

项目九　打印输出图形　205

项目十　综合实例—VI设计　221

PART 1

项目一 初识CorelDRAW X4

情景导入

阿秀：小白，你刚进公司实习，为了让你尽快适应工作环境，这段时间主要是学习软件的操作。

小白：公司平常使用什么软件来完成工作?

阿秀：在设计工作中，公司主要使用的常用软件有CorelDRAW和Photoshop，但多数图形的制作都是通过CorelDRAW来完成的，因此小白，你一定得尽快掌握这个软件的操作。

小白：可是CorelDRAW我在学校里并没有学习过。

阿秀：小白，别担心，你在公司实习这段时间，我会随着工作的需要逐渐教会你使用CorelDRAW。

小白：那太好了，我一定会认真学习的。

阿秀：这就对了，在接触相关图形设计之前，需要对CorelDRAW有一定的初步认识。

小白：放心吧！我一定会快速掌握你所教的知识。

学习目标

- 熟悉CorelDRAW X4工作界面的组成
- 了解矢量图与位图、色彩模式与分辨率和文件格式等基本概念
- 熟练掌握图形文件的基本操作
- 熟练掌握CorelDRAW中各种绘图显示方式
- 熟练掌握页面的基本操作

技能目标

- 正确认识CorelDRAW X4工作界面的各组成部分
- 能根据图片识别矢量图和位图
- 熟练管理图形文件和页面
- 熟悉使用CorelDRAW进行平面设计的工作流程

任务一 认识CorelDRAW X4

在使用CorelDRAW制作图形之前，需要首先对CorelDRAW有一定的认识，下面将具体介绍CorelDRAW的工作界面和图形设计的相关概念。

一、任务目标

本任务的目标是认识CorelDRAW X4，包括认识其工作界面的组成部分及作用，并掌握如何自定义工作界面，以及掌握涉及CorelDRAW X4的相关基本概念。

CorelDRAW是由加拿大Corel公司推出的专业绘图软件，是目前应用最广泛的矢量图形设计软件之一，它集图形绘制、文本编辑和图形效果制作等功能为一体，并支持矢量与位图的转换以及对位图进行编辑处理等，被应用于广告设计、印刷、企业形象设计、工业造型设计、建筑装潢设计等众多领域。

二、相关知识

下面对CorelDRAW的工作界面、图形设计的相关概念进行介绍。

（一）认识CorelDRAW X4的工作界面

在介绍CorelDRAW的工作界面之前，需要启动CorelDRAW X4，单击开始按钮，在弹出的菜单中选择【所有程序】/【CorelDRAW Graphics Suite X4】/【CorelDRAW X4】菜单命令，或双击桌面上的CorelDRAW X4快捷图标，启动CorelDRAW X4，打开如图1-1所示的欢迎界面。

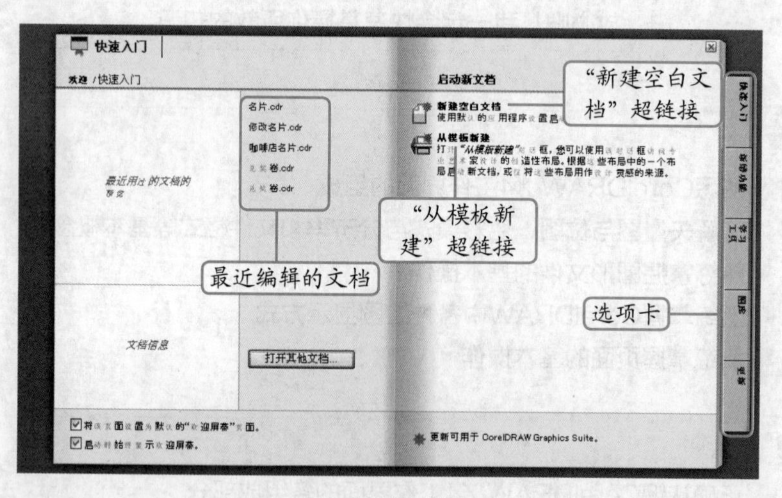

图1-1 欢迎界面

图中各板块的含义如下。

- “新建空白文档”超链接：以当前软件默认的模板来新建一个图形文件。
- “从模板新建”超链接：在打开的“根据模板新建”对话框中选择一个模板样式，

以方便用户在该模板基础上进行设计。

- “最近编辑的文档”：第一次使用CorelDRAW X4时该区域是空白的，当编辑过文件后下次启动时将显示曾经打开过的文件名，单击文件名后，在左侧的两个区域内将显示出该文档的缩略图和文档信息，单击便可快速打开编辑过的文件。
- 打开其他文档... 按钮：单击该按钮将打开“打开图形”对话框，通过该对话框可以打开计算机中已有的CorelDRAW X4图形文件。
- 选项卡：CorelDRAW X4中的欢迎界面以书籍翻开的形式显示，其中最右侧以书签的方式显示了“快速入门”、“新增功能”、“学习工具”、“图库”、“更新”选项卡，单击不同的选项卡，其中出现的内容也不相同。

单击欢迎界面中右侧的“新建空白文档”超链接，进入CorelDRAW X4的工作界面，如图1-2所示。

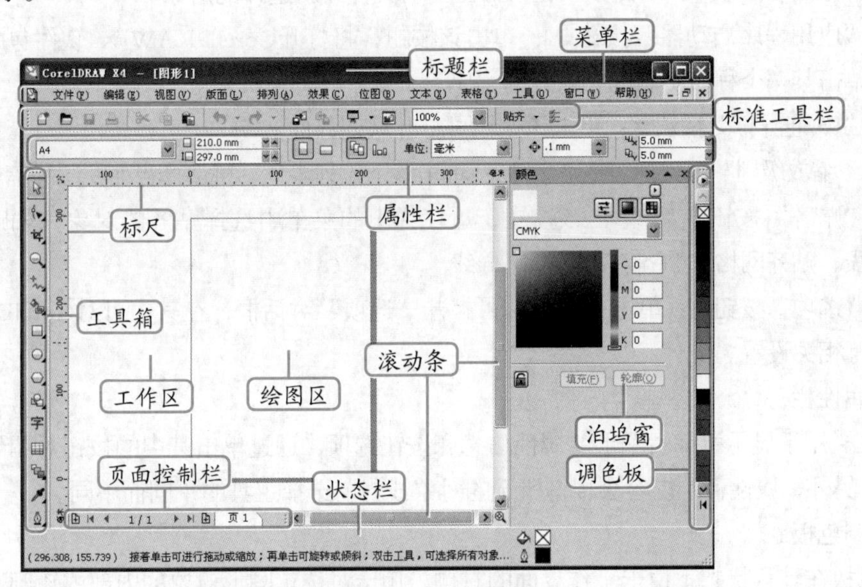

图1-2 CorelDRAW X4的工作界面

CorelDRAW X4工作界面主要由标题栏、菜单栏、标准工具栏、属性栏、工具箱、调色板、泊坞窗、绘图区、工作区、页面控制栏、状态栏等部分组成，下面分别进行介绍。

1. 标题栏与菜单栏

标题栏用于显示CorelDRAW程序的名称和当前打开文件的名称以及所在路径。菜单栏包含了CorelDRAW X4的所有操作命令，单击某一菜单项将弹出其下拉菜单，下拉菜单中部分菜单命令左侧图标与工作界面中标准工具栏中相同图标具有相同的功能。

2. 标准工具栏

标准工具栏位于菜单栏的下方，提供了用户经常使用的一些命令按钮，只需单击按钮即可执行相应的操作，从而让操作更加方便快捷。如图1-3所示，其中相关按钮的介绍如下。

图1-3 标准工具栏

- “新建”按钮：单击该按钮即可创建一个新文件。
- “打开”按钮：单击该按钮可打开一个已经存在的文件。
- “保存”按钮：单击该按钮可保存当前编辑的文件。
- “打印”按钮：单击该按钮可打印当前文件。
- “剪切”按钮：单击该按钮可将所选内容剪切到剪贴板中。
- “复制”按钮：单击该按钮可将所选内容复制到剪贴板中。
- “粘贴”按钮：单击该按钮可将剪贴板中的内容粘贴到当前文件中。
- “撤销”按钮：单击该按钮可撤销上一步的操作。
- “重做”按钮：单击该按钮可恢复上一步撤销的操作。
- “导入”按钮：单击该按钮可导入图像等外部文件。
- “导出”按钮：单击该按钮可导出当前文件或所选择的对象。
- “应用程序启动器”按钮：单击该按钮，将打开CorelDRAW X4软件包的程序，单击某一个程序将启动相对应的程序。
- “欢迎屏幕”按钮：单击该按钮可打开欢迎界面。
- “缩放级别”下拉列表框31%：单击该下拉列表框，可选择当前视图的缩放比例。
- “贴齐”按钮贴齐：单击该按钮，可在弹出的菜单中选择贴齐的对象，如贴齐辅助线、贴齐网格、贴齐对象、动态导线。
- “选项”按钮：单击该按钮，可打开“选项”对话框，在其中可对CorelDRAW进行相关设置。

3. **属性栏**

属性栏用于显示所编辑图形的属性信息和按钮选项，通过单击其中的按钮对图形进行修改编辑。另外，属性栏的内容会根据所选的对象或当前选择工具的不同而不同。

4. **调色板**

调色板在默认状态下位于工作界面的右侧，用于对选定图形对象的内部或轮廓进行颜色填充。在调色板中可以进行以下操作。

- 在调色板中的任一种颜色块上按住鼠标左键不放，稍后将会弹出一个由该颜色延伸的其他颜色选择框，如图1-4所示。
- 选择图形对象，用鼠标左键单击调色板中所需的颜色块可为图形内部填充相应的颜色，如图1-5所示。
- 选择图形对象，用鼠标右键单击调色板中所需的颜色块可填充图形的轮廓颜色，如图1-6所示。
- 选择图形对象，用鼠标左键单击调色板顶端的☒按钮，可取消图形对象内部的填充，用鼠标右键单击☒按钮则取消图形对象轮廓的颜色。
- 单击调色板下方的按钮，可以将调色板向下滚动，从而显示出其他更多的颜色块；单击调色板下方的按钮，则可以显示出调色板中的所有颜色块。

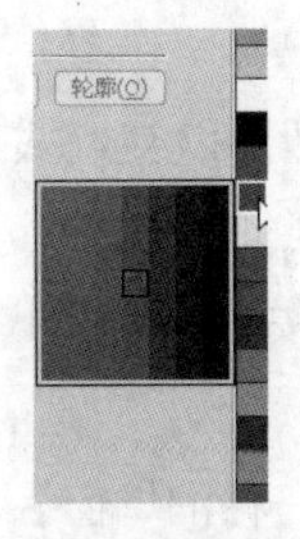

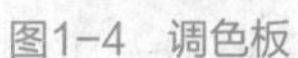

图1-4 调色板

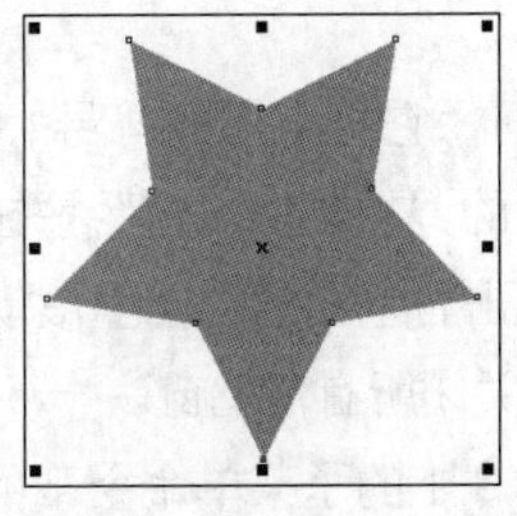

图1-5 填充图形

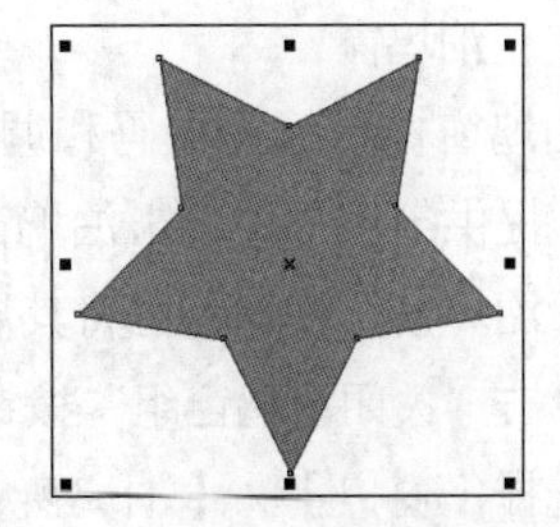

图1-6 图形轮廓

5. 工具箱

工具箱位于工作界面的最左侧，用于放置CorelDRAW X4中的各种绘图或编辑工具，其中，每一个按钮表示一种工具，单击便可选择相应工具。某些按钮右下角有“◢”符号，表示该按钮中包含有子工具，单击“◢”符号或按住该按钮不放，即可展开子工具。将鼠标指针移动到工具按钮上，将会显示该工具的名称，以方便用户认识各个工具，工具箱与所有子工具如图1-7所示。

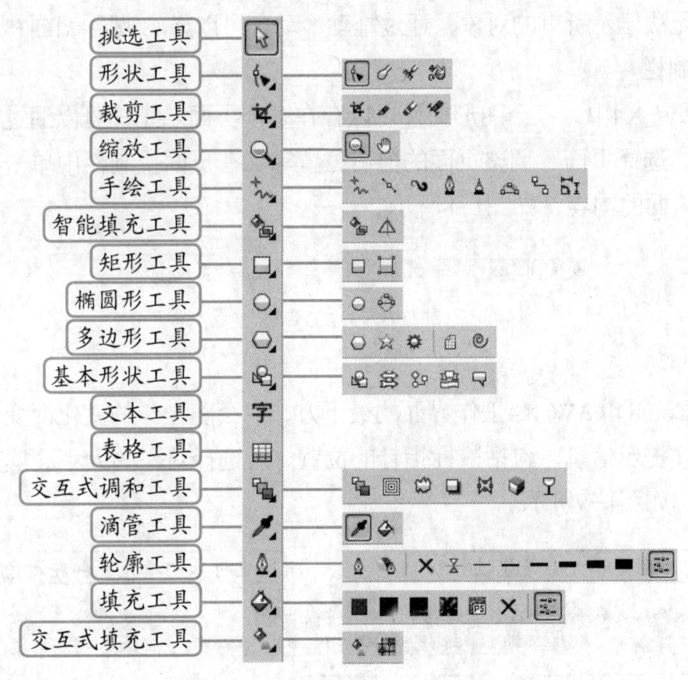

图1-7 工具箱

6．工作区和绘图区

绘图区是指CorelDRAW X4的工作界面中带有矩形边缘的区域，用户可以根据需要在属性栏中设置绘图页面的大小和方向。在绘图区和工作区中都可以绘制图形，但是只有在绘图区内的图形才能被打印出来，而工作区内的图形不能被打印，且工作区的图形不受页面的限制，当翻动页面时，工作区中的图形不会随之翻动，因此在绘制图形时可以在工作区中操作，从而方便调用。

7．泊坞窗

泊坞窗位于绘图页码和调色板之间，它将常用的符号、功能和管理器以交互式对话框的形式提供给用户。单击泊坞窗左上角的“折叠泊坞窗”按钮»可以将泊坞窗折叠，再单击“展开泊坞窗”按钮«可将其展开，单击右上角的“向上滚动泊坞窗”按钮▲可最小化泊坞窗，单击“关闭泊坞窗组”按钮×可以关闭所有泊坞窗。

选择【窗口】/【泊坞窗】菜单命令下的子菜单命令，可打开任意一种泊坞窗。当打开多个泊坞窗后，除了当前泊坞窗外，其他泊坞窗将以标签的形式显示在泊坞窗右边缘，单击相应的选项卡可切换到其他的泊坞窗。

8．标尺

标尺是精确制作图形的一个非常重要的辅助工具，它由水平标尺和垂直标尺组成。在标尺上按住鼠标左键不放，向绘图页面拖动即可拖出一条辅助线。

9. 滚动条

滚动条用于滚动显示绘图区域，分为水平滚动条、垂直滚动条。当放大显示绘图页面后，有时页面将无法显示所有的对象，通过拖动滚动条可以显示被隐藏的图形部分。

10. 页面控制栏

在CorelDRAW X4中，一个图形文件可以存在多个页面。用户可以通过页面控制栏新建页面、删除页面、选择页面、调整页面的前后位置等，在页面控制栏中单击各个页面标签名称便可查看每个页面的内容，如图1-8所示。

2/2 页1 页2 页面标签

图1-8 页面控制栏

11. 状态栏

状态栏位于CorelDRAW X4工作界面的最下方，它会随操作的变化而变化，主要用于显示当前操作或操作提示信息，包括鼠标指针的位置、所选择对象的大小、填充色、轮廓色、显示提示等信息，如图1-9所示。

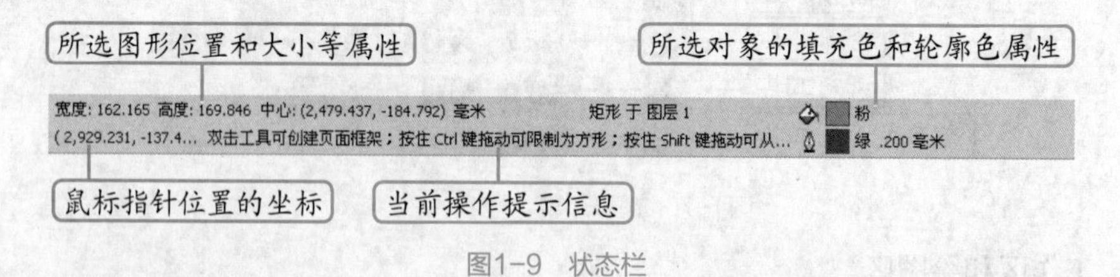

图1-9 状态栏

（二）自定义工作界面

启动CorelDRAW X4后显示的工作界面为系统默认界面，为了满足用户的不同需求，可以根据不同的使用习惯来自定义工作界面，包括设置各工具栏的位置、大小、显示或隐藏等，下面具体介绍其设置方法。

1. 通过快捷菜单设置

将鼠标指针移至菜单栏、工具箱或标准工具栏上，然后单击鼠标右键，在弹出的如图

1-10所示的快捷菜单中可以选择相应的命令来显示或隐藏菜单栏、工具箱或标准工具栏，这是自定义工作界面最简便的方法。

2．通过拖动改变位置

在CorelDRAW X4中，凡是在各栏前端出现控制柄（单条虚线）时，都可对其进行拖动操作，从而将各栏放置在工作界面中需要的位置处。

3．通过“选项”对话框设置

在CorelDRAW中选择【工具】/【自定义】菜单命令，或按【Ctrl+J】组合键打开“选项”对话框，在对话框左侧列表框中选择“自定义”选项，通过选择所需设置的选项，可以在对话框右侧设置该选项相应的参数，如图1-11所示。

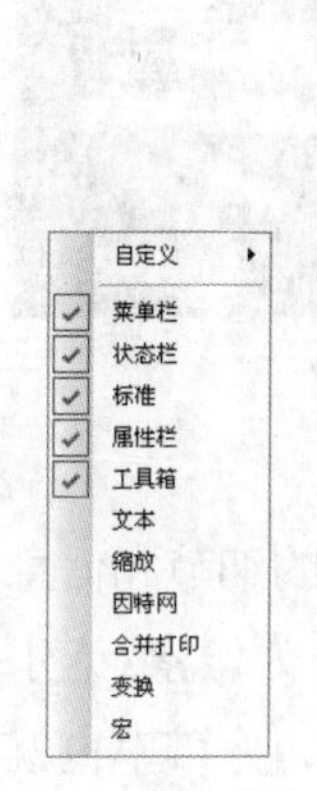

图1-10 快捷菜单

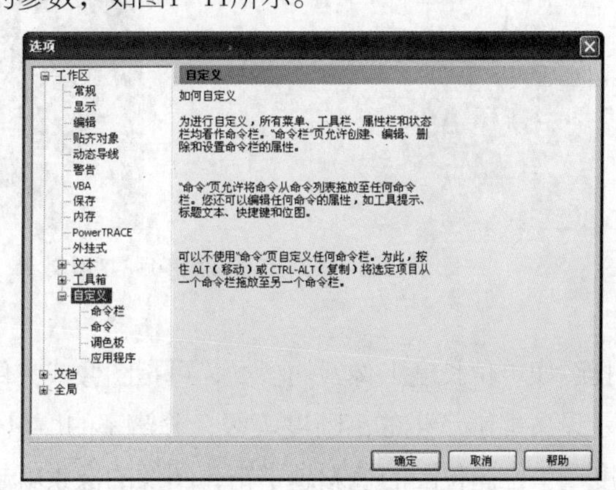

图1-11 “选项”对话框

（三）CorelDRAW图形设置的相关概念

在使用CorelDRAW进行平面作品制作之前，首先必须了解相关的基本概念，包括矢量图与位图、分辨率、色彩模式、文件格式等。下面分别进行介绍。

1. 矢量图

在平面图像中，图像大致可以分为矢量图和位图两种。矢量图又称向量图，它是以数学计算的矢量方式来记录图像内容，且无法通过扫描或数码相机拍照获得，而是依靠设计软件生成，如CorelDRAW、Illustrator等矢量软件。

矢量图中的图形组成元素称为对象，这些对象都是独立的，各自具有不同的颜色和形状等属性，并可自由地重新组合，同时无论将矢量图放大或缩小多少倍都不会产生失真现象，即图形都有一样平滑的边缘。图1-12所示为一张矢量图和对局部进行放大后的效果。

图1-12 矢量图放大前后的对比效果

2. 位图

位图又称点阵图，位图可通过扫描和数码相机获得，也可通过如Photoshop等图像处理软件生成。

位图是由多个像素点组成的，每个像素点都能记录一种色彩信息，因此位图能表现出色彩绚丽的图像效果。将位图放大到一定倍数时即可看到这些像素点，即位图在放大一定倍数时会产生失真现象。图1-13所示为一张位图和将其局部放大后的效果。

图1-13　位图放大前后的对比效果

3. 分辨率

分辨率是指图像单位长度上像素的多少，可指图像或文件中的细节和信息量，也可指输入、输出或显示设备能够产生的清晰度等级，分辨率的度量单位为像素/英寸，同时也是一幅图像工作的度量单位。位图的色彩越丰富，图像的像素就越多，分辨率也就越高，文件也就越大，因此在处理位图时，分辨率的大小会影响最终输出文件的质量和大小。

要使印刷出的成品中图像较为清晰（指一般A4大小），分辨率一般设置为300dpi即可（但分辨率会视成品尺寸的不同而不同）。

4. 色彩模式

色彩模式是设计领域中一个重要的概念，正确的色彩模式可以使图形或图像在屏幕或印刷品上正确地显现出来，在CorelDRAW中设置调色板和进行颜色填充时都将涉及它的使用。在CorelDRAW中支持的色彩模式有RGB、CMY、CMYK、HSB、Lab、灰度模式等，其具体介绍如下。

- **RGB模式：** RGB分别代表Red（红）、Green（绿）、Blue（蓝）3种颜色，在计算机的显示器上产生的颜色即是RGB色。用户可按不同的比例混合这3种色光，3种颜色各自有256个亮度水平级，3种颜色相叠加就有256×256×256=1670万种颜色的可能，完全可以表现出绚丽多彩的世界，所以RGB模式也称真彩色模式。
- **CMY模式：** CMY分别代表Cyan（青）、Magenta（品红）、Yellow（黄）3种颜色，属于减色模式，是较常用的印刷色彩模式之一。
- **CMYK模式：** CMYK模式是由CMY模式发展而来，CMYK分别表示Cyan（青）、Magenta（品红）、Yellow（黄）、Black（黑）4种颜色，使用该色彩模式的图像是由这4种颜色叠加而成，是目前标准的印刷色彩模式。在默认设置下，CorelDRAW

的填充方式为CMYK模式，相对于RGB模式的加色混合模式，CMYK的混合模式是一种减色叠加模式，它通过反射某些颜色的光并吸取另外一些颜色的光来产生不同的颜色。

- HSB模式：HSB模式是根据颜色的色相（H）、饱和度（S）、亮度（B）来定义颜色的。其中，色相是物体的本身颜色，是指从物体反射进入人眼的波长光度，不同波长的光，显示为不同的颜色；饱和度又叫纯度，指颜色的鲜艳程度；亮度是指颜色的明暗程度。
- Lab模式：Lab模式是一种国际色彩标准模式，该模式将图像的亮度与色彩分开，由3个通道组成，L通道是透明度，其他两个通道是色彩通道，即色相（a）和饱和度（b）。在Lab模式下，L通道的范围为0～100%；a通道为从绿到灰，再到红色；b通道为从蓝到灰，再到黄的色彩范围。
- 灰度模式：灰度模式可表现丰富的色调，形成最多256级的灰阶。灰度模式没有色彩，将一个彩色文件转换为灰度模式后，所有的色彩信息将从文件中消失。

5．文件格式

文件格式代表了一个文件的类型。不同的文件有不同的文件格式，通常可以通过其扩展名来进行区别，如扩展名为.cdr的文件表示CorelDRAW格式文件。在CorelDRAW中保存或导出文件时，可以生成多种不同格式的文件，主要包括以下几种。

- CDR格式：CDR文件格式是标准的CorelDRAW文件格式，CDR文件可以存储对象的形状、颜色、大小等信息，是常见的矢量图像文件格式之一。
- AI格式：AI文件格式是Illustrator软件的标准文件格式。该文件格式与CDR文件格式类似，是矢量图像文件格式之一，可以在CorelDRAW中导入并编辑。
- WMF格式：WMF格式同时支持矢量图像和位图图像，是较常用的图元文件格式，其缺点是WMF最大只支持16位，而CDR支持32位。因此在CorelDRAW中，当存储为WMF格式后，对象的细节会有丢失的现象。
- TIFF（TIF）格式：TIFF格式即标志图像文件格式（Tagged ImageFile Format），是在Macintosh机上开发的一种图形文件格式，该格式支持RGB、CMYK、Lab等绝大多数色彩模式，并支持Alpha通道。
- PG（JPEG）格式：JPEG通常简称JPG，是目前最流行的24位图像文件格式。该格式实标上是以BMP格式为基准，在图像失真较小的情况下，对图像进行较大的压缩，在压缩过程中丢失的信息并不会严重影响图像质量，但会丢失部分肉眼不易察觉的数据，所以不宜使用此格式进行印刷。
- GIF格式：GIF图像文件格式可进行LZW压缩，使图像文件占用较少的磁盘空间。该格式可以支持RGB格式、灰度、索引色等色彩模式。
- BMP格式：BMP格式是一种标准的点阵式图像文件格式，它支持RGB、索引色、灰度、位图色彩模式，但不支持Alpha通道。
- PSD文件格式：PSD格式主要由Photoshop图像软件生成，最大的特点是支持层和通道的操作，并且支持背景透明，即Alpha通道，可存储为RGB模式或CMYK等模式。

- **CMX文件格式：** CMX文件格式也是属于CorelDRAW文件格式，是一种图元文件格式，它支持位图和矢量信息以及PANTONE、RGB和CMYK全色范围。
- **EPS文件格式：** EPS文件是目前桌面印刷系统普遍使用的通用交换格式当中的一种综合格式，针对目前的印刷行业来说，使用这种格式生成的文件，不会轻易出现什么问题，且大部分专业软件都会处理它。

在CorelDRAW中，可以直接打开或存储的文件格式有CDR、AI、WMF和CMX等，其他部分文件格式可以通过导入或导出的方式完成，从而实现资源的交换和共享。

CMX格式主要应用于CorelDRAW文档中元素的交换，如一组公用的设计素材，需要在多个文档中使用，此时就可将其导出为CMX格式，导出后的文档便可很方便的拖入其他需要此公用部分的文档中；CMX格式的导入速度是其他任何格式所不能比的，这在将旧版本的CorelDRAW文件转换为新版本文件时尤为常用。

任务二 CorelDRAW X4的基本操作

要在CorelDRAW中进行图形设计，其基本操作是必须掌握的知识。下面将具体介绍CorelDRAW X4的基本操作。

一、 任务目标

本任务的目标是掌握CorelDRAW X4的基本操作，包括启动与退出CorelDRAW X4、管理图形文件、设置页面格式、设置多页面文档、设置标尺、网格和辅助线，以及管理试图等。

二、相关知识

下面便对CorelDRAW的基本操作进行介绍。

（一）管理图形文件

CorelDRAW X4中常见的文件基本操作包括新建、打开、导入、切换、保存和关闭文件等。了解和掌握文件的基本操作对于学习和使用CorelDRAW X4非常重要，下面分别进行讲解。

1. 新建图形文件

在绘制图形前，首先需要新建图形文件，然后才能在新建的文件中绘制和编辑图形。新建文件的方法主要有以下几种。

- **新建空白文件：** 在欢迎界面中单击“新建空白文档”超链接，或选择【文件】/【新建】菜单命令，或单击标准工具栏上“新建”按钮。
- **从模板中新建文件：** 在欢迎界面中单击“从模板新建”超链接，或选择【文件】/

【从模板新建】菜单命令，打开“从模板新建”对话框，在该对话框中选择所需模板后，单击[确定]按钮即可以所选模板新建文件。

2. 打开图形文件

如果想编辑已有的CorelDRAW X4文件，首先需打开该图形文件。在CorelDRAW X4中打开文件的方法有很多，主要包括以下几种。

- 在欢迎界面中的“打开最近用过的文档”栏中单击显示的名称超链接可以打开最近编辑过的图形文件，并在最左侧会显示选择文件的缩略图，如图1-14所示。

图1-14 在欢迎界面中打开文件

- 在打开的欢迎界面中单击[打开其他文档...]按钮，在打开的对话框中选择需要打开的文件，单击[打开(O)]按钮或双击该文件即可打开。
- 按【Ctrl+O】组合键。
- 单击标准工具栏上的“打开”按钮。
- 选择【文件】/【打开】菜单命令。

3. 导入图形文件

CorelDRAW X4默认的文件格式为CDR格式，为了使不同软件之间可以相互转换图形图像文件，CorelDRAW X4提供了导入与导出文件功能，这样CorelDRAW X4就可以和其他应用程序交换文件，也可以让CorelDRAW X4中的文件在其他应用程序中使用。

导入文件是指把不同格式的图形文件输入到CorelDRAW X4中进行编辑，导入的文件可以是矢量文件，也可以是位图文件，如JPG、BMP、TIFF格式的文件等，其方法主要有以下几种。

- 选择【文件】/【导入】菜单命令。
- 在绘图区的任意位置单击鼠标右键，在弹出的快捷菜单中选择“导入”命令。
- 按【Ctrl+I】组合键，在打开的“导入”对话框中指定需要导入文件所在的路径和文件名。

4. 切换图形文件

如果需要同时编辑多个文件，则需要在多个文件窗口之间进行切换，切换文件的方法主要有以下几种。

- 直接单击要切换文件的标题栏，即可将该文件切换到当前编辑状态。
- 选择“窗口”菜单，在其底部选择某个文件的名称，即可将所选文件切换为当前编辑状态。
- 按【Ctrl+F6】组合键，可以循环切换所打开的文件窗口。

5. 保存图形文件

用CorelDRAW X4绘制图形时，一定要注意随时保存文件。因为只有保存后，在遇到断电或错误操作等不可预期的情况时，才不会丢失已有数据，从而避免不必要的损失。保存文件的方式主要有以下几种。

- **保存图形文件**：选择【文件】/【保存】菜单命令或按【Ctrl+S】组合键，或直接单击标准工具栏中的“保存”按钮。
- **另存图形文件**：如需将已保存的文件以其他文件名保存或保存在其他位置，可以选择【文件】/【另存为】菜单命令，或按【Ctrl+Shift+S】组合键，在打开的如图1-15所示“保存绘图”对话框中根据保存图形文件的方法指定新的文件名或新的保存路径后，单击 保存 按钮即可另存该图形文件。
- **保存选定图形文件**：如需要只保存图形文件中选定的图形，可选择图形对象后，在打开的“保存绘图”对话框中单击选中“只是选定的”复选框即可。
- **将文件保存为不同的版本**：在“保存绘图”对话框中保存图形文件时，可在“版本”下拉列表中选择相应版本，如选择“14.0版本”选项，这样该图形文件就可以在CorelDRAW 14.0及以上任意的版本中打开。

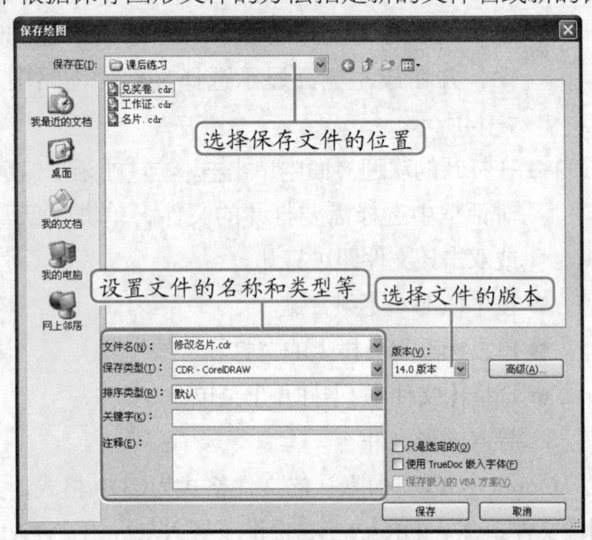

图1-15 “保存绘图”对话框

6. 关闭图形文件

关闭文件是指在不退出CorelDRAW 的前提下关闭当前打开的文件，方法有以下几种。

- 选择【文件】/【关闭】菜单命令或按【Ctrl+F4】组合键。
- 若打开了多个文件，可选择选择【文件】/【全部关闭】菜单命令关闭所有打开的文件。
- 单击菜单栏右侧的“关闭”按钮。

（二）设置页面属性

下面讲解如何在CorelDRAW X4中设置页面属性，主要包括设置页面的大小和方向、设置版面样式和背景等。

1. 设置页面大小和方向

根据所需图形的实际尺寸来设置页面大小和方向，主要是通过属性栏来进行设置。启动CorelDRAW X4并新建一个图形文件后，默认状态下的属性栏如图1-16所示。

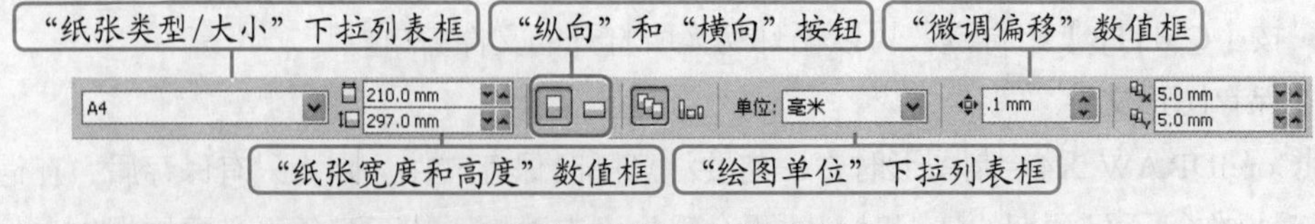

图1-16 默认状态的属性栏

● “纸张类型/大小”下拉列表框：从其下拉列表中可以选择各种预设的选项来设置纸张类型/大小。

● “纸张宽度和高度”数值框：在数值框中可以设置页面的高度和宽度。

● “纵向”按钮和“横向”按钮：分别单击这两个按钮可设置纵向和横向的页面。

● “绘图单位”下拉列表框：从其下拉列表中可选择不同的度量单位。

● “微调偏移”数值框：可设置微调的数值，主要用于使用键盘调整时的微调距离。

选择【版面】/【页面设置】菜单命令，打开“选项”对话框，在“页面”选项中的“大小”选项下同样可对页面的大小进行设置。

2. 设置版面样式和背景

CorelDRAW X4提供了许多预设的版面样式，可用于书籍、折卡、小册子等标准出版物的版面，在设置版面样式时还可以设置对开页，同时CorelDRAW X4还提供了添加背景的功能，这些操作都可在打开的“选项”对话框中完成。

● 在“选项”对话框中选择左边列表框中的“版面”选项，在右侧的“版面”下拉列表中选择所需的版面样式，其中提供了全页面、活页、屏风卡、帐篷卡、侧折卡、顶折卡等版面样式。

● 在“选项”对话框中选择左侧列表框中的“背景”选项，在右侧“背景”栏中单击选中“纯色”单选项，可以选择一种颜色作为纯色背景；单击选中“位图”单选项，单击旁边的浏览(W)...按钮，将打开“导入”对话框，从中选择一个位图文件后单击导入按钮，可以设置图案背景。

（三）设置多页面文档

当制作多页的作品时，可以在同一个CorelDRAW文件中设置多个不同的页面，通过切换页面便可查看并编辑其中任何一个页面上的内容。在CorelDRAW工作界面中，新图形文件默认只有一个页面，即“页1”，在页面控制栏中可进行添加、删除、切换、重命名页面。

● 添加页面：单击页面控制栏中的按钮，可以在当前页的前面或后面添加一个页面；在页面控制栏中的页面标签上单击鼠标右键，在弹出的快捷菜单中选择“在后面插入页”或“在前面插入页”命令，也可添加一个页面，如图1-17所示。

● 删除页面：在页面控制栏中需要删除的页面标签上单击鼠标右键，在弹出的快捷菜单中选择“删除页面”命令可删除该页面。

● 切换页面：单击页面控制栏中的按钮，显示当前页的前一页，如果当前页面为文档首页，将不显示该按钮；单击按钮显示文档的第一页；单击按钮，显示当前页的后一页，如果当前页面为文档末页，将不显示该按钮；单击按钮单击文档的最后一页；如图1-18所示。直接单击该页面的标签，如单击标签“页2”即可切换到页面2中。

● 重命名页面：在页面控制栏中用鼠标右键单击需要重命名的页面，在弹出的快捷菜单中选择“重命名页面”命令，将打开“重命名页面”对话框，在“页名”文本框中输入新的名称即可。

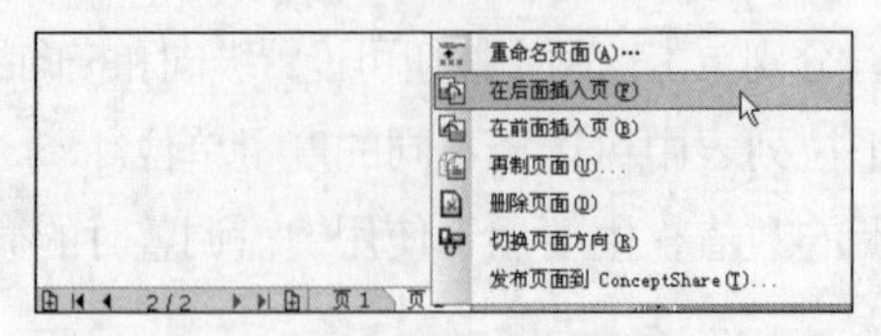

图1-17 添加页面

图1-18 切换页面

知识补充

通过菜单命令也可以添加、删除、重命名页面。方法是选择【版面】/【插入页】菜单命令、【版面】/【删除页面】菜单命令或【版面】/【重命名页面】菜单命令，在打开的对话框中根据提示操作便可。选择【版面】/【转到某页】菜单命令，可以快速切换到需要的页面中。

（四）设置标尺、网格和辅助线

在绘制图形时可以使用一些辅助工具如标尺、网格和辅助线来帮助定位图形的位置，以及确定图形的大小，从而提高绘图的精确度和工作效率，下面将分别进行讲解。

1. 设置标尺

标尺是一个测量工具，分为水平标尺和垂直标尺两种，可以帮助用户精确定位图形对象在水平方向和垂直方向上的位置和尺寸大小。选择【视图】/【标尺】菜单命令，即可显示或隐藏标尺。选择【工具】/【选项】菜单命令，或在标尺上单击鼠标右键，在弹出的快捷菜单中选择“标尺设置”命令，打开“选项”对话框。在该对话框的左侧选择“辅助线”下的“标尺”选项，在其中即可对标尺的相关选项进行设置（设置的方法都大同小异，这里就不再赘述）。

标尺可以被移动到工作界面的任意位置，其方法为按住【Shift】键不放的同时用鼠标左键单击标尺左上角的图标 不放并拖动到绘图区中，此时将出现标尺十字定位双虚线，松开鼠标左键即可将标尺移动到新的位置。按住【Shift】键的同时单独拖动水平或垂直标尺，可以只移动水平或垂直标尺。

2. 设置网格

在使用CorelDRAW X4绘制图形时，可以使图形与网格对齐，方便用户查看图形四周的距离，使绘图更加精确。选择【查看】/【网格】菜单命令，即可使网格显示在绘图工作区域上，再次选择该命令可以隐藏网格。默认状态下网格是不可见的。

选择【工具】/【选项】菜单命令，或在标尺上单击鼠标右键，在弹出的快捷菜单中选择“网格设置”命令，打开“选项”对话框，在该对话框的左侧选择“辅助线”下的“网格”选项，在其中即可对标尺的相关选项进行设置。

3. 设置辅助线

辅助线可用来帮助用户定位图形位置，辅助线经常与标尺配合使用，还可以对其进行旋转、微调、复制、删除等操作，下面将具体讲解辅助线的使用方法。

- 创建水平辅助线：在水平标尺上按住鼠标左键不放并拖动鼠标到绘图区中，在相应的位置释放鼠标即可创建一条水平辅助线。
- 创建垂直辅助线：在垂直标尺上按住鼠标左键不放并拖动鼠标到绘图区中，在相应的位置释放鼠标即可创建一条垂直辅助线。
- 选择辅助线：将鼠标指针放置在辅助线上并单击即可选中该辅助线，按住【Shift】键不放可选择多条辅助线，选中的辅助线将显示成红色，没有被选中的辅助线为浅蓝色，如图1-19所示。
- 移动辅助线：选中辅助线后当鼠标指针变为↔形状时，拖动鼠标即可移动辅助线。
- 旋转辅助线：选中辅助线后再次单击辅助线，辅助线上将出现旋转符号和旋转中心⊙，将鼠标指针移到两端的任意一个旋转手柄上并拖动，即可旋转辅助线，如图1-20所示。

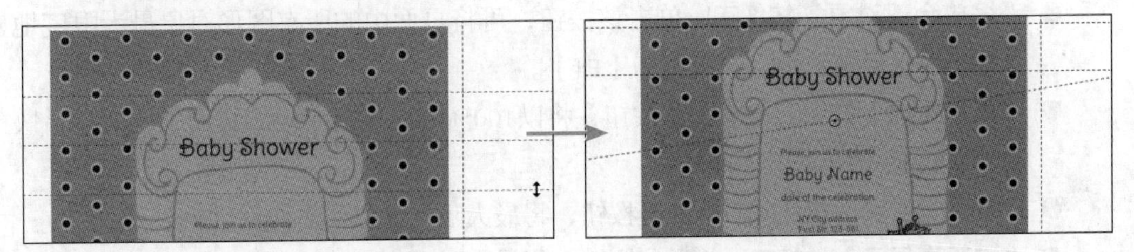

图1-19　选择多条辅助线　　图1-20　旋转辅助线

- 复制辅助线：使用鼠标拖动辅助线到目标位置后单击鼠标右键，然后释放鼠标，即可复制一条辅助线。
- 删除辅助线：选中不需要的辅助线，再按【Delete】键即可删除辅助线。
- 锁定辅助线：创建多条辅助线后，在不需要操作的辅助线上单击鼠标右键，在弹出的快捷菜单中选择"锁定对象"命令，即可将该辅助线锁定。锁定的辅助线不能被移动。在已锁定的辅助线上单击鼠标右键，在弹出的快捷菜单中选择"解除对象锁定"命令，即可将其解锁。
- 设置辅助线的颜色：双击工作界面中的某个辅助线打开"选项"对话框，在左侧选择"辅助线"选项，单击"默认辅助线颜色"按钮右侧的按钮，在弹出的颜色列表框中可以选择一种颜色作为辅助线的颜色。
- 显示/隐藏辅助线：选择【视图】/【辅助线】菜单命令，可以隐藏或再次显示辅助线。

（五）管理视图

在CorelDRAW X4中，用户可以用缩放工具放大、缩小和平移页面视图以及用各种查看模式显示视图，下面将分别进行讲解。

1. 用缩放工具管理视图

使用缩放工具可以对视图进行缩放、平移、全屏幕显示等，以方便对图形进行查看。选择工具箱中的缩放工具，将打开如图1-21所示的属性栏，各按钮的作用如下。

- “缩放级别”下拉列表框150%：在该下拉列表框中可以选择视图缩放的比例或大小选项。也可以直接在下拉列表框中输入需要显示的比例，然后按【Enter】键确定。

图1-21 缩放工具的属性栏

- “放大”按钮：单击该按钮，将以两倍的比例放大显示视图，快捷键为【F2】，选择缩放工具后，在绘图区中光标将变为放大镜形状，直接单击鼠标左键也可实现放大功能。
- “缩小”按钮：单击该按钮，将以两倍的比例缩小显示视图，快捷键为【F3】，在放大状态下按住【Shift】键不放单击也可缩小图形显示。
- “缩放选定范围”按钮：单击该按钮，可将选定的图形对象最大限度地显示在当前绘图页面中，快捷键为【Shift+F2】。
- “缩放全部对象”按钮：单击该按钮，可将页面中的所有图形对象最大限度地显示在当前页面窗口中，快捷键为【F4】。
- “显示页面”按钮：单击该按钮，将以100%的比例显示绘图页面中的对象，快捷键为【Shift+F4】。
- “按页宽显示”按钮：单击该按钮，将最大限度地显示页面宽度。
- “按页高显示”按钮：单击该按钮，将最大限度地显示页面高度。

2. 使用视图管理器管理视图

选择【窗口】/【泊坞窗】/【视图管理器】菜单命令，将打开如图1-22所示的“视图管理器”泊坞窗，其中提供了完整的视图调整工具，并可以将常用的视图比例进行保存供以后使用。“视图管理器”泊坞窗中各选项的含义如下。

图1-22 “视图管理器”泊坞窗

- “缩放一次”按钮：使用该工具在绘图区域中单击，可以使页面视图放大两倍。按下【Shift】键的同时单击，可以将页面视图缩小到原视图的1/2。
- “添加当前视图”按钮：单击该按钮，将当前视图的显示比例添加到面板中的列表框中，以便以后使用。
- “删除当前视图”按钮：删除列表框中已经存在的视图显示比例。

3. 移动显示区域

放大视图后可能导致部分区域在显示窗口以外，这时可以通过移动显示区域来查看整个文件。

- 拖动绘图窗口右侧或底部的滚动条，或按下工具箱中缩放工具不放，在展开的子工具栏中选择手形工具，或按【H】键，然后在绘图窗口中拖动鼠标即可移动显示区域。
- 拖动绘图窗口右侧或底部的滚动条，或者单击滚动条两端的三角形按钮。
- 在水平滚动条和垂直滚动条相交处有一个按钮，将鼠标指针移至该按钮上时，指针变为十字形状，按住鼠标左键不放，会显示一个如图1-23所示的小窗口，用于显示绘图页面中的所有对象，该窗口中的矩形方框即表示当前显示的页面大小，此时按住鼠标左键不放并拖动时，矩形方框会随鼠标指针移动，同时在页面中的显示区域也会移动。

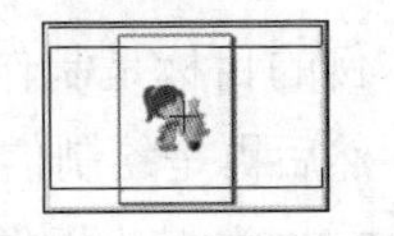

图1-23 移动显示区域

4. 切换视图显示模式

在CorelDRAW X4的“视图”菜单中为用户提供了6种视图显示模式，这些显示模式主要用于在绘制复杂图形时方便用户查看各个图形的重叠情况，切换视图显示模式只是改变图形的显示方式，而不会对图形产生任何影响。各个模式的显示效果介绍如下。

- 简单线框：只显示对象的轮廓，不显示图形中的填充、立体等效果，以更方便查看图形轮廓的显示效果，如图1-24所示。
- 线框：其显示效果与简单线框模式类似，只显示单色位图图像、立体透视图、轮廓图和调和形状对象。
- 草稿：可以显示标准填充和低分辨率位图，它将透视和渐变填充显示为纯色，渐变填充则用起始颜色和终止颜色的调和来显示，当需要快速刷新复杂图像可以使用该模式，效果如图1-25所示。
- 正常：显示PostScript填充外的所有填充图形及高分辨率的位图，它既能保证图形的显示质量，也不会影响刷新速度。
- 增强：使用两倍超取样来达到最好效果的显示，该模式对计算机的性能要求较高，效果如图1-26所示。
- 使用叠印增强：可以预览叠印颜色混合方式的模拟，此功能对于项目校样非常有用。

图1-24 简单线框模式

图1-25 草稿模式

图1-26 增强模式

任务三 制作“信封”

信封是人们用于邮递信件、保密信件内容的一种交流文件信息的袋状包装，信封一般做成长方形的纸袋。在CorelDRAW中制作信封较为简单，只需绘制出信封需要的相关图形即可。

一、任务目标

本例的目标是制作“信封”，在制作之前首先需要新建图形文件，设置信封的大小页面，然后再是绘制信封的相关图形，最后保存和关闭文件。通过本例的学习，可以熟悉CorelDRAW的基本操作，从而为后面的学习打下基础，本例的参考效果如图1-27所示。

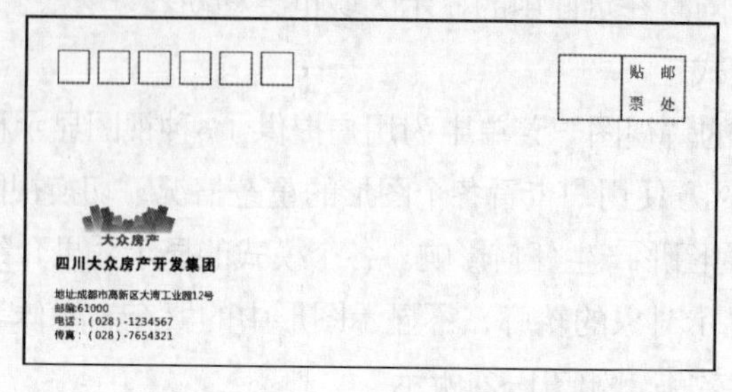

图1-27　“信封”效果

二、相关知识

本例在制作信封的过程中，为了使绘制的图形距离相同，需要使用到辅助线的相关知识。任意拖动出一条辅助线并双击它，将打开“选项”对话框，在其中可对辅助线的颜色和位置等进行设置。

信封是企业与合作伙伴交流时常会用到的办公用品，它可以体现企业实力和企业形象，一般都采用白色信封，企业信封的大小规格有很多，一般是采用标准信封大小，也可自定义信封大小等。本例使用的信封尺寸为国内标准信封尺寸220mm×110mm。

三、任务实施

（一）新建图形文件并设置页面

启动CorelDRAW X4后，首先需要新建一个空白文档，然后对页面大小设置。其具体操作如下。

STEP 1 选择【开始】/【所有程序】/【CorelDRAW Graphics Suite X4】/【CorelDRAW X4】菜单命令，启动CorelDRAW X4，在打开的欢迎界面中单击“新建空白文档”超链接。

STEP 2 此时默认的页面大小为A4，在属性栏中的“纸张宽度和高度” 数值框输入220mm和110mm，设置页面的大小，完成后按【Enter】键确认，同时“纵向”按钮□呈选中状态，效果如图1-28所示。

在CorelDRAW中只要是新建的空白文档，大小都是默认的A4，即210mm×297mm，在属性栏中的“纸张类型/大小”下拉列表框中提供有多种纸张大小可供选择。

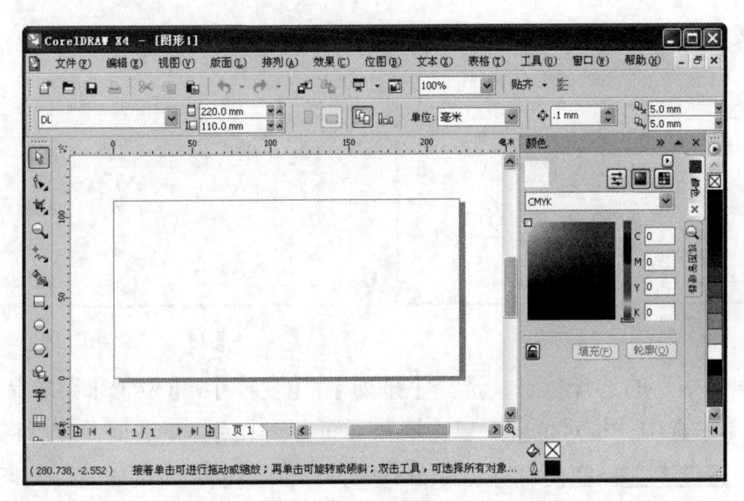

图1-28 设置页面大小

（二）创建辅助线

为了使后面绘制的图形相对规范，下面在页面中创建辅助线。其具体操作如下。

STEP 1 单击标准工具栏中的贴齐按钮，在弹出的菜单中选择“贴齐辅助线”命令，使后面绘制的图形能贴齐辅助线。

STEP 2 在水平标尺上按住鼠标左键不放并拖动鼠标到绘图区中，在需要的位置处释放鼠标创建一条水平辅助线，然后在属性栏中的“对象位置”数值框中输入100，按【Enter】键指定辅助线的位置，如图1-29所示。

STEP 3 在垂直标尺上按住鼠标左键不放并拖动鼠标到绘图区中，在需要的位置处释放鼠标创建一条垂直辅助线，然后设置其位置为10mm。

STEP 4 根据相同的方法创建出其他位置的辅助线，效果如图1-30所示。

图1-29 创建水平辅助线

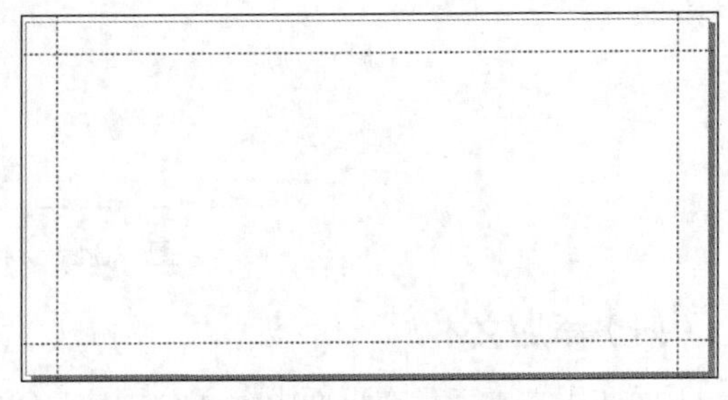

图1-30 完成辅助线创建

（三）绘制基本图形

下面使用矩形工具在页面中绘制信封的相关图形，完善信封的制作。其具体操作如下。

STEP 1 双击工具箱中的矩形工具，在页面上绘制出一个与页面大小相同的矩形，在调色中单击白色进行填充，效果如图1-31所示。

STEP 2 选择工具箱中的矩形工具在信封左上角按住【Ctrl】键和鼠标左键不放，绘制一个矩形作为邮编框，释放鼠标后在属性栏中将对象宽度设置为“10mm”，高度设置为

“10mm”，按【Enter】键后的效果如图1-32所示。

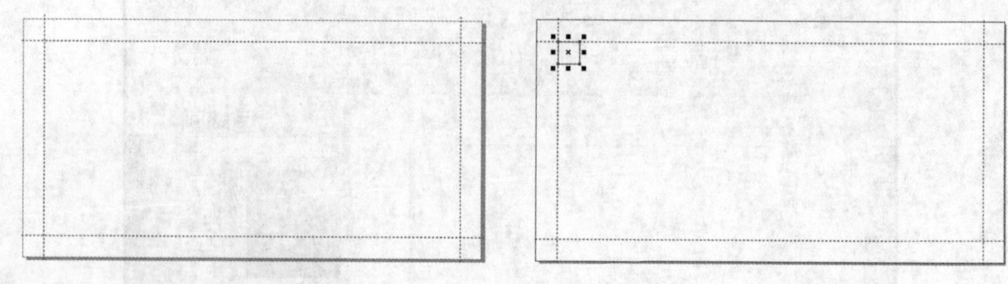

图1-31 绘制矩形　　　　图1-32 绘制正方形

STEP 3 保持矩形的选择状态，选择【排列】/【变换】/【位置】菜单命令，打开“变换”泊坞窗，单击选中“相对位置”复选框和下面右侧中间的复选框，然后将“水平”设为13，单击5次[应用到再制]按钮便可每隔13mm复制一个邮编框，效果如图1-33所示。

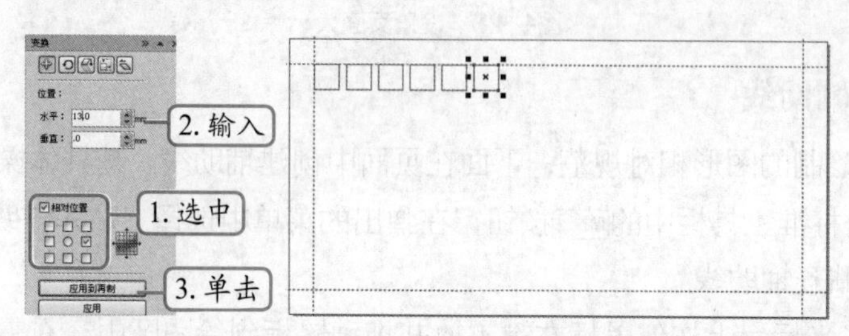

图1-33 绘制邮编框

STEP 4 使用矩形工具在信封的右上角绘制两个正方形作为贴邮票处，在属性栏中将对象宽度和高度均设置为“20mm”，按住【Shift】键单击选择这两个正方形，按【B】键使其底边对齐，完成信封的基本绘制，如图1-34所示。

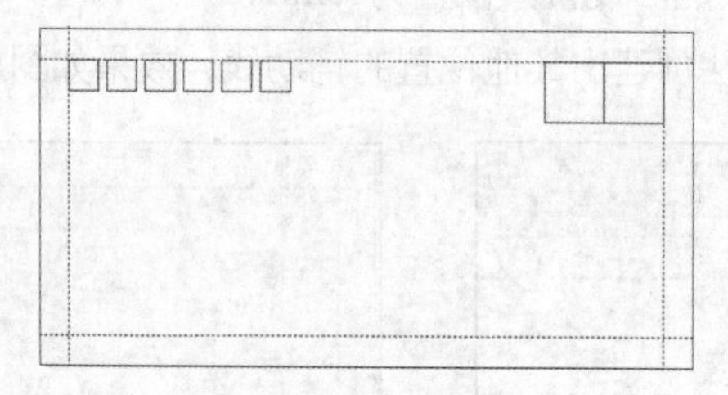

图1-34 绘制邮票处

（四）添加文本

下面使用文本工具在页面中输入公司信息等相关文本。其具体操作如下。

STEP 1 选择工具箱中的文本工具，在属性栏中设置字体为“宋体”，字号为14 pt，然后将鼠标移动到信封的右上角邮票处单击，输入文本“贴邮”后按【Enter】键，换行后再输入“票处”文字，如图1-35所示。

STEP 2 选择工具箱中的挑选工具，按【Shift】键选择文本和右侧的矩形框，选择【排列】/【对齐和分布】/【对齐和分布】菜单命令，打开“对齐与分布”对话框，选中两个“中”复选框，如图1-36所示，单击[应用]和[关闭]按钮。

STEP 3 使用文本工具在信封的左下角输入企业的联系方式等内容，选择输入的文字，在工具属性栏上将字体设置为“微软雅黑”，字号为9pt，效果如图1-37所示。

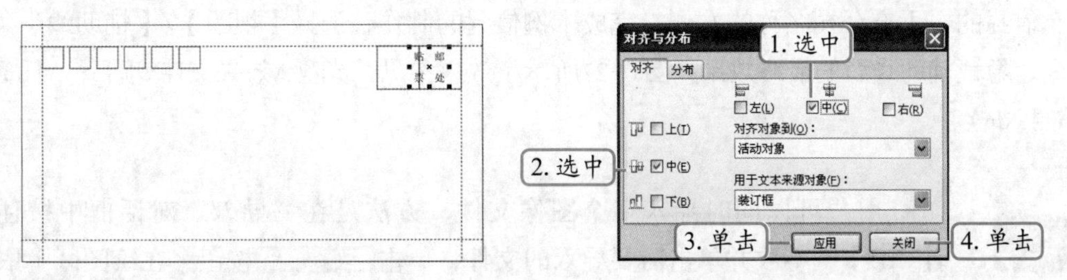

图1-35 输入文本　　图1-36 对齐对象

STEP 4 使用文本工具字在信封的左下角输入企业的名称，选择输入的文字，在属性栏中设置字体为“方正大黑简体”，字号为14 pt，用挑选工具将其移到合适位置，效果如图1-38所示。

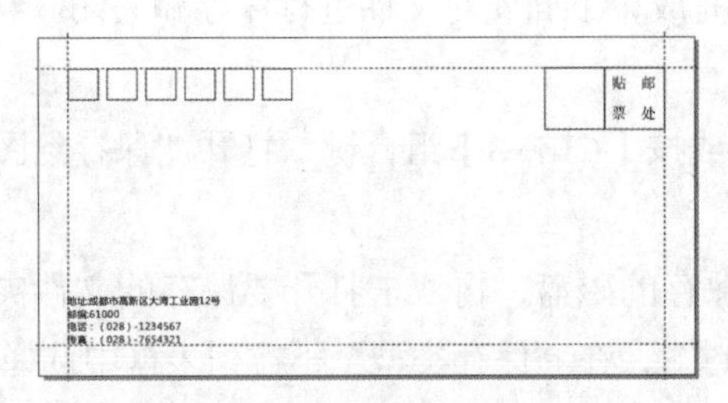

图1-37 输入企业信息文本

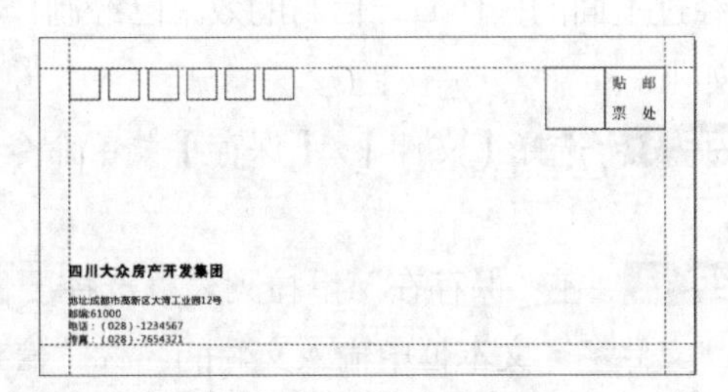

图1-38 输入企业名称

（五）导入素材图形

下面为信封导入企业的标志图形。其具体操作如下。

STEP 1 选择【文件】/【导入】菜单命令或按【Ctrl+I】组合键，打开“导入”对话框，在“查找范围”下拉列表框中选择导入文件所在的路径，然后选择需要导入的“公司标志.ai”文件（素材参见：光盘:\素材文件\项目一\任务三\公司标志.ai），单击选中“预览”复选框，可以预览图像，如图1-39所示。

STEP 2 单击 导入 按钮，此时光标将变成形状，在绘图页面中单击鼠标即可导入该图形文件，效果如图1-40所示。

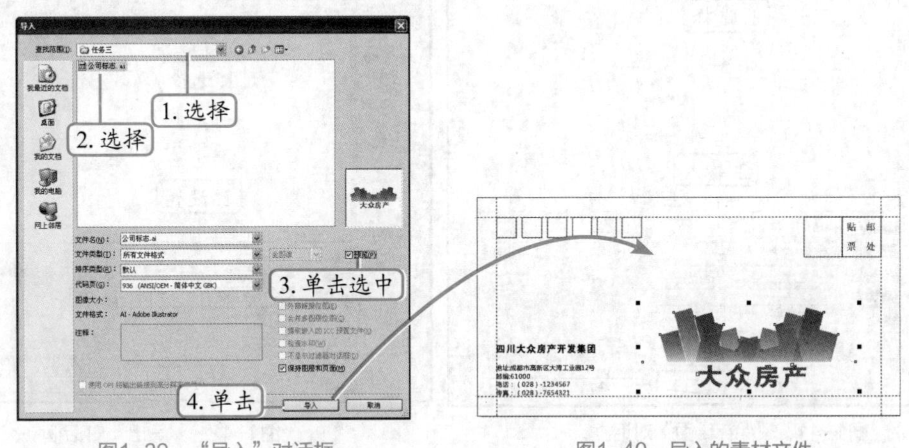

图1-39 “导入”对话框　　图1-40 导入的素材文件

STEP 3 选中标志，按住【Shift】键不放拖动四角上的控制点，将其等比例缩小，完成后移至信封的右下方公司名称的左侧，完成本例信封的制作，选择【视图】/【辅助线】菜单命令，隐藏辅助线后的最终效果如图1-27所示（效果参见：光盘:\效果文件\项目一\任务三\信封.cdr）。

操作提示

用户可以同时导入多个图像文件，方法是在“导入”对话框中按住【Ctrl】键不放并单击需要导入的文件，单击 导入 按钮，在绘图区中依次单击鼠标即可分别导入。

（六）保存、导出和关闭文件

经过上面的操作后，信封的效果已经制作完成，下面便对文件进行保存和关闭。其具体操作如下。

STEP 1 选择【文件】/【保存】菜单命令或按【Ctrl+S】组合键，打开“保存绘图”对话框。

STEP 2 在“保存在”下拉列表框选择要保存的磁盘，再双击打开要保存的文件夹，然后在“文件名”文本框中输入文件的名称“信封”，在“保存类型”下拉列表框中选择CDR格式，如图1-41所示。

STEP 3 单击 保存 按钮即可将文件保存为“信封.cdr”。

STEP 4 用挑选工具框选绘图区中的所有图形，然后选择【文件】/【导出】菜单命令或按【Ctrl+E】组合键打开“导出”对话框。

STEP 5 在“保存在”下拉列表框中选择将文件导出的路径，在“文件名”文本框中输入导出的文件名“信封.jpg”，然后在“保存类型”下拉列表框中选择JPG文件格式，如图1-42所示。

图1-41 “保存绘图”对话框

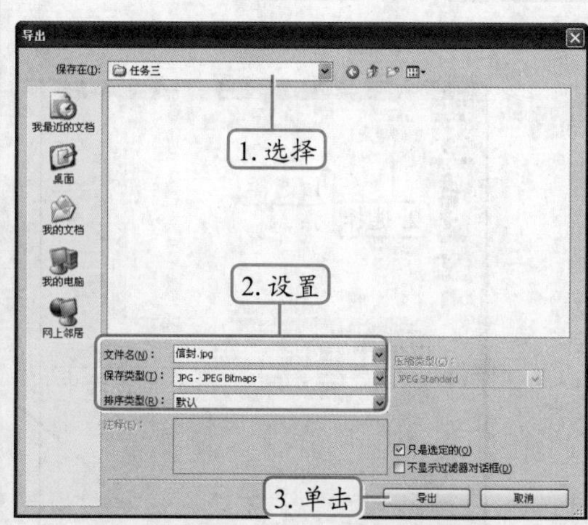

图1-42 “导出”对话框

STEP 6 单击[导出]按钮，将打开如图1-43所示的“转换为位图”对话框，根据需要可在“分辨率”数值框中设置导出文件的分辨率为300dpi，在“颜色模式”下拉列表中选择RGB颜色模式。

STEP 7 单击[确定]按钮，打开“JPEG导出”对话框预览导出效果，单击[确定(O)]按钮即可导出图形文件，导出后双击“公司信封.jpg”文件便可查看图片内容，效果如图1-44所示。

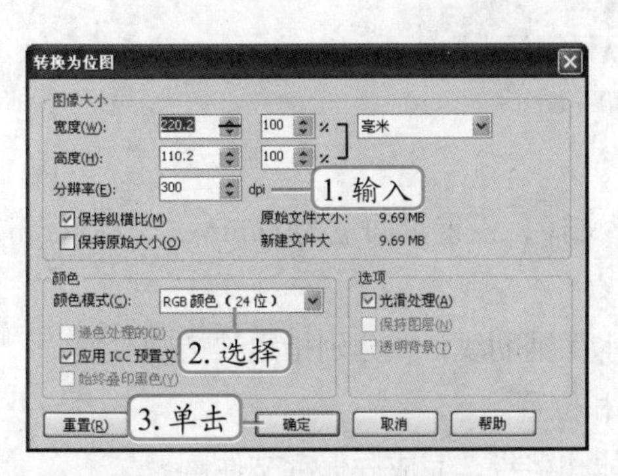

图1-43 “转换为位图”对话框

图1-44 查看效果

STEP 8 选择【文件】/【关闭】菜单命令，或单击菜单栏中的×按钮即可关闭当前的图形文件。

如果在制作的CorelDRAW文件中使用了特殊的字体，保存后在其他计算机上打开时可能会产生字体不匹配的情况，解决该问题的方法是：在“保存绘图”对话框中单击选中“使用TrueDoc嵌入字体”复选框，这样可自动将文件中所使用的字体嵌入到文件中，如果遇到字体不匹配的问题，系统将自动安装新字体。

实训一 新建与设置绘图页面

【实训要求】

本实训要求新建一个宽90mm、高70mm的图形文件，页面方向为横向，设置绿色背景后添加几条辅助线，然后导入“小狗.gif”图像，将其放到辅助线内并添加文本，最后保存为“小狗的故事.cdr”。通过本实训掌握设置页面和导出文件的操作。

【实训思路】

在实现本实训效果的过程中，主要是为了掌握CorelDRAW的相关基础知识。在启动CorelDRAW X4后，新建一个图形文件，设置页面大小和方向，然后添加绿色页面背景。通过标尺创建4条辅助线，最后导入“小狗.gif”图形文件（素材参见：光盘:\素材文件\项目一\实训一\小狗.gif）并调整大小，添加文字标题。完成后的效果如图1-45所示（效果参见：光盘:\效果文件\项目一\实训一\小狗的故事.cdr）。

图1-45 设置绘图页面和导入图片效果

【步骤提示】

STEP 1 启动CorelDRAW X4，新建一个图形文件，设置页面宽为90mm、高为70mm，方向为横向，并为其设置绿色背景。

STEP 2 在标尺上拖动两条垂直辅助线和两条水平辅助线，并分别指定其精确位置。

STEP 3 导入“小狗.gif”图形文件并调整大小和位置。

STEP 4 最后添加文本，并在属性栏中设置字体和字号，完成后保存文件。

实训二 制作“公司信签纸”

【实训要求】

本实训的目标是运用CorelDRAW的图形文件操作以及绘图功能制作一张标准信签纸，要求页面大小为285mm×210mm，且已提供了公司的标志图形，即“公司标志.ai”图形文件（素材参见：光盘:\素材文件\项目一\实训二\公司标志.ai），通过这些操作进一步熟悉在CorelDRAW中图形文件制作的基本流程。完成后的最终效果如图1-46所示。

图1-46 信签纸效果

【实训思路】

本实训将综合运用学习的知识制作一张信签纸，包括“导入”命令、“保存”命令和“导出”命令等。在制作之前，首先需要新建文件并设置页面大小，然后绘制相关图形，导入公司标志，最后输入文本即可完成信签纸的制作。

【步骤提示】

STEP 1 启动CorelDRAW X4，新建一个图形文件，在属性栏的“页面宽度”和“页面高度”数值框中设置尺寸为210mm×285mm。

STEP 2 双击工具箱中的矩形工具，然后在属性栏中将矩形宽度设置为“216mm”，高度设置为“291mm”，按【Enter】键确认，然后选择【视图】/【显示】/【出血】菜单命令，设置出血区域，出血线会以虚线的形式显示。

STEP 3 在调色板中将矩形填充为白色，并取消轮廓线，继续使用矩形工具绘制矩形，并填充为红色，无轮廓。

STEP 4 选择工具箱中的文本工具，在页面中输入相关文本，然后分别为其在属性栏中设置合适的字体和字号。

STEP 5 按【Ctrl+I】组合键将“公司标志.ai”图形文件导入到文件中，缩放图形后放置在合适位置。

STEP 6 选择【文件】/【保存】菜单命令，打开“保存绘图”对话框，在其中进行设置后以“公司信签纸.cdr”保存该文件（效果参见：光盘:\效果文件\项目一\实训二\公司信签纸.ai）。

STEP 7 按【Ctrl+A】组合键选择全部图形，然后按【Ctrl+E】组合键以“公司信签纸.jpg”为名导出图形（效果参见：光盘:\效果文件\项目一\实训二\公司信签纸.jpg）。

公司信签纸信息内容主要包括：公司名称（中英文）、公司地址（包括邮编等）、联系方式（电话、E-mail、传真等）、公司标志LOGO，有的还包括公司简介、公司网址等，可视情况决定。公司信签纸的尺寸多变，并不拘泥为一种形式，但多数情况下的尺寸为16开大小，即210mm×285mm，四周各加3mm的出血。

常见疑难解析

问：矢量图可以像位图那样由扫描仪或数码相机获得吗？

答：不可以。矢量图无法由扫描仪和数码相机获得，只能由一些图形软件生成，如CorelDRAW、AutoCAD、Illustrator等。这些图形软件可以定义图像的角度、圆弧、面积以及轮廓等特性，并且还能定义图形与纸张相对的空间方向。

问：输出分辨率是指什么分辨率呢？

答：可输出分辨率又叫打印分辨率，指绘图仪或打印机等输出设备在输出图像时每英寸所产生的油墨点数。如果使用与打印机输出分辨率成正比的图像分辨率，便能产生较好的输出效果。

问：在CorelDRAW X4中导入图像时，可以更改导入图像的长宽比例吗？

答：可以。方法是在按住【Alt】键的同时拖动鼠标，即可随意改变导入图像的长宽比例。

问：为什么在保存选定的对象时，在“保存图形”对话框中没有“只是选定的”复选框？

答：因为只有在选择了需要保存的对象后，才会在“保存图形”对话框中显示“只是选定的”复选框，否则将不会有该复选框。

问：听说CorelDRAW X4有自动保存功能，怎样设置该功能呢？

答：选择【工具】/【选项】菜单命令打开“选项”对话框，在左侧列表中选择“保存”选项，然后在右侧的“自动备份”栏中可设置自动保存的时间间隔和保存路径，设置完成后单击 确定 按钮即可，如图1-47所示。

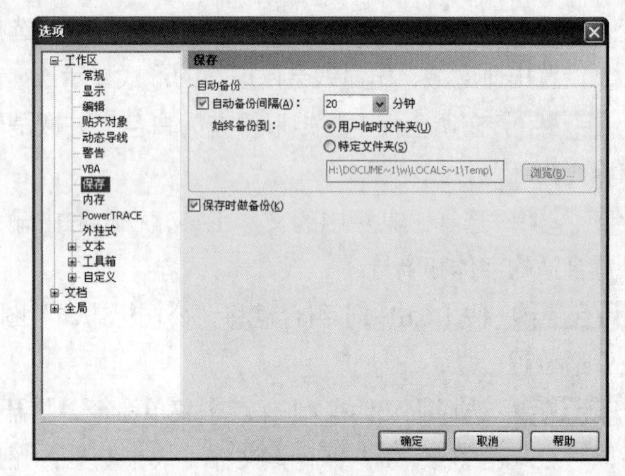

图1-47　自动保存设置

问：多次执行新建文件操作后，需要手动对文件名称进行编号吗？

答：不需要。多次执行新建文件操作后，可以创建多个图形文件，其文件名称将以“图形”加创建文件的序号自动进行命名。

拓展知识

1. CorelDRAW如何与其他软件实现文件交换

结合本章所学知识和所了解的行业应用知识，思考CorelDRAW如何与其他常用的图形图像类软件实现文件的交换，包括Photoshop、AutoCAD、3ds Max、Illustrator等软件，下面便对关于文件交换的应用知识进行介绍。

- 在AutoCAD中绘制图形后可以导出为JPG等格式的图片，然后在CorelDRAW中导入便可使用，如绘制房屋平面图时，可以导入AutoCAD绘制的平面图，再在其基础上便可进行精确地绘制。
- CorelDRAW常与Photoshop结合使用，如先用Photoshop处理好图像色彩和效果，再导入到CorelDRAW中制作海报、宣传单等。
- CorelDRAW支持AI格式的文件导入，因此可与Illustrator实现文件交换。
- 3ds Max中的效果图可通过渲染输出为JPG等图片格式再导入到CorelDRAW中使用。

2. 纸张开度

在工作中，经常会接触到不同类型的设计工作，如X展架、名片、画册等，在制作这些设计文件时，客户都会给出相关的尺寸，但同时设计人员也需要对纸张的开度有一定的认识，其中正度纸张为787mm×1092mm，大度纸张为889mm×1194mm，各纸张开度如表1-1所示。

表 1-1　纸张与印品开度表（单位：mm）

开度	大度毛尺寸	成品净尺寸	正度毛尺寸	成品净尺寸
全开	1194×889	1160×860	1092×787	1060×760
对开	889×597	860×580	787×546	760×530
长对开	1194×444.5	1160×430	1092×393.5	1060×375
3 开	889×398	860×350	787×364	760×345
丁字 3 开	749.5×444.5	720×430	698.5×393.5	680×375
4 开	597×444.5	580×430	546×393.5	530×375
长 4 开	298.5×88.9	285×860	787×273	760×260
5 开	380×480	355×460	330×450	305×430
6 开	398×44.5	370×430	364×393.5	345×375
8 开	444.5×298.5	430×285	393.5×273	375×260
9 开	296.3×398	280×390	262.3×364	240×350
12 开	298.5×296.3	285×280	273×262.3	260×250
16 开	298.5×222.25	285×210	273×262.3	260×185
18 开	199×296.3	180×280	136.5×262.3	120×250
20 开	222.5×238	270×160	273×157.4	260×40
24 开	222.5×199	210×185	196.75×182	185×170
28 开	298.5×127	280×110	273×112.4	1260×100
32 开	222.5×149.25	210×140	196.75×136.5	185×130
64 开	149.25×111.12	130×100	136.5×98.37	120×80

下面对常用的纸张尺寸进行介绍。

- 名片：横版90mm×55mm（方角）、85mm×54mm（圆角）；竖版50mm×90mm（方角）、54mm×85mm（圆角）；方版90mm×90mm（方角）、90mm×95mm（圆角）。
- IC卡：85mm×54mm。
- 三折页广告：标准尺寸210mm×285mm（A4）。

- 普通宣传册：标准尺寸210mm × 285mm（A4）。
- 文件封套：标准尺寸220mm × 305mm 。
- 招贴画：标准尺寸540mm × 380mm 。
- 挂旗：标准尺寸376mm × 265mm（8开）、540mm × 380mm（4开）。
- 手提袋：标准尺寸400mm × 285mm × 80mm 。
- 信纸、便条：标准尺寸185mm × 260mm、210mm × 285mm（16开）。

在CorelDRAW中的16开即A4大小的长宽分别为210mm × 297mm，但是实际上印刷出来后的成品尺寸只有210mm × 285mm。还需注意的是在进行设计时，还要加3mm的出血，便于后期切割。综上所述，即是在建立页面时需要对页面的上下左右各加3mm的出血区域。

课后练习

（1）新建一个图形文件，再添加两个页面，将3个页面分别命名为“折页1”、“折页2”和“折页3”，然后练习页面的切换、删除和移动顺序操作。

（2）根据前面介绍的CorelDRAW中支持的文件格式，从网上或利用其他图形软件搜集并整理一些图形设计素材，在计算机中分门别类地放置到不同的文件夹中，以便于后面设计中使用。

（3）新建一个文件，方向为横向，然后依次将“背景.jpg”和“图.tif”（素材参见：光盘:\素材文件\项目一\课后练习\背景.jpg、图.tif）图形文件导入到页面中，然后对图片进行缩放等编辑，效果如图1-48所示（效果参见：光盘:\效果文件\项目一\课后练习\图片拼合.cdr）。

（4）新建一个图形文件，再将页面方向设置为横向，创建两条辅助线后导入提供的首饰素材（素材参见：光盘:\素材文件\项目一\课后练习\首饰1.jpg、首饰2.jpg、首饰3.jpg），然后绘制矩形图形并添加文字，最后保存为“首饰展览.cdr”（效果参见：光盘:\效果文件\项目一\课后练习\首饰展览.cdr），最终效果如图1-49所示。

图1-48 图片拼合效果

图1-49 “首饰展览”效果

PART 2

项目二 绘制与编辑图形

情景导入

阿秀：小白，因为你对CorelDRAW X4的操作还不太熟练，所以在正式接触设计工作前，还需要多加学习。

小白：嗯！我一定会尽快掌握软件的操作。

阿秀：这样，我们先从较为简单的工具开始学习。

小白：学习了这些工具就可以绘制需要的图形了吗?

阿秀：当然可以，不过需要熟练运用相关的图形绘制工具，而且还需要了解一些工作上常见设计作品的相关知识。

小白：原来是这样啊，那么设计作品需了解哪些的相关知识呢?

阿秀：就像下面我们要制作的“名片”、“积分卡”、“贺卡”这些设计，就还需要了解相关的尺寸等问题。

小白：原来如此，那我们赶快制作吧。

学习目标

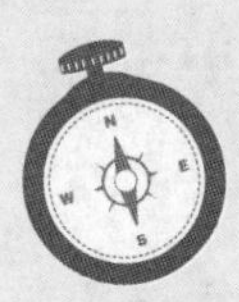

- 掌握矩形工具的使用方法
- 掌握椭圆形工具的使用方法
- 掌握多边形工具的使用方法
- 熟练掌握星形工具、螺旋工具的使用方法
- 熟练掌握图纸工具的使用方法

技能目标

- 能使用绘图工具绘制简单的图形
- 掌握制作“名片”、“积分卡”、“贺卡”等方法
- 了解工作中各种卡片的制作方法与尺寸

任务一 制作"名片"

名片是标识姓名及其所属组织、公司单位和联系方法的纸片；是新朋友互相认识、自我介绍的最快捷的方法。在CorelDRAW中制作名片比较简单，确定构图后输入内容便可。下面具体介绍其制作方法。

一、任务目标

本例将练习制作一张"名片"，在制作时需要先新建图形文件，然后绘制相关的图形，最后根据需要添加文本信息即可。通过本例的学习，可以掌握矩形工具组和椭圆形工具组中各工具的基本操作。本例制作完成后的最终效果如图2-1所示。

图2-1 名片效果

名片（商务名片）包括的内容有公司的使用标志、注册商标、企业的业务范围、公司全称（中英文）、LOGO、联系方式（地址、邮箱、电话和传真等）、联系人等。

二、相关知识

本例中的名片主要是通过矩形工具和椭圆形工具绘制得到的。下面先对这些工具的使用进行介绍。

（一）矩形工具组

矩形工具组主要包括矩形工具□和3点矩形工具□，选择矩形工具□（或按【F6】键），可在绘图区域中绘制出矩形。另外，在属性栏中还可设置矩形的圆滑度，绘制出圆角矩形。在矩形工具□上按住鼠标左键不放，可以在弹出的面板中选择3点矩形工具□，利用3点矩形工具□可以直接绘制出倾斜的矩形、正方形、圆角矩形等。

（二）椭圆形工具组

椭圆形工具组主要包括椭圆形工具和3点椭圆形工具，选择椭圆形工具（或按【F7】键），可以在绘图区域中绘制出椭圆形。利用3点椭圆形工具可以直接绘制倾斜的椭圆形。

（三）撤销与重做操作

在绘图的过程中，出现误操作是难免的，这时可以使用撤销功能取消误操作，也可以在撤销操作之后将其恢复。下面分别进行介绍。

- 撤销：选择【编辑】/【撤销】菜单命令、按【Ctrl+Z】组合键或单击标准工具栏中的“撤销”按钮，可撤销最近一次的操作。
- 恢复：选择【编辑】/【重做】菜单命令、按【Ctrl+Shift+Z】组合键或单击标准工具栏中的“重做”按钮，可恢复最近一次的撤销操作。单击标准工具栏中的“撤销”按钮/“重做”按钮按钮右侧的按钮，在弹出的下拉列表中可对多步操作进行撤销/恢复。

三、任务实施

（一）绘制相关图形

启动CorelDRAW后并新建一个图形文件，然后在页面中绘制需要的图形。下面在文件中绘制矩形和圆形图形，其具体操作如下。

STEP 1 选择【开始】/【所有程序】/【CorelDRAW Graphics Suite X4】/【CorelDRAW X4】菜单命令，启动CorelDRAW X4程序，并新建一个图形文件。

STEP 2 选择【文件】/【保存】菜单命令，或单击标准工具栏中的“保存”按钮，保存文件。

STEP 3 选择工具箱中的矩形工具，将鼠标指针移到页面中，此时鼠标指针变为形状，按住鼠标左键不放向斜下方拖动鼠标至所需大小后释放鼠标，绘制一个矩形。

STEP 4 此时绘制的矩形呈选中状态，在属性栏中将宽设为“50mm”，高设为“90mm”，效果如图2-2所示。

STEP 5 在调色板中单击粉色块，将矩形填充为粉色，并右键单击按钮取消图形对象轮廓的颜色，如图2-3所示。

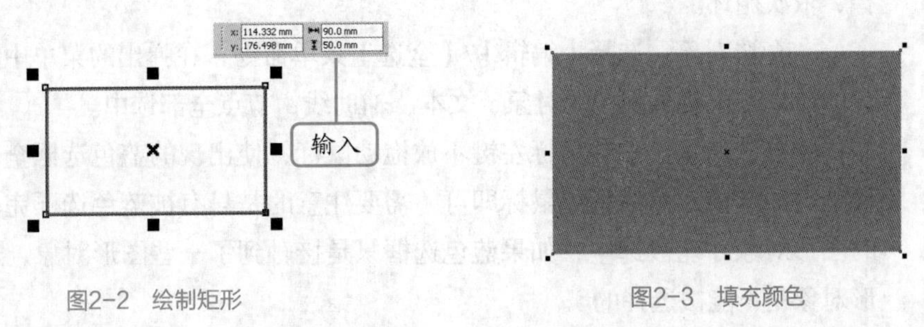

图2-2 绘制矩形　　图2-3 填充颜色

STEP 6 选择工具箱中的挑选工具，在绘图区域的空白位置处单击，取消矩形的选中状态。

STEP 7 选择工具箱中的椭圆形工具◎，将鼠标指针移动到绘图页面的空白处，使其变为+○形状，按住【Ctrl+Shift】组合键不放，在页面中找到矩形的中点，单击鼠标确定圆的起始点，然后按住鼠标左键并拖动，到合适大小后释放鼠标，绘制出一个正圆图形，效果如图2-4所示。

STEP 8 根据相同的方法继续绘制正圆形，绘制完成后按【Shift】键将全部圆形选中并填充为调色板中的白色，然后取消轮廓线，如图2-5所示。

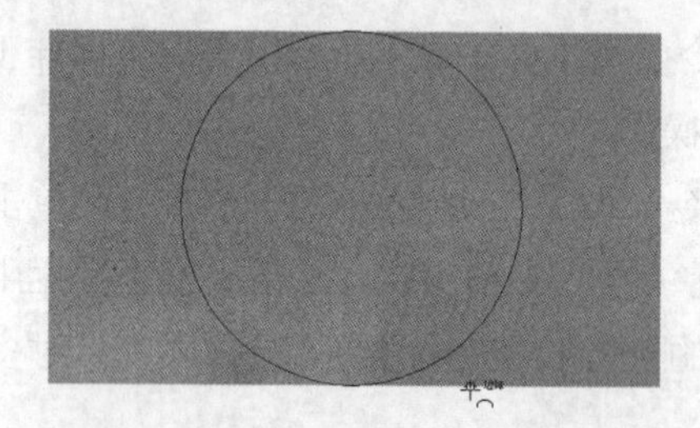

图2-4 绘制圆形

图2-5 填充颜色

在绘制时按住【Ctrl】键可以绘制出圆形；按住【Shift】键可以以单击点为中心向外绘制椭圆；按住【Shift+Ctrl】组合键，可以以绘制的起点为中心绘制正圆形，该快捷键在矩形、多边形等图形的绘制过程中同样有效。

在CorelDRAW X4中选择图形对象时，单击选择图形对象是最常用的一种操作，主要有以下几种方法。

①选择单个对象：选择工具箱中的挑选工具，然后在需要选择的图形上单击即可。

②选择多个图形：在单击选择图形的同时，按住【Shift】键不放连续单击其他需要图形即可。

③选择被遮挡图形：被遮挡图形是指被其上方的图形部分或者完全遮挡的对象。用选择工具单击选择其上方的图形，然后连续按【Tab】键，将依次选择自上而下的每一个图形对象。当选择到最底层时，顶层图形再次被选择，依次循环。

④全选对象：选择【编辑】/【全选】菜单命令，在弹出的菜单中选择相应的命令可以将页面中的对象、文本、辅助线、节点全部选中。

⑤框选对象：按住鼠标左键不放拖动鼠标，使出现的蓝色选框全部框住要选择的对象，然后释放鼠标即可（需要注意的是只有被蓝色选框完全框住的图形对象才能被选中，如果蓝色选框只是接触到了一些图形对象，这些图形对象是不能被选择的）。

（二）绘制饼形和弧形

在CorelDRAW中还可以对圆形进行编辑，即将圆形变为饼形或弧形。下面就在图形中绘制弧形，其具体操作如下。

STEP 1 在工具箱中选择椭圆形工具，然后单击对应属性栏中的“弧形”按钮，在绘图区中按住鼠标左键不放，斜向拖动到合适大小后松开鼠标，完成弧形的绘制，效果如图2-6所示。

STEP 2 保持该图形的选择状态，然后在属性栏中设置起始和结束角度，如图2-7所示。然后右键单击调色板中的白色块，将轮廓设置为白色。

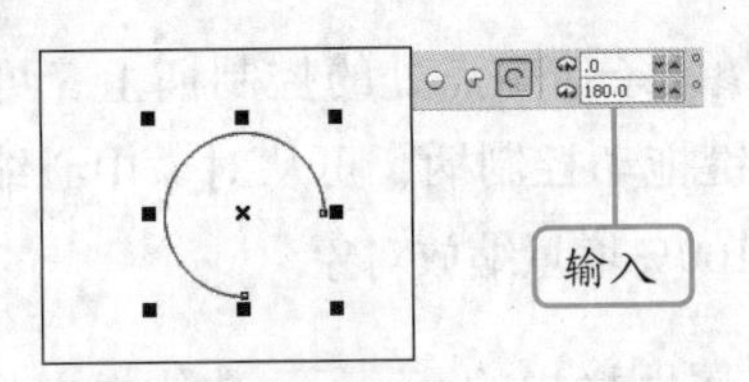

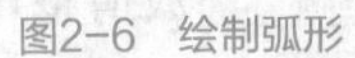

图2-6 绘制弧形

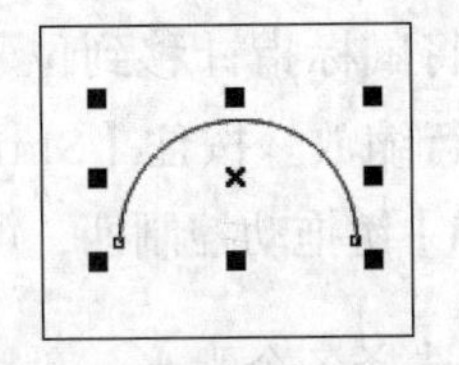

图2-7 设置起始和结束角度

操作提示

除步骤中的绘制方法外，还可以首先在绘图区中绘制一个椭圆，然后在属性栏中单击“弧形”按钮，圆形将自动变成弧形。

知识补充

饼形的绘制方法与弧形相同，都是使用椭圆形工具来进行绘制，且同样可在属性栏的“起始角度”和“结束角度”数值框中输入数据进行设置。

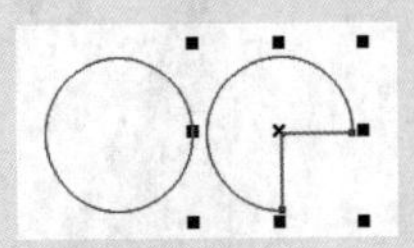

（三）缩放、复制和旋转图形

绘制完弧形后，即可对弧形进行相应操作。下面对弧形进行旋转、复制、缩放等操作来制作装饰图形，其具体操作如下。

STEP 1 使用挑选工具双击弧形，弧形的4个角将出现旋转控制柄，将鼠标指针移到旋转控制柄上，指针变为形状时，按住【Ctrl】键和鼠标左键不放并拖动到需要的角度后释放鼠标即可，如图2-8所示。

操作提示

按住【Ctrl】键代表按15°为步长进行旋转操作，这在后面的倾斜图形等操作中同样适用。

STEP 2 使用挑选工具单击弧形，将鼠标指针移到对象4个角的控制柄上，鼠标指针变为形状，向对象内外拖动即可对图形进行等比例缩放，如图2-9所示。

STEP 3 将弧形移动到需要的位置，然后双击弧形对象，将旋转中心⊙移动到白色的圆形中心位置，然后旋转图形，到一定角度后单击鼠标右键复制图形，如图2-10所示。

STEP 4 继续按【Ctrl+D】组合键进行再制操作，如图2-11所示。

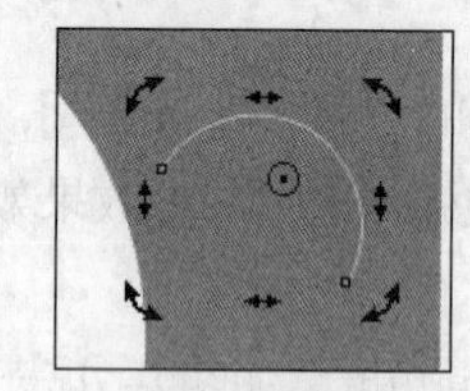
图2-8 旋转图形

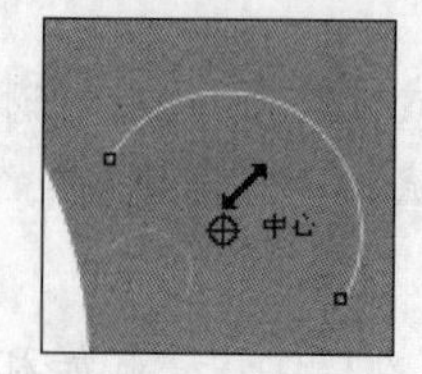

图2-9 缩放图形

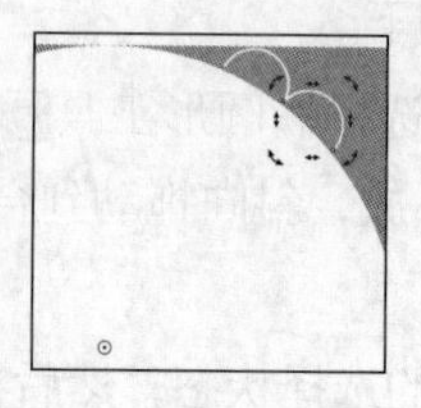
图2-10 复制图形

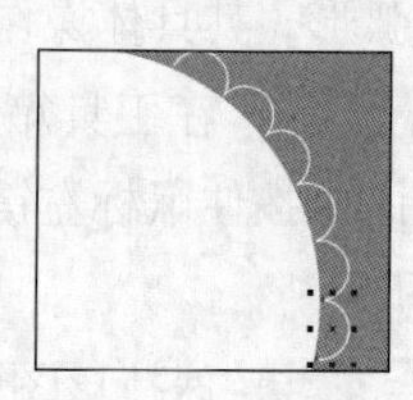
图2-11 再制图形

将鼠标指针移到位于对象4条边中点处的控制柄上，可对对象的高或宽进行缩放。按住【Shift】键拖动控制柄，可从对象中心缩放对象；按住【Ctrl】键拖动控制柄，可按100%增量缩放对象。

STEP 5 分别选择各个弧形，然后在属性栏中的[.5 mm]数值框中将轮廓粗细设置为0.5mm，然后框选所有弧形，将其整体缩放至一定大小，并调整其位置，如图2-12所示。

STEP 6 保持图形的框选，将鼠标指针移到图形对象右侧的中间的节点或角点上，再按住【Ctrl】键不放，将鼠标向相反的方向拖动，当蓝色虚线框到达所需位置时单击鼠标右键镜像复制图形，如图2-13所示。

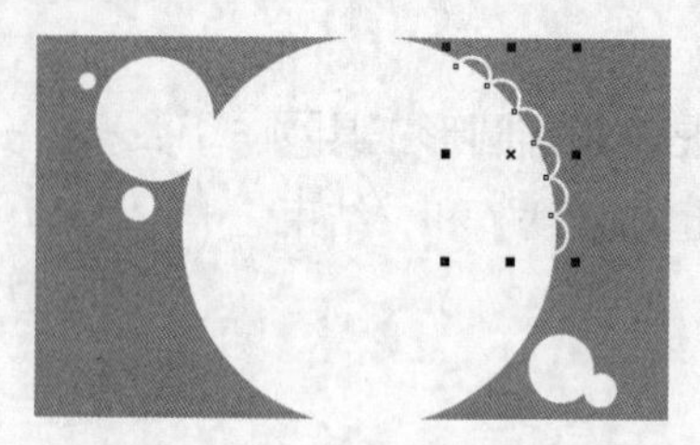
图2-12 设置轮廓粗细

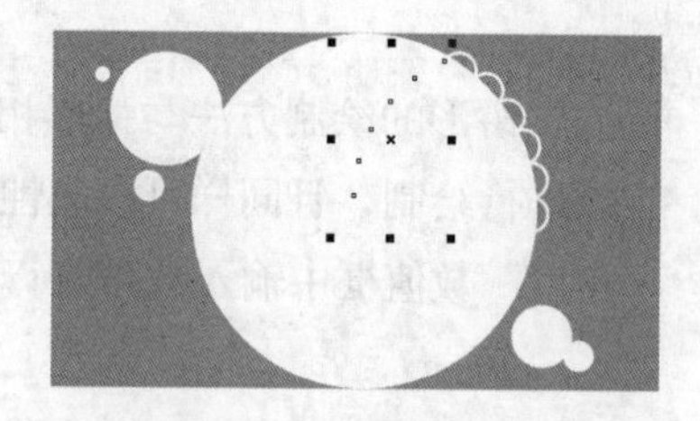
图2-13 镜像复制图形

对对象侧边中间的节点进行拖动，可以将图形对象进行水平或垂直镜像；直接拖动4个角点上的控制手柄，可以进行斜线方向的对角镜像。通过镜像功能，可以非常方便的得到水中倒影或镜中影像的效果。

STEP 7 对镜像复制后的图形进行旋转操作，并调整其显示位置，如图2-14所示。

图2-14 旋转调整图形

在CorelDRAW X4中对图形对象的相关操作除了通过挑选工具来实现，还可以通过“变换”泊坞窗和对应的属性栏来实现。下面对复制图形的几种其他方法进行介绍。

①选择图形，选择【编辑】/【复制】菜单命令或按【Ctrl+C】组合键，将图形复制到剪贴板中；选择【编辑】/【粘贴】菜单命令或按【Ctrl+V】组合键，将图形粘贴到当前绘图页面中。

②选择图形对象，然后直接按小键盘上的【+】键即可，但复制的图形与原图形完全重合。

（四）输入文本

完成图形的绘制与编辑后，下面输入名片的信息文本（这里为了避免与现实中的电话、邮箱和传真等重合，因此号码中带有星号），其具体操作如下。

STEP 1 选择工具箱中的文本工具字，或直接按【F8】键，在属性栏中选择字体为“方正韵动中黑简体”，字号为9pt和8pt，输入文本，然后将其文字颜色设为粉色并移动位置，如图2-15所示。

STEP 2 使用文本工具字继续输入其他信息，注意按【Enter】键换行，在属性栏中设置其字体为“方正韵动中黑简体”，字号为6pt，颜色为粉色，如图2-16所示。

图2-15 输入文本

图2-16 输入其他文本

STEP 3 按住【Ctrl】键向下复制一个矩形，然后输入公司名称文本，设置字体为“方正综艺简体”，字号为10pt，颜色为白色，将文本放置在合适位置，如图2-17所示。

STEP 4 使用矩形工具和椭圆形工具绘制图形，然后在其上输入文本，字体为“方正韵动中黑简体”，字号为7pt，颜色为粉色，如图2-18所示（效果参见：光盘:\效果文件\项目二\任务一\名片.cdr）。

图2-17 输入公司名称

图2-18 完成制作

名片的标准尺寸为90mm×54mm、90mm×50mm和90mm×45mm，并加上上下左右各出血2mm（通常在制作名片时并不需要画出出血线）。如果成品尺寸超出一张名片的大小，要注明正确尺寸，上下左右也是各2mm的出血。名片的色彩模式应为CMYK，图片分辨率在350dpi 以上。

任务二　制作“积分卡”

积分卡是一种常见的促销卡片，与会员卡、贵宾卡、VIP卡功能类似，常用于商场、超市、卖场、娱乐、餐饮、服务等行业，卡片大小和内容可根据企业的实际需要进行设计。在CorelDRAW中制作“积分卡”比较简单，不过要注意与企业的行业特征相结合，下面具体介绍其制作方法。

一、任务目标

本例将练习制作会员使用的积分卡，在制作时需要先新建图形文件，并绘制相关的图形，然后对绘制的图形进行相应调整，最后根据需要添加文本信息即可。通过本例的学习，可以掌握多边形工具和星形工具的基本操作。本例制作完成后的最终效果如图2-19所示。

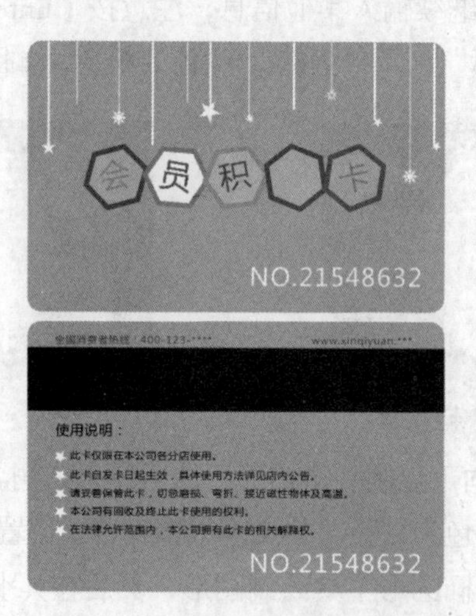

图2-19　积分卡效果

积分卡常见的制作工艺有卡号、磁条、条形码、烫金、防伪标识等，其中卡号是必不可少的，可为凸码或平码。

二、相关知识

本例中的积分卡效果主要是通过多边形工具和星形工具制作出的，而通过转曲图形和形状工具对图形进行编辑，可得到更加丰富的图形效果。下面将对这些知识进行具体介绍。

（一）多边形工具

选择多边形工具（或按【Y】键），并在属性栏中设置多边形的边数，然后在绘图区域中拖曳鼠标左键，即可绘制出相应边数的多边形。

（二）星形工具

绘制星形的工具主要有星形工具和复杂星形工具，选择相应的工具后，在属性栏中设置星形的角数，然后在绘图区域中拖曳鼠标即可绘制出星形图形。

在绘制星形时，需要注意的是利用星形工具和复杂星形工具绘制的星形图形在填充上结果是不一样的，如右图所示，为复杂星形填充颜色后，相交区域不能被填充。

（三）形状工具

使用矩形工具、椭圆形工具、多边形工具等绘图工具绘制出来的图形，都可以使用形状工具来对其修改。例如，绘制好一个椭圆后，然后使用形状工具直接拖动椭圆上的节点，将椭圆变为饼形。

（四）转曲图形

使用形状工具修改绘制好的矩形、圆形、多边形时，都是使这些图形按特定的方式进行修改，如将矩形修改为圆角矩形，椭圆修改为弧形等。

如果将这些图形转曲后，使用形状工具就可以任意修改其外形。当需绘制的图形对象与基本图形对象的外形相差不大时，就可以在基本图形的基础上经过少许修改得到。

三、任务实施

（一）绘制多边形

在绘制图形之前，需要新建图形文件，然后绘制圆角矩形。下面主要是利用多边形工具绘制积分卡的装饰图形，其具体操作如下。

STEP 1 在CorelDRAW中新建图形文件，将其保存为“积分卡.cdr”，然后使用矩形工具绘制矩形，并设置其大小为85.5mm×54mm。

STEP 2 选择工具箱中的多边形工具，将鼠标指针移动到页面中，此时鼠标指针将变为形状，按住【Ctrl】键不放，再按住鼠标左键不放并拖动，达到合适大小后释放鼠标，绘制一个正多边形。

STEP 3 在属性栏的“边数”数值框中输入多边形的边数为“6”，单击页面的任意处或按【Enter】键，绘制一个正六边形，并填充为幼蓝，取消轮廓线，效果如图2-20所示。

STEP 4 保持图形的选择状态，然后按住【Ctrl】键向里缩放图形，到一定距离后单击鼠标右键复制一个多边形，然后填充颜色为深黄，如图2-21所示。

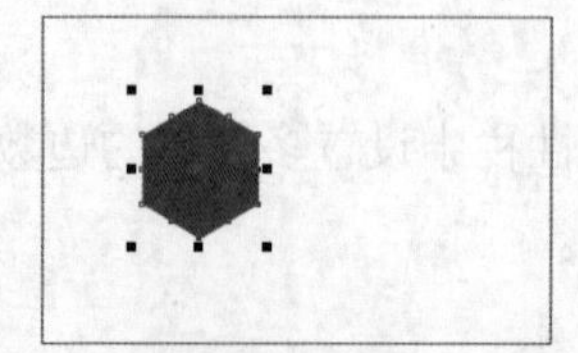
图2-20　绘制多边形

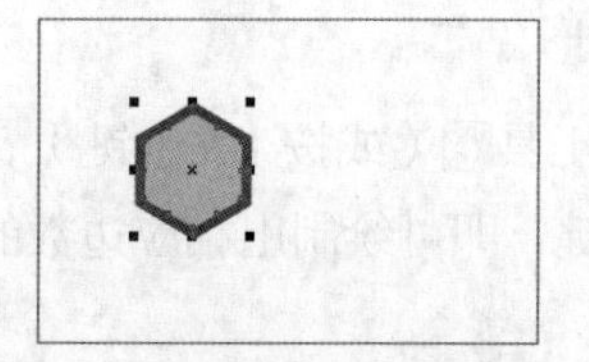
图2-21　缩放复制多边形

STEP 5　选择绘制的两个多边形，将其复制4个，然后更改为不同的颜色，效果如图2-22所示。

STEP 6　选择同为一组的多边形，将其旋转一定的角度，然后整体缩放多边形到合适大小，如图2-23所示。

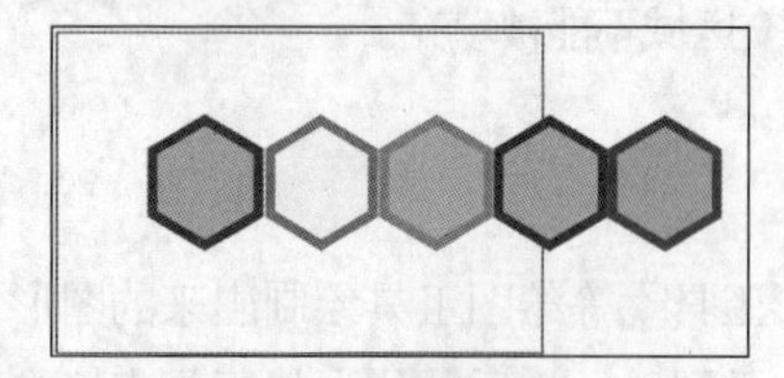
图2-22　复制图形

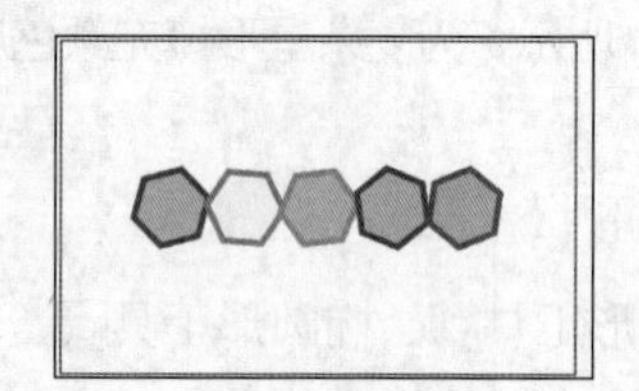
图2-23　旋转缩放图形

绘制时按住键盘上的【Ctrl】键不放，可绘制正多边形。绘制完成后，先释放鼠标，然后再释放【Ctrl】键，可绘制的正八边形。

在CorelDRAW中，多边形是指边数在3个或3个以上的规则图形对象，如常见的三角形、菱形、五边形、十六边形等。

（二）绘制星形

绘制完多边形后，下面继续绘制星形，包括星形和复杂星形的图形。其具体操作如下。

STEP 1　选择外框线的矩形，将其填充为调色板中冰蓝色块里较浅的颜色，然后使用矩形工具绘制一个长方形，设置填充颜色为白色，取消轮廓线，如图2-24所示。

STEP 2　选择工具箱中的星形工具，将鼠标指针移动到页面中，此时鼠标指针将变为形状，单击并按住【Ctrl】键和鼠标不放，拖动鼠标绘制出一个正五角星形图形，然后将其填充为白色，取消轮廓线，效果如图2-25所示。

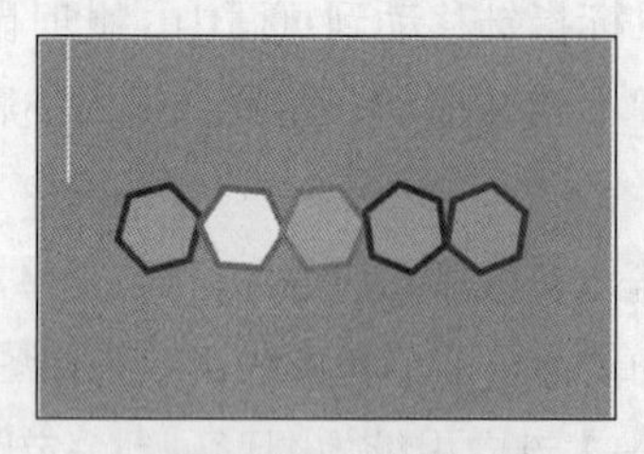
图2-24　绘制矩形

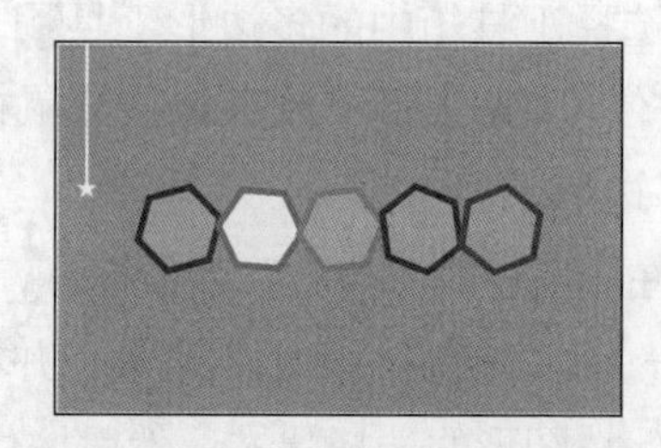
图2-25　绘制星形

STEP 3　选择工具箱中的复杂星形工具，将鼠标指针移动到页面中，此时鼠标指针将变成形状，按住【Ctrl】键和鼠标左键不放，拖动鼠标绘制出一个复杂星形图形。

STEP 4 绘制好复杂星形后，在属性栏中设置星形边数为“8”，尖角度为“2”，并将其填充为白色，取消轮廓线，如图2-26所示。

STEP 5 根据相同的方法绘制白色的矩形和星形，并调整星形的旋转角度和大小，得到的效果如图2-27所示。

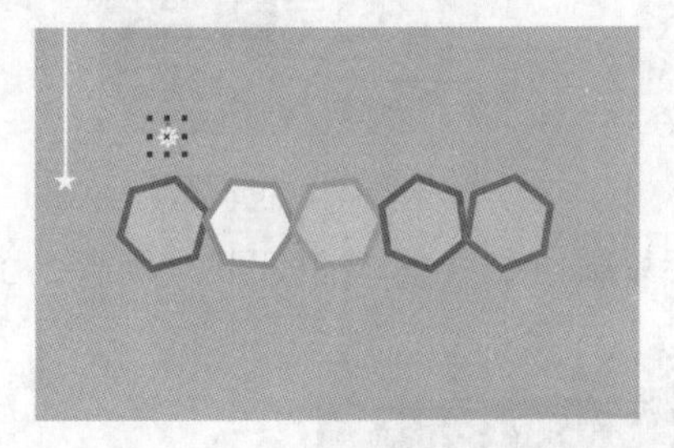

图2-26 绘制星形

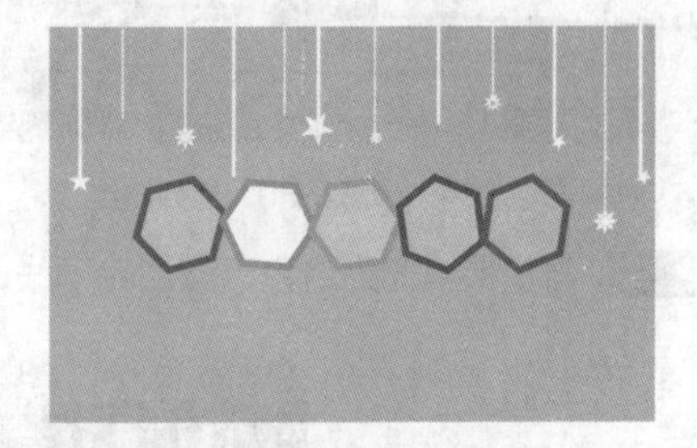

图2-27 绘制其他图形

双击“多边形工具”按钮，将打开“选项”对话框，用户也可在该对话框中设置星形锐角。

（三）使用形状工具修改图形

完成积分卡主要装饰图形的绘制后，下面便使用形状工具对图形进行修改。其具体操作如下。

STEP 1 选择外框线的矩形，按【F10】键切换到形状工具，然后使用形状工具直接拖动矩形上的节点，到一定形状后释放鼠标，将矩形更改为圆角矩形，在属性栏中的“边角圆滑度”数值框中可查看圆角弧度，如图2-28所示。

STEP 2 使用挑选工具选择圆角矩形，然后向下复制一个相同的矩形，并在上面绘制一个黑色的矩形，无轮廓线，作为积分卡的磁条，如图2-29所示。

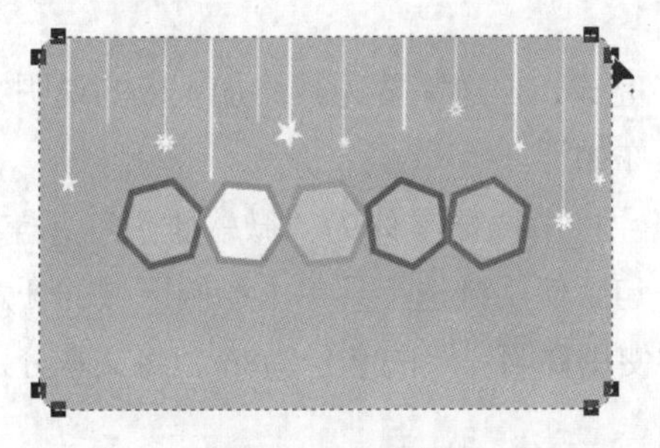

图2-28 修改矩形

图2-29 绘制矩形

STEP 3 使用多边形工具绘制一个边数为5的多边形，然后按【F10】键切换到形状工具，将鼠标指针移到任意节点位置，并按【Ctrl】键向内拖动，得到如图2-30所示的五角星。

STEP 4 按【Ctrl+Q】组合键或选择【排列】/【转换为曲线】菜单命令，将该五角星图形转曲，然后再使用形状工具拖动图形的各个节点，得到如图2-31所示的图形效果。

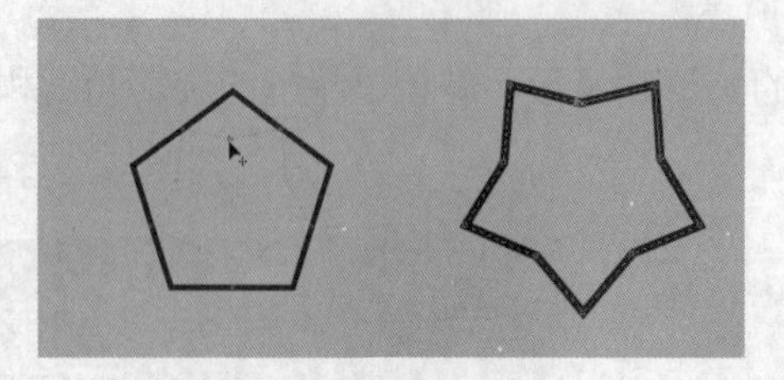

图2-30 拖到节点

图2-31 转曲图形

STEP 5 将星形填充为白色，取消轮廓线，然后复制4个，并整体缩放图形，如图2-32所示。

图2-32 复制图形

①通过拖动多边形的节点生成的星形，其属性栏中仍然显示为多边形的属性，而非星形的属性。

②使用形状工具拖动复杂星形的节点，可以改变复杂星形的形状。

③将图形对象转曲后，其特殊的属性将丢失，即转曲后的矩形不能再执行圆角化操作。

（四）添加文本

经过上面的操作后，积分卡的制作已经初步完成，但还需要为其添加相应的说明文本。下面便为积分卡输入相应的文本信息，其具体操作如下。

STEP 1 选择工具箱中的文本工具字，在属性栏中选择字体为“微软雅黑”，字号为6 pt，在矩形下方输入使用说明的文本，输入完一句后使用挑选工具单击绘制区域的任意位置退出输入，然后再使用文本工具字继续输入。“使用说明：”的字号为8pt，将文本分别放置在相应位置后的效果如图2-33所示。

STEP 2 使用文本工具字输入积分卡号的文本，字号大小设置为14pt，颜色为白色，将其移至合适位置，如图2-34所示。

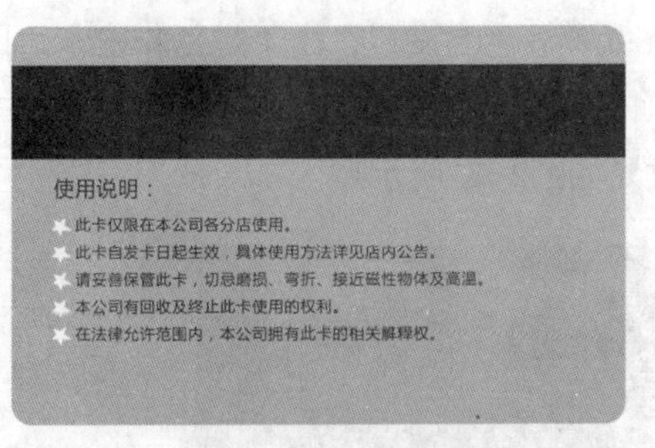

图2-33 输入说明文本

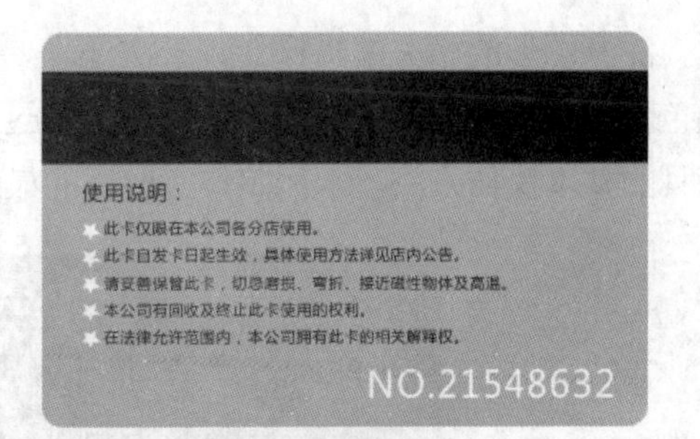

图2-34 输入积分卡卡号

STEP 3 使用文本工具字输入其他文本，字号大小设置为6pt，将其移至合适位置，颜色为幼蓝，如图2-35所示。

STEP 4 使用文本工具字分别输入“会”、“员”、“积”、“分”、“卡”文本（这里的积分卡并未添加企业名称和LOGO），字号为18pt，颜色为多边形颜色中的任意颜色，然后对其进行旋转操作。

STEP 5 复制背面的积分卡卡号文本到其正面，效果如图2-36所示（效果参见：光盘:\效果文件\项目二\任务二\积分卡.cdr）。

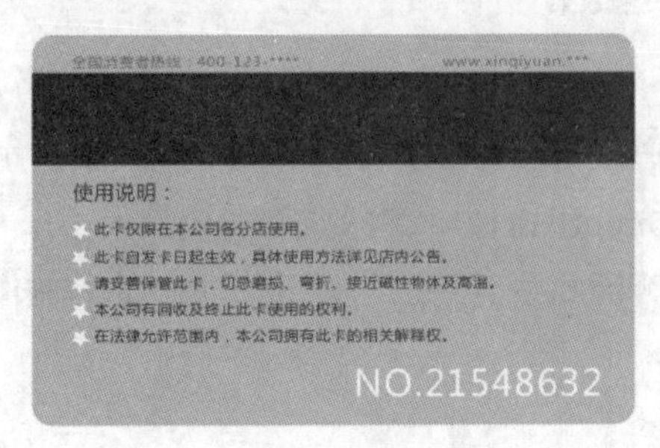

图2-35 输入其他文本

图2-36 复制文本

积分卡的标准规格是85.5mm × 54mm × 0.76mm，卡面可印刷产品图案、公司LOGO及使用说明，卡片大小和内容可根据企业的实际需要进行设计，需要注意的是在设计积分卡时要注意体现企业的名称和卡片使用方法等内容。

任务三 制作“贺卡”

贺卡的样式多种多样，工作和生活中使用较多的包括邀请卡、圣诞贺卡、新年卡、明信片、生日卡、情人卡、节日卡、母亲卡、感谢卡、思念卡等。本例中制作的贺卡属于新年贺卡，因此在制作时要注意符合新年贺卡的特点和要求。下面具体介绍其制作方法。

一、任务目标

本例将练习用制作新年贺卡，在制作之前需要先新建图形文件，然后根据需要绘制图形，注意图形的相关编辑操作；其次还需要注意贺卡颜色的设置，由于是新年贺卡，因此在颜色上应采用较为喜庆的热烈的颜色。通过本例的学习，读者可以掌握螺旋工具和基本形状工具的基本操作方法。本例制作完成后的最终效果如图2-37所示。

图 2-37　贺卡效果

设计贺卡的第一步必须知道贺卡的尺寸，标准贺卡制作尺寸为144.5mm × 211.5mm（四边各含1.5mm出血位），标准贺卡成品大小尺寸为143mm × 210mm。但贺卡的种类繁多，因此并不一定是按照标准尺寸进行制作。

二、 相关知识

本例中的贺卡效果主要是通过螺纹工具和基本形状工具得到的，除此之外，还需要掌握图纸工具的使用方法。下面就具体对这些相关知识进行介绍。

（一）图纸工具

选择图纸工具（或按【D】键），可绘制出网格图形。图纸就是由一系列行和列排列的矩形组成的网格，它是一个群组对象，可以拆分后单独进行处理，也可以群组在一起整体处理。

（二）螺纹工具

选择螺纹工具（或按【A】键），可以创建出对称式螺纹和对数式螺纹两种螺纹。

- 对称式螺纹表示螺纹回圈的间距是不变的。
- 对数式螺纹表示螺纹回圈的间距是递增变化的。

（三）基本形状工具

基本形状工具包括基本形状工具、箭头工具、流程图工具、标题工具、标注工具。

选择基本形状工具后，单击属性栏中的“完美形状”按钮，在弹出的“形状”面板中可选择需要的形状，然后即可在绘图区域中绘制出相关图形。且不同的工具其打开的“形状”面板也不同，如图2-38所示。

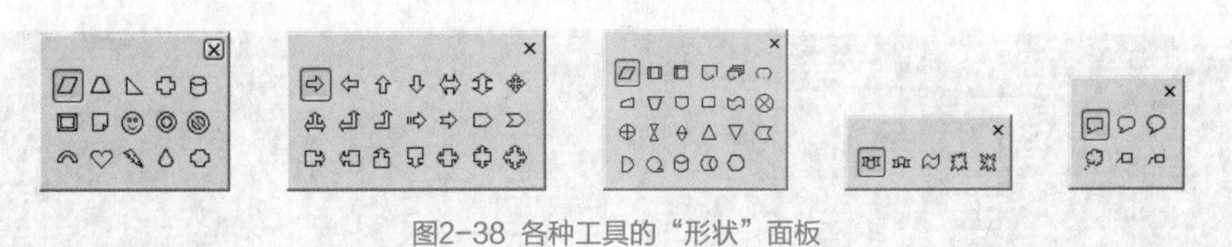

图2-38 各种工具的“形状”面板

三、 任务实施

（一）绘制螺旋形

在绘制图形之前，首先需要新建图形文件，然后设置页面大小，绘制基本图形后，再绘制螺纹图形作为贺卡的底纹图形。下面就使用螺纹工具绘制螺纹图形，其具体操作如下。

STEP 1 新建一个图形文件，将其页面大小设置为143mm × 210mm（这里没有设置出血区域），双击矩形工具得到与页面相同大小的矩形，填充相应的颜色（红色块里面的颜色），并取消轮廓线。

STEP 2 选择工具箱中的螺纹工具，将鼠标指针移动到页面中，此时鼠标指针将变成形状，在属性栏中单击“对称式螺纹”按钮，在“螺纹回圈”数值框中设置螺纹的圈数为3。

STEP 3 在绘图区域中按住【Ctrl】键和鼠标左键不放并拖动到合适大小后释放鼠标，完成螺纹的绘制，如图2-39所示。

STEP 4 在属性栏中的“选择轮廓宽度或键入轮廓新宽度”下拉列表框中设置轮廓宽度为0.5mm，在调色板中设置颜色为红色块中的比矩形稍深的颜色。

STEP 5 将螺纹移到矩形上，将其缩放至合适大小，然后复制图形，确定复制的距离后再再制图形，如图2-40所示。

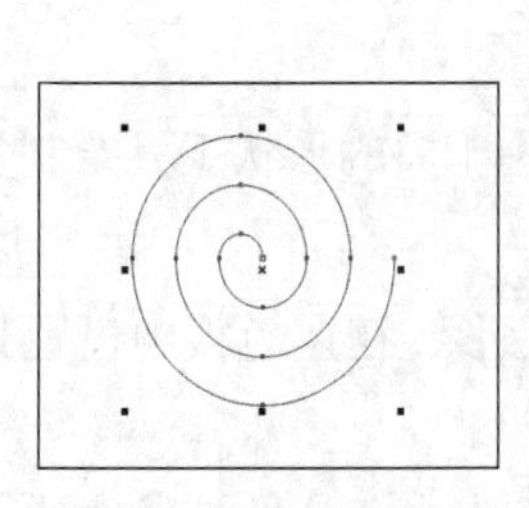

图2-39 绘制螺纹

图2-40 再制图形

STEP 6 选择所有的螺纹图形，然后将鼠标指针移到图形对象上侧的中间的节点上，按住【Ctrl】键不放，将鼠标向相反的方向拖动，完成后单击鼠标右键镜像复制图形，如图2-41所示。

STEP 7 继续选择所有的螺纹图形，按照相同的方法镜像复制图形，如图2-42所示。

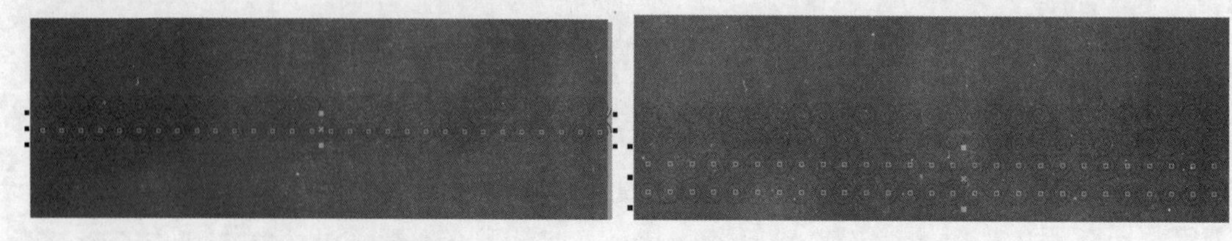

图2-41 镜像复制图形　　图2-42 继续复制

STEP 8 根据相同的方法继续镜像复制图形，使其布满整个页面。

STEP 9 选择所有的螺纹图形，然后选择【效果】/【图框精确裁剪】/【放置到容器中】菜单命令，此时鼠标指针变为➡形状，单击矩形图形，即可将螺纹图形放置在矩形里面，效果如图2-43所示。

STEP 10 拖出垂直的辅助线到中点位置处，标识贺卡的折痕位置。

图2-43 将螺纹图形放置在矩形中

知识补充

对数式螺纹的绘制方法与对称螺纹的绘制方法相同，且属性栏中的“螺纹扩展参数”选项只有在选择绘制对数式螺纹时才会被激活，其数值越小，螺纹向外扩展的幅度越小。

（二）绘制形状图形

经过前面的操作后，完成了贺卡的背景制作，下面继续使用相关的形状工具绘制贺卡的边框效果，其具体操作如下。

STEP 1 选择工具箱中的矩形工具□，在页面中绘制一个矩形，在调色板中设置其轮廓线颜色为金色，在属性栏中设置轮廓线宽度为0.5mm。

STEP 2 继续按住【Ctrl】键绘制4个正方形，设置填充颜色为金色，取消轮廓线，如图

2-44所示。

在绘制边框矩形时，可以先在4个角处绘制出正方形，然后再绘制矩形，这样，绘制的边框矩形便会处于中心位置；也可先绘制一个大小为1/2页面大小的矩形，将其作为参照物绘制矩形。

STEP 3 选择工具箱中的流程图形状工具，在属性栏中单击“完美形状” 按钮，在打开的面板中选择第3行第2个图形形状，按住【Ctrl】键绘制，并填充为金色，取消轮廓线。

STEP 4 向下镜像复制图形，然后将其移动到矩形的左侧边框线上，注意对图形对象进行缩放至合适的大小，并放置在合适的位置，如图2-45所示。

图2-44 绘制矩形

图2-45 绘制形状图形

STEP 5 复制该图形对象，分别放置在矩形的4条边框线上，注意上下边框处需要旋转图形对象和删除多余的图形，若是删除图形后并没有达到理想的效果，可将其整体稍微放大一些，效果如图2-46所示。

STEP 6 选择工具箱中的基本形状工具，在属性栏中单击“完美形状” 按钮，在打开的面板中选择第3行第4个图形形状，按住【Ctrl】键绘制，并填充为金色，取消轮廓线。

STEP 7 双击该图形对象，将旋转中心移至上面的节点位置，然后按住【Ctrl】键旋转复制，得到花朵图形，将其全部框选，按【Ctrl+G】组合键群组，然后放置在合适的位置，并复制多个图形，并调整其旋转角度，如图2-47所示。

①绘制好的基本图形中大部分都有一个红色的节点，通过拖动该节点可对基本图形的形状进行进一步的修改；绘制一些较复杂的完美形状时，会看到有红、黄、蓝3种颜色的节点，分别拖动其中某种节点，可以变换某一部分的形状。

②在绘制完美形状时，在属性栏中“完美形状”按钮右侧的“轮廓样式选择器”和“轮廓宽度”下拉列表框中可设置图形的轮廓样式和轮廓宽度。

图2-46　复制图形

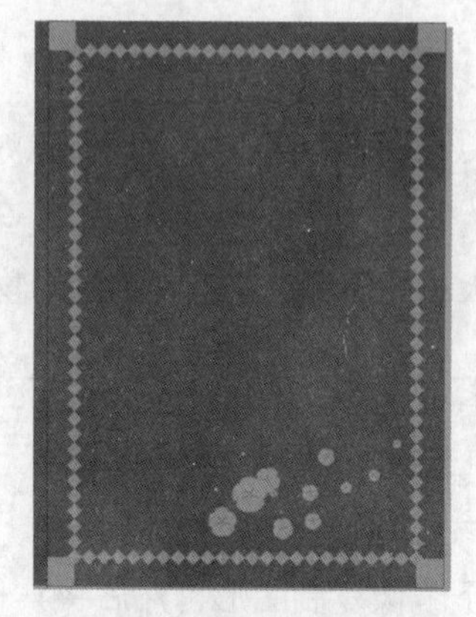

图2-47　绘制并复制形状图形

（三）镜像复制图形

经过前面的操作后，完成了贺卡的封面制作，下面对图形对象进行相应操作，完成贺卡封底的制作。其具体操作如下。

STEP 1 框选贺卡封面上的所有图形对象，将鼠标指针移到图形对象右侧的中间的节点或角点上，再按住【Ctrl】键不放，将鼠标向相反的方向拖动，当蓝色虚线框到达所需位置时单击鼠标右键镜像复制图形。

STEP 2 选择不需要的图形对象，按【Delete】键删除，效果如图2-48所示。

STEP 3 在页面右侧绘制正圆和矩形，轮廓和填充颜色都为金色，轮廓线宽度为0.5mm，效果如图2-49所示。

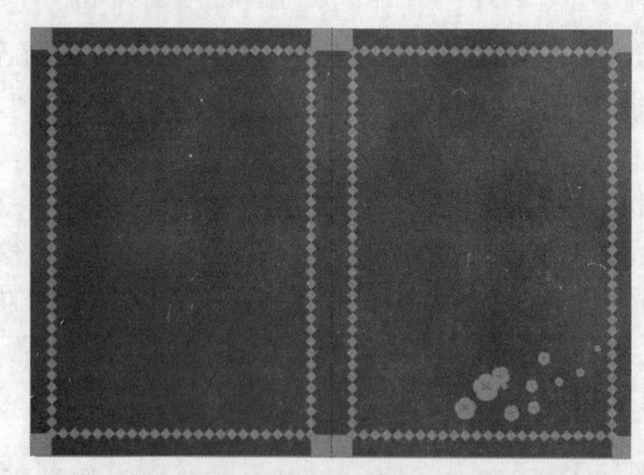

图2-48　镜像复制图形

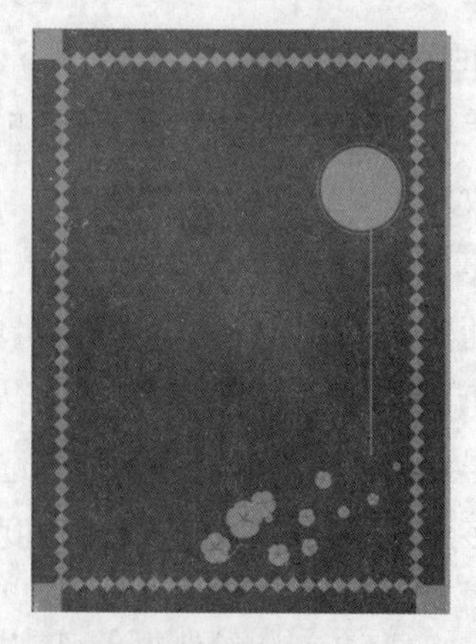

图2-49　绘制图形

操作提示

在对图形进行镜像操作时，在选择图形对象后，单击属性栏中的“水平镜像”按钮，可以将对象沿水平方向镜像；单击“垂直镜像”按钮，可以将对象沿垂直方向镜像。注意，这种方法只是镜像图形，并不能同时复制图形。

（四）添加文本和素材图形

经过前面的制作后，贺卡已经基本制作完成，只是还需要添加相关的文本信息，下面便为贺卡输入文本和添加素材图形。其具体操作如下。

STEP 1 选择工具箱中的文本工具字，将插入点移至页面的任意位置处单击，然后输入文本，在属性栏中设置字体为“书体坊米米芾体”，字号为65pt，颜色为金色，完成后将文本分别放置在相应位置处，如图2-50所示。

STEP 2 继续输入文本，设置字体为“Aachen BT”，字号为12pt，颜色为金色，完成后选择文本并单击属性栏中的“将文本更改为垂直方法”按钮▥更改文本的方向，将然后其移至合适位置。

STEP 3 导入“剪纸.ai”图形文件（素材参见：光盘:\素材文件\项目二\任务三\剪纸.ai），将颜色设置为金色，然后设置其大小和位置，完成贺卡的绘制，如图2-51所示（效果参见：光盘:\效果文件\项目二\任务三\贺卡.cdr）。

图2-50 输入文本

图2-51 完成制作

无论是卡片、画册或是折页的DM单，除非是特殊的板式，其封面都是在右侧，左侧为封底。

实训一 制作“积奖卡”

【实训要求】

为了加强学员视力康复课程的训练，晨明青少年视力康复中心需要制作一张积奖卡，卡片上要求具有学员的基本信息、使用需知等信息，并要求卡片的尺寸为70mm×102mm。根据上述要求，请为晨明青少年视力康复中心制作一张积奖卡。

【实训思路】

积奖卡的内容由晨明青少年视力康复中心提供，主要包括企业信息、学员信息、使用信息和电话等相关的文本信息。在CorelDRAW中新建图形文件后需要先绘制矩形和基本形状图形，并为相关的图形填充相应的颜色，然后是文本的输入。需要注意的是，文本信息中字体大小要根据需要来设置，即哪些文本信息应醒目。本实训的参考效果如图2-52所示（效果参见：光盘:\效果文件\项目二\实训一\积奖卡.cdr）。

图2-52 记录卡片效果

【步骤提示】

STEP 1 启动CorelDRAW X4程序，新建图形文件，然后将其保存为“积奖卡.cdr”。

STEP 2 选择工具箱中的矩形工具□，绘制一个大小为70mm×102mm的矩形，并填充为白色。

STEP 3 继续使用矩形工具□在白色矩形的左侧和右下角绘制大小不一矩形，并填充为热粉，取消轮廓线。

STEP 4 选择工具箱中的文本工具字，在白色矩形上输入“积奖卡”文本，设置其字体为“时尚中黑简体”，字号为17pt。

STEP 5 继续使用文本工具字输入学员信息文本，设置其字体为“方正粗圆简体”，字号为10pt和9pt，颜色分别为热粉和黑色。

STEP 6 将文本放置在相应位置，然后在文本后面绘制矩形，填充颜色为热粉，取消轮廓线。

STEP 7 继续按照相同的方法输入其他文本，并设置相应的字符属性。在“使用须知”文本的每一项文本前绘制填充颜色为热粉的正圆形，无轮廓线。

STEP 8 复制一个最外面的矩形，将其填充为热粉，并在上面绘制一个轮廓颜色为白色、粗细为1.5mm的圆角矩形，然后再继续输入文本和绘制矩形。

STEP 9 选择工具箱中的基本形状工具，在属性栏中单击“完美形状”按钮，在打开的面板中选择第3行第2个图形形状，然后按住鼠标左键绘制，并填充为粉色，取消轮廓线。

STEP 10 双击绘制的形状图形，将旋转中心点移至上面的节点处，然后按住【Ctrl】键不放旋转复制图形，得到花朵的形状图形。选择花朵图形，将其复制多个，并调整合适的大小和旋转角度，完成卡片的制作。

实训二 制作“宣传海报”

【实训要求】

新起源咖啡店近期有新品咖啡推出，为了吸引消费者，咖啡店准备制作一张宣传海报，并要求海报的尺寸为285mm×210mm，横向制作。根据上述要求，请为新起源咖啡店制作一张符合要求的宣传海报。

【实训思路】

本实训制作的咖啡店的宣传海报，主要通过绘制图形并结合宣传文字。将宣传文字分成几段，并从上至下进行错落有致的排列，而装饰图形使整个画面效果更为丰富。在设计时要注意体现企业的名称、活动内容和活动时间。本实训的参考效果如图2-53所示（效果参见：光盘:\效果文件\项目二\实训二\宣传海报.cdr）。

图2-53 宣传海报效果

【步骤提示】

STEP 1 新建图形文件，设置页面大小为210mm×285mm，方向为横向，双击矩形工具绘制一个矩形，并填充为砖红色。

STEP 2 导入“素材1.psd”（素材参见：光盘:\素材文件\项目二\实训二\素材1.psd）、“素材2.psd”（素材参见：光盘:\素材文件\项目二\实训二\素材2.psd）、“素材3.psd”（素材参见：光盘:\素材文件\项目二\实训二\素材3.psd）素材文件，将其缩放到合适大小并移动位置。

STEP 3 选择工具箱中的星形工具，按住【Ctrl】键不放绘制出一个五角星形图形，用调色板将星形填充为宝石红色块里面稍微浅一些的颜色，取消轮廓线；然后将星形图形移至页面上，复制多个星形图形，并调整每个星形的大小和旋转角度。

STEP 4 选择所有星形图形，然后选择【效果】/【图框精确裁剪】/【放置到容器中】菜单命令，当鼠标指针变为➡形状时单击矩形，将星形图形放置在矩形中。

STEP 5 选择工具箱中的复杂星形工具，绘制出一个复杂星形图形，并在属性栏中设置星形边数和尖角度，并将其填充为宝石红，取消轮廓线，然后向下复制图形。

STEP 6 使用文本工具在图形后面输入相关文本，在其属性栏中设置其字体和字号，并为不同的文本设置不同的颜色，然后导入“素材4.jpg”（素材参见：光盘:\素材文件\项目二\实训二\素材4.jpg）和“素材5.jpg”（素材参见：光盘:\素材文件\项目二\实训二\素材4.jpg）素材文件，将其缩放至合适大小。

STEP 7 将导入的图片移动到相应的位置上，然后选择“素材2.psd”和“素材3.psd”素材文件，按【Shift+Page Down】组合键将其移至最上层。

STEP 8 按住【Ctrl】键绘制圆形，并填充为金色，取消轮廓线，然后复制多个圆形，注意调整其大小变化。

STEP 9 选择工具箱中的螺纹工具，绘制圈数为2的螺纹图形，然后复制多个螺纹，将其按大小放置在圆形上，注意设置螺纹的轮廓线宽度。

常见疑难解析

问：设置字体时，发现CorelDRAW中没有该字体，该怎么办？

答：Windows系统自带了黑体、楷体等字体，但要制作更为丰富的文本效果需要安装其他字体，方法是通过网络下载共享字体文件或购买相应的字库安装光盘，然后将获取的字体文件复制到系统盘的“Windows\Fonts”目录下进行安装，便可在所有软件中使用。

问：为什么按住【Ctrl】键后，使用矩形工具绘制不出正方形呢？

答：在绘制正方形的时候，一定要注意是绘制完后先释放鼠标左键，然后再释放【Ctrl】键，否则绘制出来的仍然是矩形。

问：在绘制螺纹后，为什么在属性栏中设置“螺纹回圈”和“螺纹样式”等参数对所选择的螺纹图形不起作用呢？

答：绘制螺纹与绘制网格一样，都需要绘制前在属性栏中设置好相关参数。如果在绘制好后再修改其参数，对所绘制好的图形将不起任何作用。

问：在对图形对象进行复制、旋转、镜像等操作时，除了使用挑选工具进行操作，是否还有其他相应的方法？

答：在工作中，为了提高工作效率且节省时间，像这些图形的基本变形操作都是直接使用挑选工具来完成的。除此之外，也可使用“变换”泊坞窗来进行操作。

问：为什么在绘制一个形状图形后，不能使用形状工具对其调整？

答：形状图形与几何图形一样，只有转换为曲线后才能使用形状工具对其进行任意调整。

问：如果只想设置矩形的一个角为圆角，该怎么操作呢？

答：可在选择矩形后，单击属性栏中的🔒按钮，然后再在数值框中设置圆角度，也可使用形状工具单击选中矩形的某一个角，然后再拖动鼠标。

拓展知识

在工作中，名片的设计是最为常见的，在设计之前，一般客户都会指定名片的尺寸大小以及其中需要包含的信息，并会提供其公司的LOGO，因此，在名片的设计上，其色彩可以直接运用LOGO上的颜色，再另以其他颜色加以辅助。名片按用途可以分为商务、公用和个人名片，下面分别对其进行介绍。

- 商务名片：通常信息较为完善，用于公司或企业进行业务活动中使用的名片，具有统一的印刷格式，且大多以营利为目的，主要用于商业活动。图2-54所示为商务双语（即正面一种语言，背面一种语言）名片。
- 公用名片：为政府或社会团体在对外交往中所使用的名片，名片的使用不是以营利为目的。主要特点是名片常使用标志、部分印有对外服务范围，没有统一的名片印刷格式，注重个人头衔和职称，主要用于对外交往与服务。
- 个人名片：主要特点是名片不使用标志、名片设计个性化、可自由发挥，常印有个人照片、爱好、头衔和职业，名片中含有私人家庭信息，主要用于朋友交往。图2-55所示为国外个性名片。

图2-54 双语名片

图2-55 个性名片

课后练习

（1）本练习要求综合使用各种绘图工具绘制一张兑奖卷，完成后的最终效果如图2-56所示（效果参见：光盘:\效果文件\项目二\课后练习\兑奖券.cdr）。通过练习掌握形状工具、星形工具和多边形工具的使用等。

图2-56 兑奖券效果

（2）根据学习的知识制作企业的工作证，最终效果如图2-57所示（效果参见：光盘:\效果文件\项目二\课后练习\工作证.cdr）。工作证代表一个企业的形象，因此在制作时，工作证不宜太过花哨和复杂。工作证的尺寸为55mm×90mm，注意留出套工作带的缝隙。

（3）本练习要求为礼品公司设计一张个性名片，参考效果如图2-58所示。在设计时要注意符合企业的行业特征，名片尺寸为常规尺寸90mm×50mm。

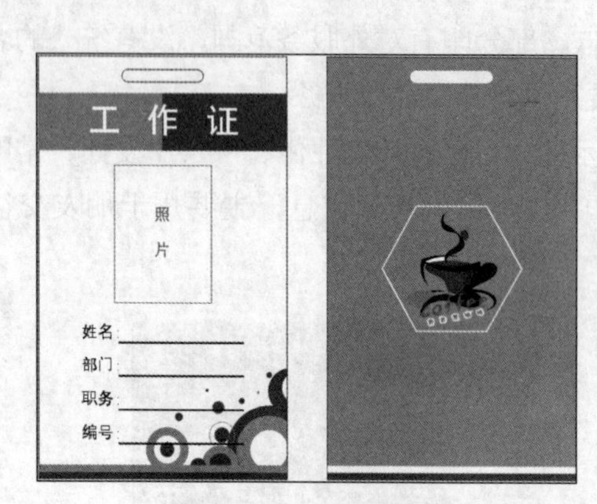

图2-57　工作证效果

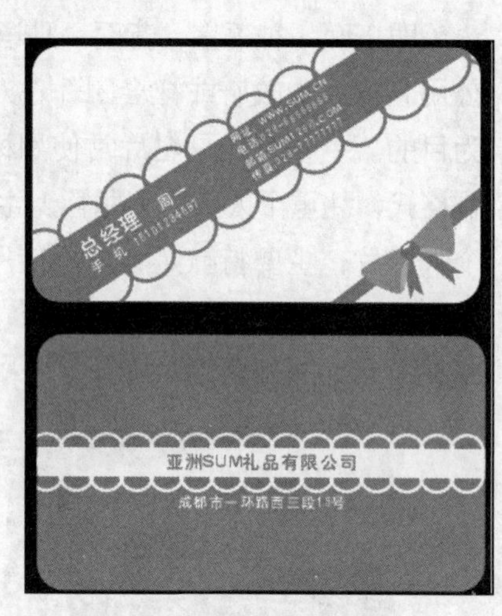

图2-58　名片效果

PART 3

项目三 绘制与编辑曲线

情景导入

阿秀：小白，经过前几天的学习，相信你已经对CoreldRAW有了一定的认识吧。

小白：是啊，还真是学习了不少东西呢。

阿秀：比起在学校里面的认识多了不少吧，不过还有许多需要学习的知识。

小白：那什么时候能完成一些设计工作啊？

阿秀：小白，只要你每天认真完成我交给你的工作，用不了多久，你就可以独立设计作品了。

小白：我一定会尽力的。

阿秀：这就对了，我正设计的一项工作需要一些矢量素材，要不你也一起来绘制吧，正好学习学习。

小白：好的！

学习目标

- 熟练掌握钢笔工具、手绘工具和贝塞尔工具的使用
- 熟练掌握节点的编辑
- 熟悉艺术笔工具的使用
- 熟悉折线工具、3点曲线工具、连接器、度量工具的使用

技能目标

- 掌握绘制花纹背景的方法
- 掌握使用各种绘图工具绘制卡通插画的方法
- 掌握“兑奖券”的制作方法

任务一 制作“花纹背景”

花纹背景在设计中主要用作素材使用，如用于背景暗纹、商品的突出表达等。在CorelDRAW中制作花纹背景，主要通过绘制和编辑曲线来完成，下面具体介绍制作方法。

一、任务目标

本例将练习用CorelDRAW制作“花纹背景”矢量图形，在制作时先新建文档，然后通过贝塞尔工具绘制曲线，最后使用编辑曲线上的节点来得到。通过本例的学习，读者可以掌握贝塞尔工具的使用和曲线的编辑方法，同时对使用形状工具编辑节点进行掌握。本例制作完成后的最终效果如图3-1所示。

图3-1 花纹背景效果

二、相关知识

在制作本例之前，首先需要对一些基本知识有所了解。下面主要对曲线、节点类型和贝塞尔工具进行介绍。

（一）认识曲线

在CorelDRAW中，线条是构成矢量图最基本的元素，可以使用绘图工具绘制曲线，也可以将几何图形转换成曲线。曲线主要由线段、直线、节点、控制柄等组成，如图3-2所示，下面分别进行介绍。

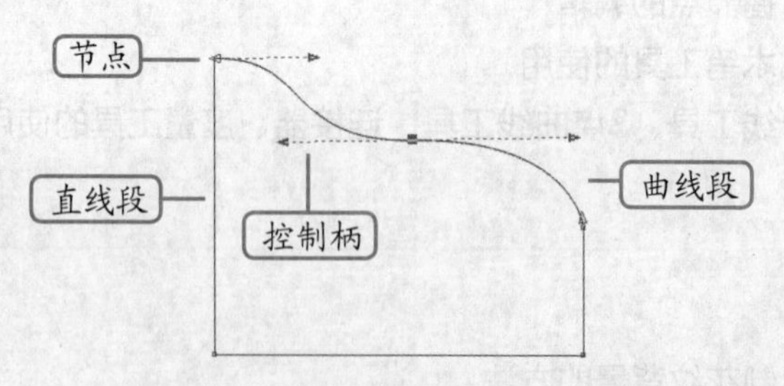

图3-2 曲线的组成

- **节点**：节点是组成曲线的基本元素，是一条曲线的端点。曲线可以由一个节点或多个节点组成，单击节点可以显示出该节点处的控制柄。

- **线段**：线段用于连接曲线上两个节点，包括曲线段和直线段，同时曲线段和直线段可以相互转换。
- **控制柄**：控制柄是指节点两端出现蓝色的虚线，使用形状工具选中节点后通过拖动控制柄可以调整图形的形状。

（二）认识节点

CorelDRAW X4中的节点包括尖突、平滑、对称等类型，编辑节点通常使用工具箱中的形状工具来实现。根据需要可对节点类型进行转换。使用形状工具选择一条曲线，其属性栏如图3-3所示，其中各按钮的含义如下。

矩形 减少节点 0

图3-3 形状工具属性栏

- 按钮：单击该按钮，可在线条上增加一个节点。
- 按钮：单击该按钮，可在线条上删除一个节点。
- 按钮：单击该按钮，可将选择的两个节点合并为一个节点。
- 按钮：单击该按钮，将曲线上的一个节点分为两个节点，将原曲线断开为两段曲线，与“连接两个节点”按钮的作用相反。
- 按钮：单击该按钮，可将曲线段转换为直线。
- 按钮：单击该按钮，可将直线变为曲线。拖动节点一边的控制手柄时，另一边也将随着变化，并生成平滑的曲线。
- 按钮：单击该按钮后，当拖动节点一边的控制手柄时，另外一边的曲线将不会发生变化。
- 按钮：单击该按钮后，当移动节点一边的控制手柄时，另外一边的线条也跟着移动，它们之间的线段将产生平滑的过渡。
- 按钮：单击该按钮后，当对节点一边的控制手柄进行编辑时，另一边的线条也作相同频率的变化。
- 按钮：使节点变为旋转倾斜状态，在相应的控制点处拖动鼠标即可旋转倾斜所选择的节点。
- 按钮：选择需要对齐的多个节点，然后单击属性栏中的按钮，在弹出的“节点对齐”对话框中进行设置即可。
- 按钮：单击该按钮，将选择所指定图形上的所有节点。
- 按钮：可将断开的两曲线节点由一条线段连接起来。

（三）贝塞尔工具

使用贝塞尔工具在绘图窗口中依次单击，即可绘制直线或连续的线段；单击鼠标左键可确定线的起始点，然后移动鼠标指针到合适位置后再次单击并拖曳，即可在节点的两边各出现一条控制柄，如图3-4所示，同时形成曲线；移动鼠标指针后依次单击并拖曳，即可绘制出连续的曲线，如图3-5所示；当将鼠标指针放置在创建的起始点上单击，即可将曲线闭合为图形，如图3-6所示。在没有闭合图形前，按【Enter】键、空格键或选择其他工具，即可结束操作生成曲线。

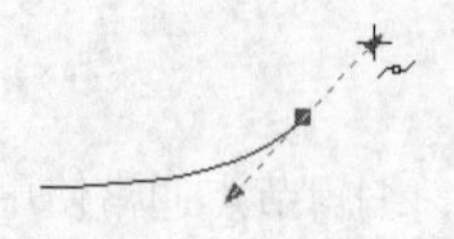

图3-4　出现的控制柄

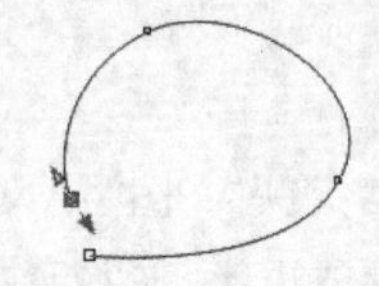

图3-5　绘制的连续曲线

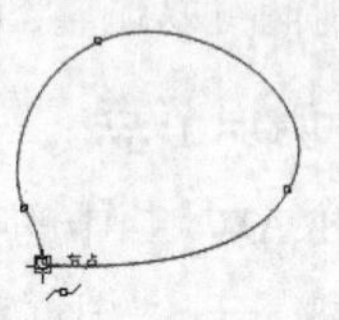

图3-6　闭合曲线

（四）锁定与解锁图形对象

在对图形对象进行操作时，难免会影响到其他不需要修改的对象，可以通过锁定功能将对象进行固定，使其不能被移动或变换。如果不需要锁定对象时，可以将其解锁。

- 锁定对象：选择需要锁定的对象，选择【排列】/【锁定对象】菜单命令，即可锁定所选对象。
- 解锁对象：解锁对象是针对锁定而言的，选择【排列】/【解除对象锁定】菜单命令，将选择的图形对象解锁；选择【排列】/【解除全部对象锁定】菜单命令，将解除页面中所有图形对象的锁定。

三、任务实施

（一）使用贝塞尔工具绘制花纹形状

在CorelDRAW中新建一个图形文件，然后使用贝塞尔工具绘制出花纹的基本形状。其具体操作如下。

STEP 1 新建图形文件，在属性栏中设置页面大小为300mm×300mm，然后将其保存为“花纹背景.cdr”。

STEP 2 双击工具箱中的矩形工具，绘制一个与当前页面相同大小的矩形，然后将其填充为调色板中的白黄，取消轮廓线。

STEP 3 保持该矩形的选择状态，然后单击鼠标右键，在弹出的快捷菜单中选择“锁定对象”命令，将矩形锁定，如图3-7所示。

在CorelDRAW中并不是所有的对象都能被锁定，某些控制对象不能被锁定，如含3D模型的图形、有阴影效果的图形、调和对象、适应路径文本等。

STEP 4 按住工具箱中的手绘工具不放，在其展开的工具条中单击贝塞尔工具，移动鼠标指针至绘图区中，当其变为形状时，在任意位置单击鼠标左键确定曲线的起点，将鼠标指针移动到合适的位置后按住鼠标左键不放并拖动，可绘制出一条曲线。

STEP 5 将鼠标指针移动到其他合适的位置，按住鼠标左键不放并拖动继续绘制曲线，然后回到最初的起点节点，闭合路径，如图3-8所示。

STEP 6 继续按照相同的方法绘制其他路径，完成后的效果如图3-9所示。

图3-7 锁定图形

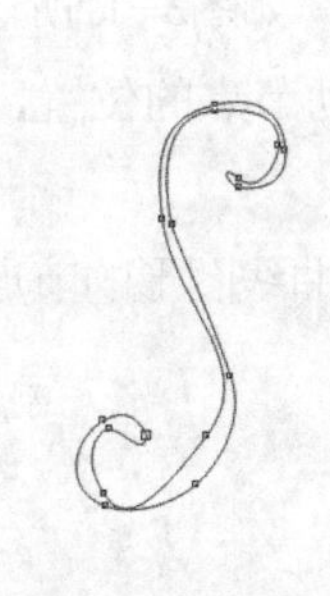
图3-8 绘制曲线路径

图3-9 绘制其余的曲线路经

知识补充

在绘制曲线的过程中，需要对控制手柄的弯曲度有所识别。

①控制手柄的方向决定曲线弯曲的方向，控制手柄在下方时，曲线向下弯曲；反之则向上弯曲。

②控制手柄离曲线较近时，曲线的曲度较小；控制手柄离曲线较远时，曲线的曲度则较大。

③曲线的控制手柄可分左右两个，蓝色的箭头非常形象地指明了曲线的方向。

（二）编辑曲线上的端点和轮廓

使用贝塞尔工具绘制后，所得到的曲线路径只是一个大致的形状图形，为了使曲线更为平滑，还需要使用形状工具对曲线进行编辑。其具体操作如下。

STEP 1 选择绘制的某一个曲线图形，然后按【F10】键切换到形状工具，此时的鼠标指针变为形状。

STEP 2 单击选择图形中需要转换类型的节点，按住鼠标左键将其拖动至合适位置，然后单击其属性栏中的“平滑节点”按钮，此时该节点转换为平衡节点，拖动节点一边的控制手柄时，另外一边的线条也要跟着移动，且之间的线段会产生平滑的过渡，如图3-10所示。

STEP 3 单击曲线中的另一个节点，此时属性栏中的“使节点变为尖突”按钮不可用，表示该节点为尖突节点。然后单击属性栏中的“平滑节点”按钮将尖突节点转换为平滑节点，然后拖动控制手柄控制曲线的弯曲度，如图3-11所示。

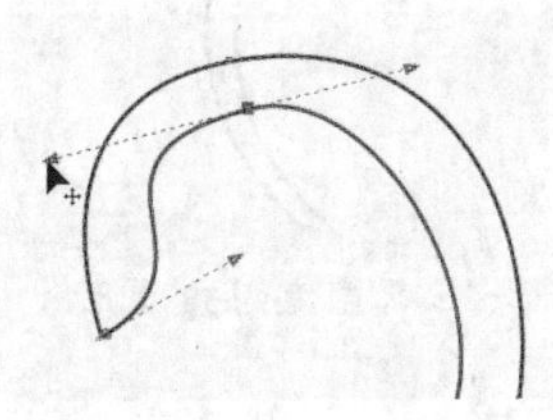
图3-10 调整为平滑节点

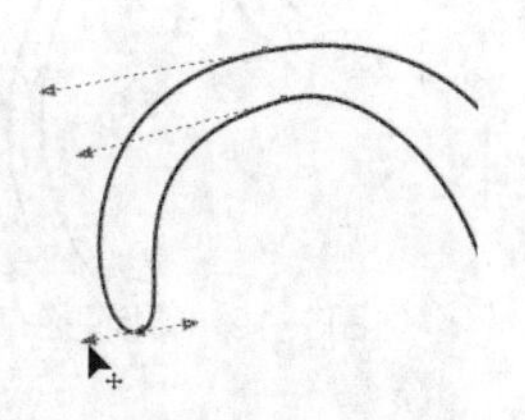
图3-11 拖动控制手柄

STEP 4 单击曲线中的另一个节点，然后单击属性栏中的“生成对称节点”按钮将平滑节点转换为对称节点，节点两边的控制手柄将呈直线显示，拖动节点两侧的任意一边控制手柄，节点两边曲线的曲度都相同，如图3-12所示。

STEP 5 继续使用形状工具移动节点的位置，并使用相同的方法调整曲线的弧度，效果如图3-13所示。

STEP 6 根据相同的方法对其他曲线图形的节点进行调整，完成后的效果如图3-14所示。

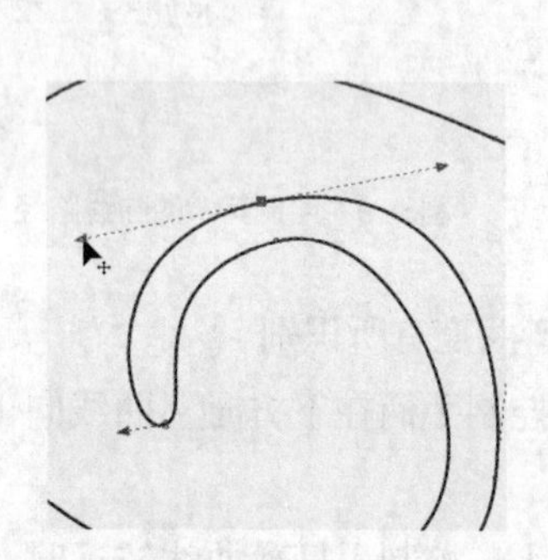

图3-12 生成对称节点

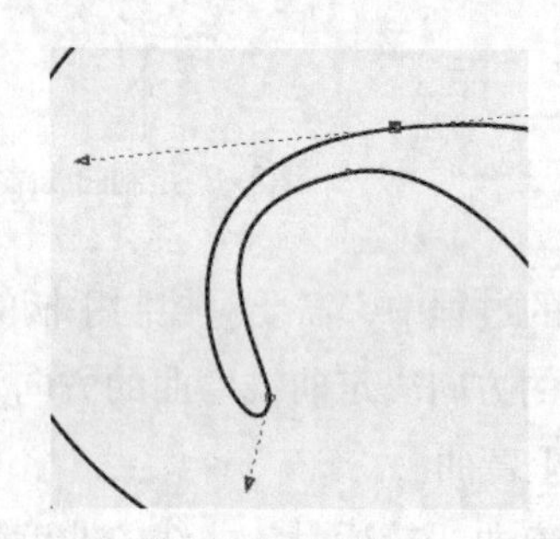

图3-13 调整路径

图3-14 调整其余的曲线路径

操作提示

在使用形状工具时，将鼠标指针移至有节点的位置处时，其节点外有一个小的蓝色空心正方形，单击选择后则变为实心的蓝色正方形；按住鼠标左键不放拖动或按住【Shift】键依次单击需要选择的节点可选择多个节点；按【Home】键将选择路径中的第一个节点，按【End】键则选择路径中的最后一个节点。

STEP 7 现在可以看到曲线图形的大部分都变得平滑，但还需要对一些小的位置进行调整。

STEP 8 按【F10】键切换到形状工具，将鼠标指针移到需要调整的曲线上双击，添加一个节点，然后选择该节点，单击属性栏中的“转换曲线为直线”按钮，将该节点前一段的曲线线段转换为直线线段，如图3-15所示。

STEP 9 使用形状工具对转换后的线型进行调整，效果如图3-16所示。

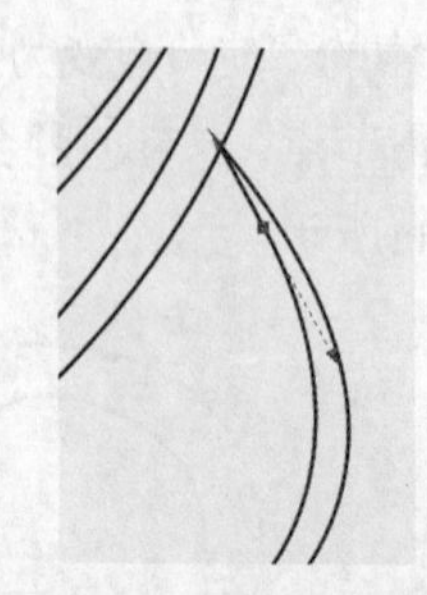

图3-15 转换曲线为直线

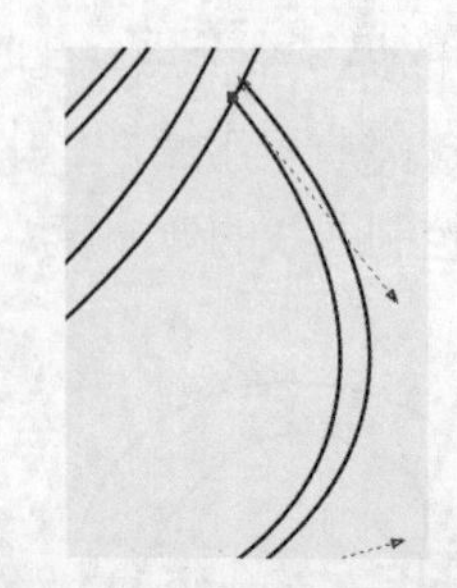

图3-16 调整转换后的图形

（三）编辑曲线上的节点

经过前面的编辑后，得到曲线路径已大致完成，下面将继续绘制图形，然后对图形的节点进行编辑。其具体操作如下。

STEP 1 使用贝塞尔工具绘制叶子的图形，然后对其端点和轮廓进行调整，如图3-17所示。

STEP 2 调整后的曲线并不完全平滑，因此，将鼠标指针移到造成路径不平滑的节点上双击鼠标，即可将该节点删除，此时，路径变为更为平滑，调整后的效果如图3-18所示。

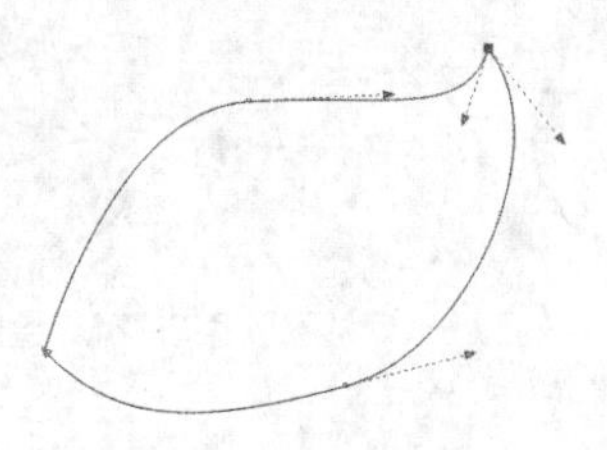

图3-17 调整路径

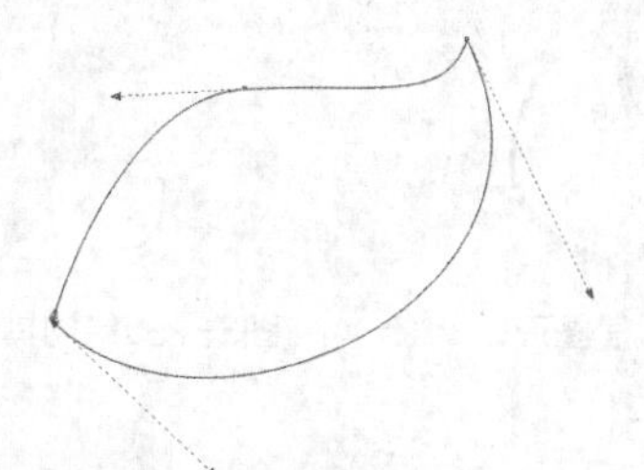

图3-18 删除不平滑节点

用形状工具选中节点，单击鼠标右键，在弹出的快捷菜单中选择相应的命令同样可以添加或删除节点。

STEP 3 使用挑选工具选择图形，向内缩放到一定大小后单击鼠标右键复制，然后按【F10】键调整曲线，如图3-19所示。

STEP 4 选择外面的叶子图形，在调色板中单击宝石红色块，填充颜色，取消轮廓线，并将里面的图形填充为白黄，如图3-20所示。

STEP 5 继续使用贝塞尔工具绘制叶子的纹路，并填充为宝石红，如图3-21所示。

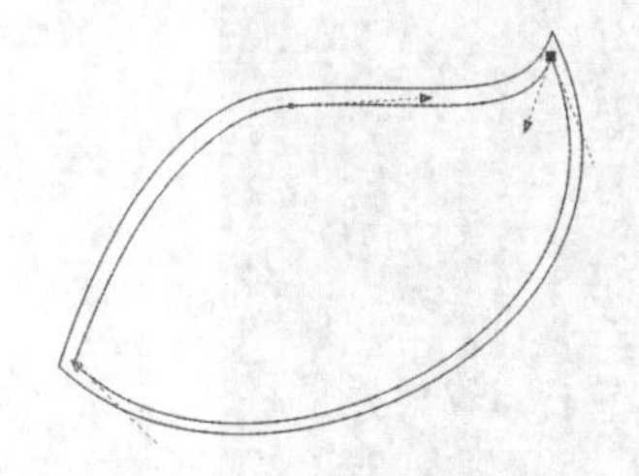

图3-19 复制路径

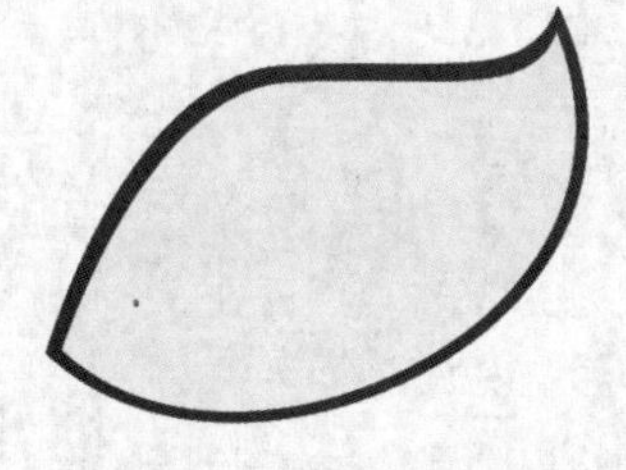

图3-20 填充颜色

图3-21 绘制纹路

STEP 6 框选之前绘制的曲线图形，然后填充为栗色，无轮廓。

STEP 7 框选绘制的叶子图形，按【Ctrl+G】组合键群组图形，然后将其进行缩放至合适大小，并复制叶子的图形，分别对图形进行缩放和旋转操作，效果如图3-22所示。

STEP 8 使用贝塞尔工具绘制其他的图形，并填充相应的颜色，无轮廓，然后分别复制并进行设置，效果如图3-23所示。

STEP 9 选择工具箱中的椭圆工具在合适位置绘制大小不一的圆形，并填充为与曲线图形相同的颜色，无轮廓，完成制作后的效果如图3-24所示（效果参见：光盘:\效果文件\项目三\任务一\花纹背景.cdr）。

图3-22　复制叶子图形　　图3-23 绘制其他图形　　图3-24　绘制圆形

任务二　制作“卡通画”

卡通画主要是用于凸显其商品或是活动主题，通常以背景效果的方式出现。在CorelDRAW中制作卡通画时，要注意符合活动要求或行业特征。

一、任务目标

本例将练习在CorelDRAW中制作“卡通画”效果，在制作过程中，主要是通过各种绘图工具实现的，包括手绘工具和艺术笔工具等。通过本例的学习，读者可以掌握手绘工具和艺术笔工具的使用方法，巩固已经学习过的绘图工具的使用。本例制作完成后的最终效果如图3-25所示。

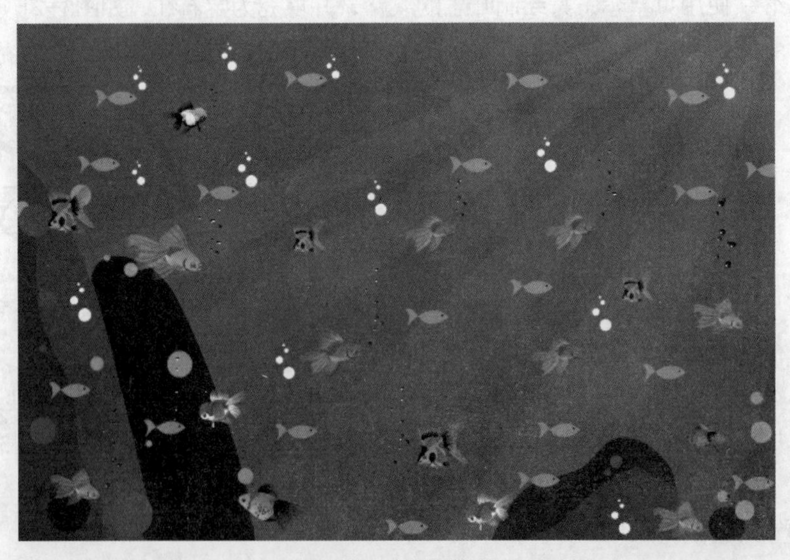

图3-25　卡通画效果

二、相关知识

在制作图形之前，首先要对将使用的相关工具有一定的了解。下面对手绘工具和艺术笔工具的使用进行介绍。

（一）手绘工具

手绘工具提供了最直接的绘图方法。选择工具箱中的手绘工具（或按【F5】键）后，在绘图区中拖动鼠标即可绘制出直线、曲线、折线，且在如图3-26所示的属性栏中可以设置线条的宽度、线形等属性。

图3-26 手绘工具的属性栏

（二）艺术笔工具

选择工具箱中的艺术笔工具（或按【I】键），并在属性栏中设置相应选项，然后在绘图区中按住鼠标左键并拖曳，完成后释放鼠标即可绘制出需要的线条或图案。其属性栏中包括预设模式、笔刷模式、喷罐模式、书法模式和压力模式5种艺术笔模式，下面分别对其进行介绍。

- 预设：该种笔触模式用于绘制基于预设样式的形状而改变笔形的线条，主要模拟笔触在开始和末端粗细变化。在属性栏中单击"预设"按钮，设置好相应属性参数，然后在绘图窗口中按住鼠标左键并拖动，即可绘制出像用毛笔绘制的线条样式，如图3-27所示。
- 笔刷：该笔触模式提供了多种笔刷笔触样式，可以模拟笔刷绘制的效果，方便绘制各种不同样式的特殊效果。在属性栏中单击"笔刷"按钮，设置好相应属性参数后，拖动鼠标即可以得到画笔效果，笔触颜色可在调色板中设置，如图3-28所示。

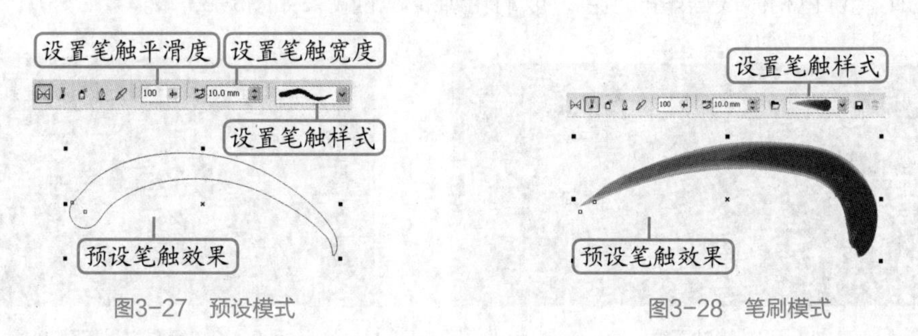

图3-27 预设模式　　图3-28 笔刷模式

- 喷罐：该种模式是艺术笔工具中艺术效果最丰富的，使用该模式可以像绘制曲线一样轻松地绘制出漂亮的图案，如图3-29所示。
- 书法：使用该种模式可以绘制出类似书法笔触效果的线条，在属性栏中可以设置笔触的宽度和角度，如图3-30所示。
- 压力：使用该种模式可以模拟笔的压力效果，创作出自然的手绘效果，从而得到不一样的艺术效果，适合于表现细致且变化丰富的线条，如图3-31所示。

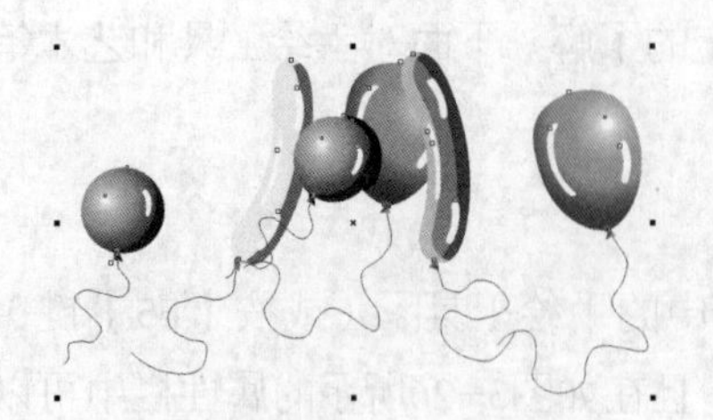

图3-29　喷灌模式

图3-30　书法模式

图3-31　压力模式

三、任务实施

（一）使用手绘工具和矩形工具绘制海底

在绘制画面之前，要先想好画面的大体结构。新建图形文件后，首先绘制出卡通画的背景，然后再使用手绘工具绘制相关图形。其具体操作如下。

STEP 1 新建图形文件，在属性栏中设置页面大小为300mm×200mm，然后将其保存为"卡通画.cdr"。

STEP 2 双击工具箱中的矩形工具，绘制一个与当前页面相同大小的矩形，然后将其填充为调色板中的海绿，取消轮廓线。

STEP 3 选择工具箱中的手绘工具，将鼠标移动至页面中，此时鼠标指针变为形状，在绘图区中单击鼠标左键确定直线的起点，移动鼠标指针到另一个位置再单击左键确定直线的终点，即绘制出一条直线，如图3-32所示。

STEP 4 移动鼠标指针至直线的结束点处，当其变为形状时单击鼠标，然后移动鼠标指针至其他位置单击，即可绘制出一条折线。

STEP 5 根据相同的方法绘制其他折线，然后回到起始点处单击绘制封闭的图形，并将其填充为比背景色稍微浅一些的颜色，取消轮廓线后的效果如图3-33所示。

图3-32　绘制直线

图3-33　绘制的封闭图形

STEP 6 根据相同的方法使用手绘工具绘制其他的封闭图形，并填充相同的颜色，取消轮廓线，如图3-34所示。

STEP 7 使用手绘工具在画面左下方绘制折线，然后将鼠标指针移至折线的结束点处单击，按住鼠标左键不放并拖动到折线的起始点后释放鼠标，系统将自动调整曲线的平滑度并加入节点，如图3-35所示。

STEP 8 将绘制的图形填充为草绿，取消轮廓线，如图3-36所示。

图3-34 绘制其他图形

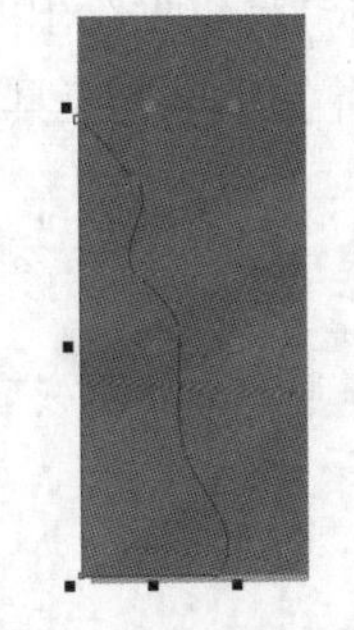
图3-35 绘制不规则图形

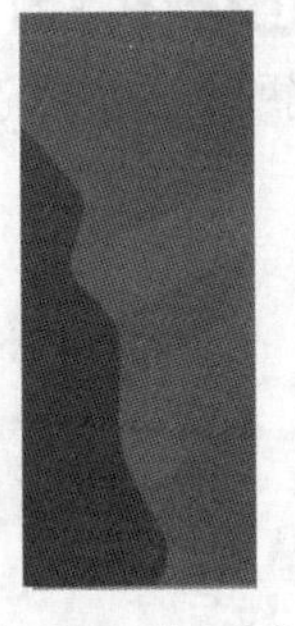
图3-36 填充颜色

STEP 9 继续使用手绘工具绘制不规则的图形，并为其分别填充上不同的颜色，取消轮廓线，如图3-37所示。

STEP 10 选择工具箱中的椭圆形工具，在画面中按住【Ctrl】键绘制圆形，填充为海绿色块中的颜色，取消轮廓线。

STEP 11 复制多个圆形到画面中，并分别调整其大小和颜色，如图3-38所示。

STEP 12 用相同的方法在画面的左下角位置绘制出如图3-39所示的小山图形。

图3-37 绘制的山图形

图3-38 绘制圆形

图3-39 绘制的图形

知识补充

在确定直线的起点后，移动鼠标指针至其他位置时，如果按住【Ctrl】键，所画直线的角度会以15° 为步长变化，这样就可以绘制出有一定标准斜度的直线。

（二）使用艺术笔工具绘制鱼图形

下面使用艺术笔工具为画面添加鱼图形，其具体操作如下。

STEP 1 选择工具箱中的艺术笔工具，然后在其属性栏中单击“喷罐”按钮。

STEP 2 在属性栏中的“要喷溅的对象大小”数值框中输入50，在“喷涂列表文件列表”下拉列表中选择所需的喷涂样式为鱼的图形，然后在页面中任意位置按下鼠标左键不放并拖动，绘制出如图3-40所示的鱼效果。注意在拖动时将线形拖曳得长一些，以便显示更多的鱼的类型。

STEP 3 按【Ctrl+K】组合键将喷绘出的鱼效果分离，如图3-41所示，然后按【Esc】键取消所有对象的选择状态，并使用挑选工具选择曲线路径，按【Delete】键删除。

图3-40　绘制鱼效果

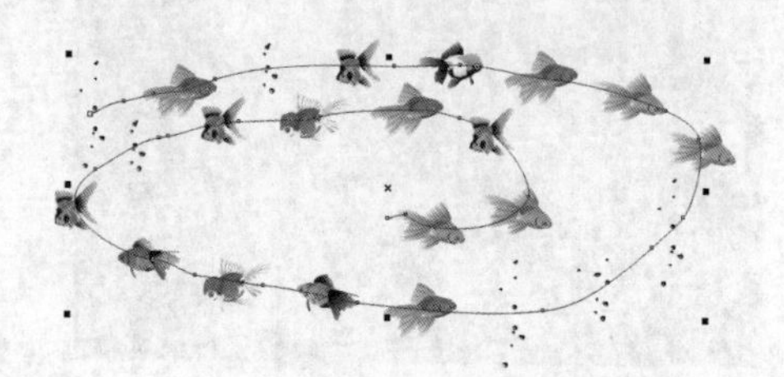

图3-41　分离路径与图形对象

STEP 4 使用挑选工具选择鱼图形，按【Ctrl+U】组合键取消图形对象的群组，然后框选需要的鱼图形，按【Ctrl+G】组合键群组，调整其大小后放置在画面中，如图3-42所示。

STEP 5 根据相同的方法将其他鱼和气泡图形群组后，分别调整其大小和位置，效果如图3-43所示。

图3-42　群组图形

图3-43　放置图形

知识补充

①如果想要改变喷罐的顺序，可在属性栏中单击按钮，在打开的“创建播放列表”对话框中添加或删除喷涂对象。

②单击按钮，在打开的面板中可以设置喷罐图形的旋转角度。

③单击按钮，在打开的面板中可以重新设置喷罐图形在路径上偏移的值，在“偏移方向”下拉列表中可以选择偏移方式。

④在艺术笔工具状态下且未选取任何对象时，单击按钮可返回到默认参数。

（三）绘制其他图形

经过前面的绘制后，卡通画已经基本完成了，但还需要添加一些图形，下面使用贝塞尔工具和椭圆形工具为画面添加图形。其具体操作如下。

STEP 1 使用贝塞尔工具和椭圆形工具绘制卡通的鱼图形，并分别填充为冰蓝和黑色，如图3-44所示。

STEP 2 选择该鱼图形，按【Ctrl+G】组合键群组，然后复制图形，如图3-45所示。

图3-44 绘制卡通鱼

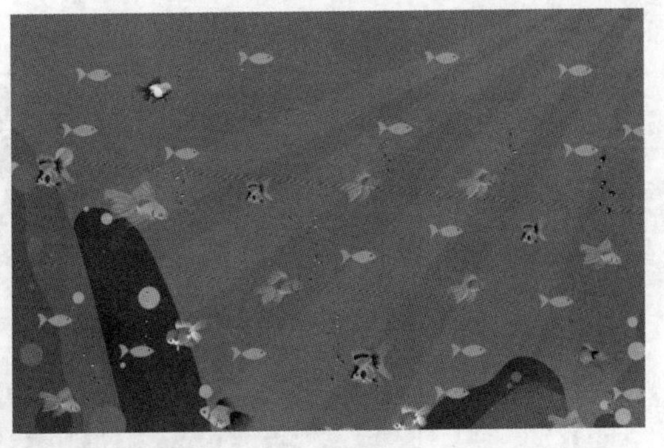

图3-45 复制图形

STEP 3 使用椭圆形工具绘制白色的圆形，然后复制多个圆形，注意更改其大小，如图3-46所示。

STEP 4 选择所有的白色圆形，然后复制多个图形到相应的位置，完成卡通画的制作，如图3-47所示（效果参见：光盘:\效果文件\项目三\任务儿\卡通画.cdr）。

图3-46 绘制圆形

图3-47 完成绘制

任务三 制作“兑奖券”

兑奖券指的是商家促销时免费赠送给消费者的一种卡片。在CorelDRAW中制作兑奖券时，首先需要了解兑奖券上必须标明的文本信息，然后进行版式设计。下面便具体进行详解。

一、任务目标

本例将练习在CorelDRAW中制作“兑奖券”效果，在制作的过程中，主要是通过钢笔工具来绘制其中的花纹，然后对绘制的图形进行编辑，输入完文本后，为了清楚地知道图形文件的尺寸，可使用度量工具标出其尺寸。由于入场券是一种凭证，卡片上有标明奖项的文字数码或图形，因此，在制作时一定不要忘记标明需要注意的问题。本例制作完成后的最终效果如图3-48所示。

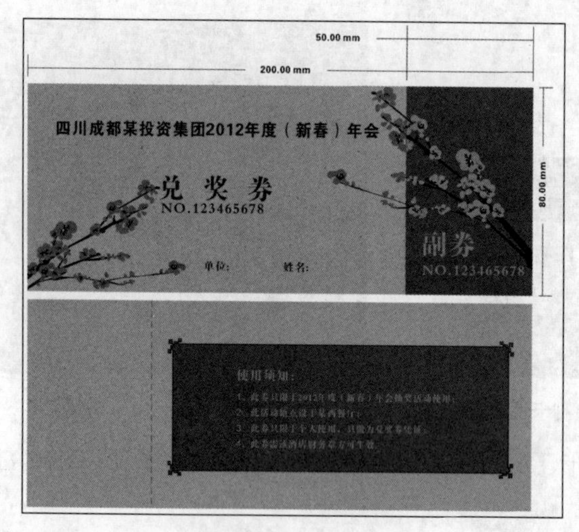

图3-48　兑奖券效果

二、相关知识

在制作图形前，首先需要对使用到的相关工具有一定的了解，下面便分别进行介绍。

（一）钢笔工具

钢笔工具和贝塞尔工具的功能和使用方法完全相同，只是钢笔工具相比贝塞尔工具更好控制，且在绘制图形过程中可预览鼠标指针的拖曳方向，如图3-49所示。还可以随时添加或删除节点，如图3-50所示。

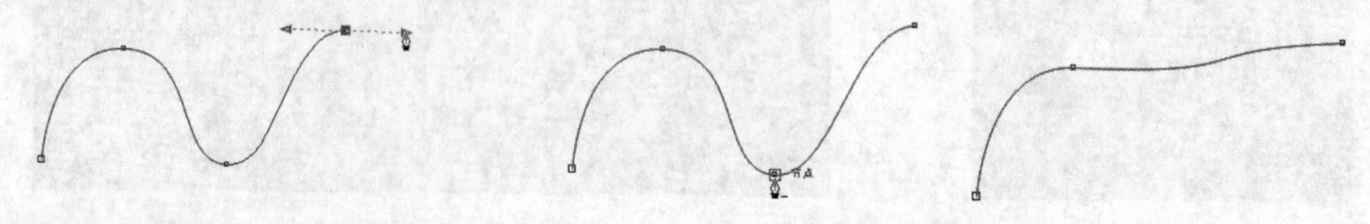

图3-49　预览鼠标指针的拖曳方向　　图3-50　删除节点

（二）折线工具和3点曲线工具

选择工具箱中的折线工具，在绘图区中依次单击，可创建连续的线段；在绘图区中拖曳鼠标指针，可沿鼠标指针移动的轨迹绘制曲线。在终点处双击鼠标，可结束操作；如果将鼠标指针移到创建的起始点位置单击，也可将绘制的线形闭合，生成不规则的图形。

选择工具箱中的3点曲线工具，在绘图区中按下鼠标左键不放，向任意方向拖曳，确定曲线的两个端点，至合适位置后释放鼠标，再移动鼠标指针确定曲线的弧度，至合适位置后再次单击即可绘制曲线段。

（三）交互式连线工具和度量工具

交互式连线工具（连接器）可以将两个图形（包括图形、曲线和美术字文本等）用线连接起来，主要用于流程图的连接。其使用方法非常简单，选择交互式连线工具后，在属性栏中选择要使用的连接方式，然后将鼠标指针移动到要连接对象的节点上按住鼠标左键，并向另一个对象的节点上拖曳，释放鼠标后即可将两个对象连接。

度量工具主要用于为工程图、平面效果图等标注尺寸、角度等。尺寸标注是工程图中必不可少的部分，它不仅可以显示对象的长度、宽度等尺寸信息，还可以显示出对象之间的距离，这样便能为实施设计方案提供准确的依据。

选择度量工具后，弹出如图3-51所示的度量工具属性栏，其中主要有自动尺度工具、垂直尺度工具、水平尺度工具、倾斜尺度工具、标注工具、角度尺工具，各项工具的含义如下。

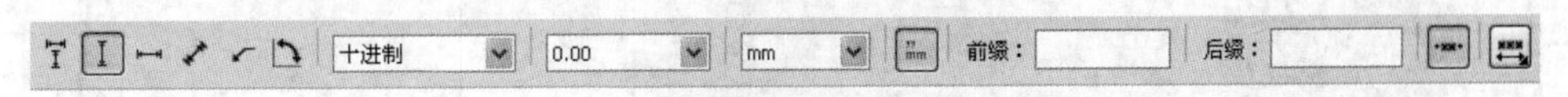

图3-51 度量工具属性栏

- 自动尺度工具：可随鼠标指针的移动创建水平或垂直的尺度线，按【Tab】键可以在水平、垂直和倾斜度量工具之间进行切换。
- 垂直尺度工具：可标注对象的纵向尺寸。
- 水平尺度工具：可标注对象的水平尺寸，不管标注时确定的标注点的位置如何，总是取决于标注对象的水平尺寸。
- 倾斜尺度工具：可标注对象的倾斜距离的角度。
- 标注工具：可通过绘制旁引线来为对象添加注解。
- 角度尺工具：可标注对象的角度。
- “度量样式”下拉列表框：在该下拉列表中可选择所需的度量样式。
- “度量精度”下拉列表框：在该下拉列表中可设置标注数值小数点后的位数。
- “尺寸单位”下拉列表框：在该下拉列表中可以选择度量标注线的尺寸单位。
- “显示尺度单位”按钮：默认状态下该按钮为下陷状态，单击该按钮使其呈弹起状态时，将隐藏标注数值的单位。
- “前缀和后缀”文本框：可在“前缀”或“后缀”文本框中输入文字、数字或符号，输入的文本将显示在标注数值的字首或字尾。
- “动态度量”按钮：单击该按钮将激活尺寸标注属性栏选项，默认状态为下陷状态。
- “文本位置下拉式对话框”按钮：单击该按钮将弹出标注文本位置下拉列表框，在其中可设置标注数值的位置。

三、任务实施

（一）使用钢笔工具绘制图形

在绘制图形前需要新建图形文件，然后绘制出需要的花纹。下面将使用钢笔工具绘制出花纹的大致形状，其具体操作如下。

STEP 1 新建一个图形文件，将其保存为“兑奖券.cdr”。

STEP 2 选择工具箱中的矩形工具，在页面中绘制一个矩形，并设置其大小为

200mm × 80mm。

STEP 3 选择该矩形图形，用鼠标按住调色板中的金色色块不放，在弹出的色块中选择一种金色，将矩形填充为金色，取消轮廓线，如图3–52所示。

STEP 4 按住工具箱中的手绘工具不放，在其展开的工具条中单击钢笔工具，将鼠标指针移到绘图区中，当鼠标指针变为形状时，单击鼠标左键指定直线起点后，移动鼠标指针到适当位置后，单击指定直线的第二个节点，如图3–53所示。

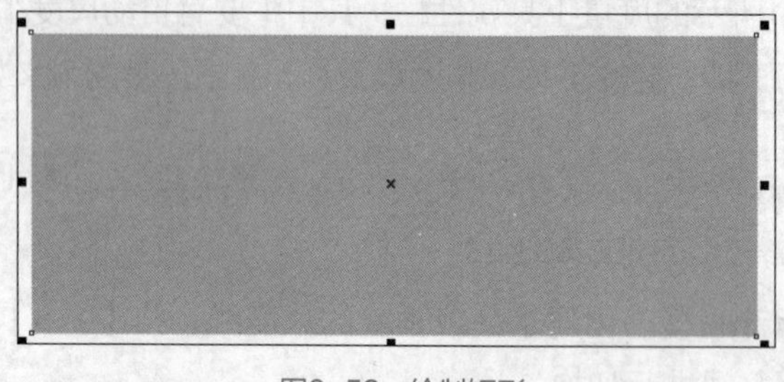

图3–52　绘制矩形

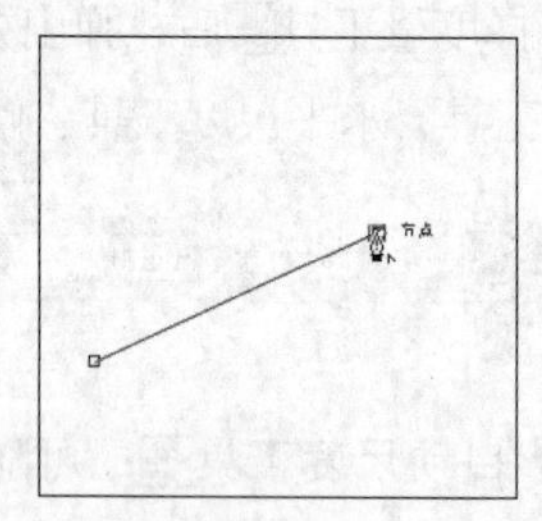

图3–53　绘制直线

STEP 5 根据相同的方法依次绘制其余的节点，然后回到起点的节点上，当鼠标指针变为形状时单击鼠标左键，绘制出封闭的折线。绘制的最终图形如图3–54所示。

STEP 6 保持该图形的选择状态，将其填充为黑色，取消轮廓线，如图3–55所示。

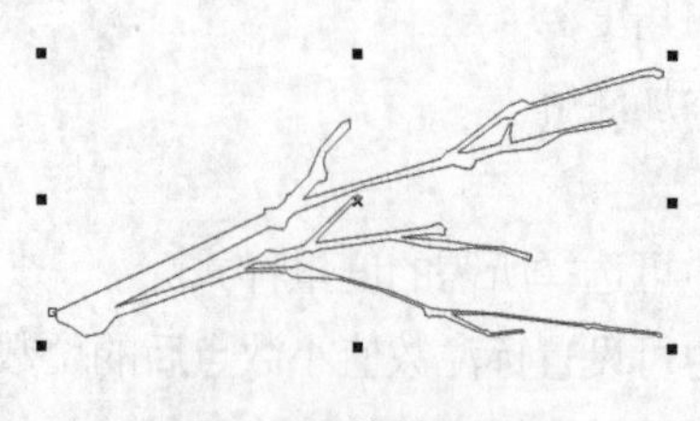

图3–54　绘制图形

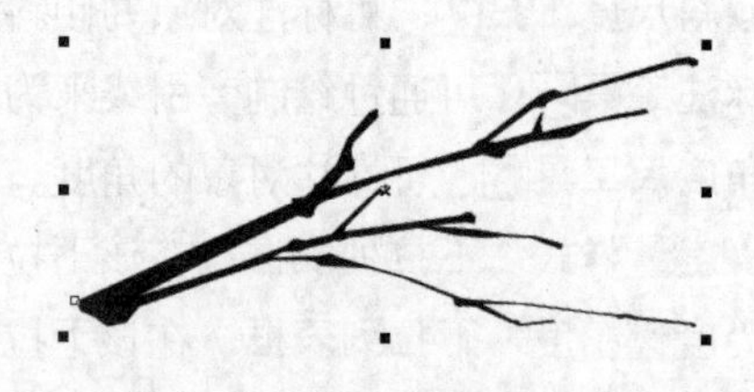

图3–55　填充颜色

在使用钢笔工具绘制完线条后，若不需要闭合图形，则在完成绘制后双击鼠标、按空格键或按【Esc】键退出线条的绘制。

（二）绘制与编辑花纹

在绘制完需要的枝干图形后，使用钢笔工具绘制花图形，并对其进行相应调整。其具体操作如下。

STEP 1 使用钢笔工具单击确定起点，然后将鼠标指针移到其他位置，按住鼠标左键不放并拖动，节点处将出现曲线的控制手柄。拖动鼠标调整出合适的曲度后，松开鼠标可绘制一条曲线，如图3–56所示。

STEP 2 随后会随着钢笔的移动出现蓝色的线条，此时按照相同的方法继续绘制曲线即可，闭合曲线后的效果如图3–57所示。

STEP 3 按【F10】键切换到形状工具，分别对各个节点进行编辑。这里需要注意的是在绘制花朵图形时，每个花瓣并不是同样大小的，如图3–58所示。

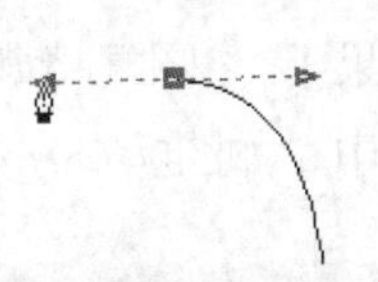
图3-56 绘制曲线

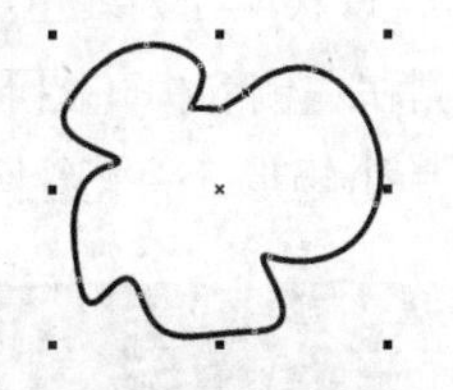
图3-57 闭合图形

STEP 4 使用挑选工具选择该图形，将其填充为红色，取消轮廓线，如图3-59所示。

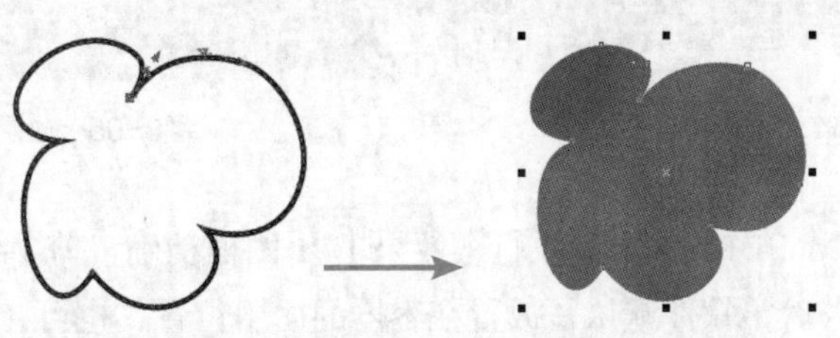
图3-58 编辑节点　　图3-59 填充颜色

STEP 5 完成花瓣的绘制后，继续使用钢笔工具绘制花蕊图形，然后填充为黑色和黄色，如图3-60所示。

STEP 6 选择绘制的花朵图形，按【Ctrl+G】组合键群组，然后缩放其大小后放置在枝干的合适位置，效果如图3-61所示。

图3-60 绘制花蕊

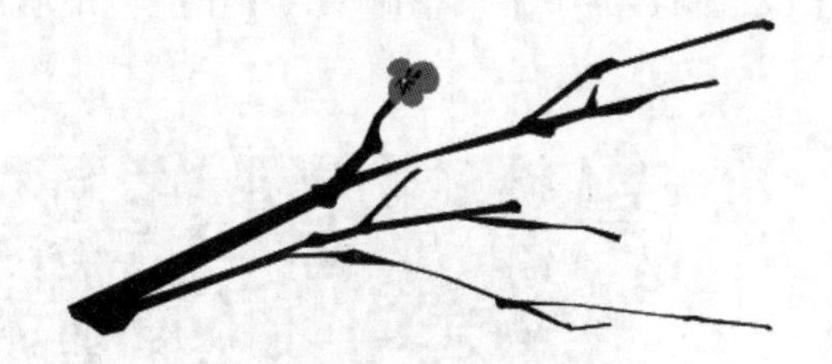
图3-61 移动位置

STEP 7 根据相同的方法绘制其他花朵图形，并分别放置在枝干上（也可在绘制几朵形状各异的花朵图形后，复制图形，注意需要调整各图形的大小和位置），如图3-62所示。

STEP 8 全选绘制的梅花图形，按【Ctrl+G】组合键群组，然后镜像复制一个图形，并分别调整其大小和位置，如图3-63所示。

图3-62 绘制的梅花图形

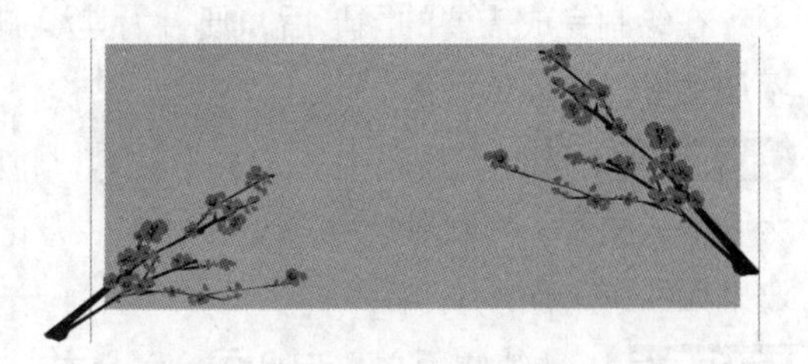
图3-63 复制图形

STEP 9 选择右侧的图形，按【+】键原位复制一个图形，然后在右侧绘制一个大小为

50mm × 80mm的矩形，将其填充为红色块中的颜色，取消轮廓线，如图3-64所示。

STEP 10 选择左侧和右侧的梅花图形，选择【效果】/【图框精确裁剪】/【放置到容器中】菜单命令，然后单击矩形，将花纹图形放置在其中，如图3-65所示。

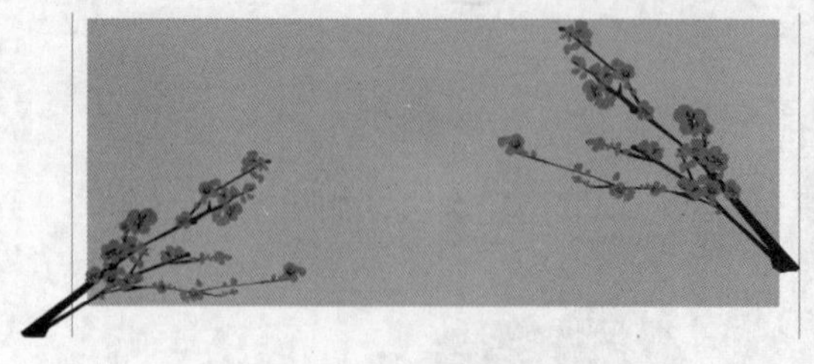

图3-64 复制图形

图3-65 放置到容器中

在CorelDRAW中，执行【效果】/【图框精确裁剪】/【放置到容器中】菜单命令后，软件默认是放置在容器的居中位置，也可在“选项”对话框中“工作区”的“编辑”选项下进行设置。

STEP 11 选择右侧的梅花图形，按【Ctrl+U】组合键打散，然后选择花瓣图形，将其填充为金色。

STEP 12 再次框选梅花图形，按【Ctrl+G】组合键群组，然后选择【效果】/【图框精确裁剪】/【放置到容器中】菜单命令，单击红色矩形，将花纹图形放置在其中，效果如图3-66所示。

图3-66 放置到容器中

（三）添加文本

在绘制完成需要的图形后，便可为其添加相关的文本信息。下面使用文本工具为兑奖券添加文本，其具体操作如下。

STEP 1 选择工具箱中的文本工具字，将鼠标指针移动到合适位置处单击确定输入点，然后输入文本，在属性栏中设置字体为“方正大黑简体”，字号大小为20pt，移动位置后的效果如图3-67所示。

STEP 2 继续使用文本工具字输入文本，在属性栏中设置字体为“方正大标宋简体”，字号大小为30pt，完成后调整其位置。

STEP 3 根据相同的方法输入其他文本，并为其设置不同的字号大小，颜色可自行设置，如图3-68所示。

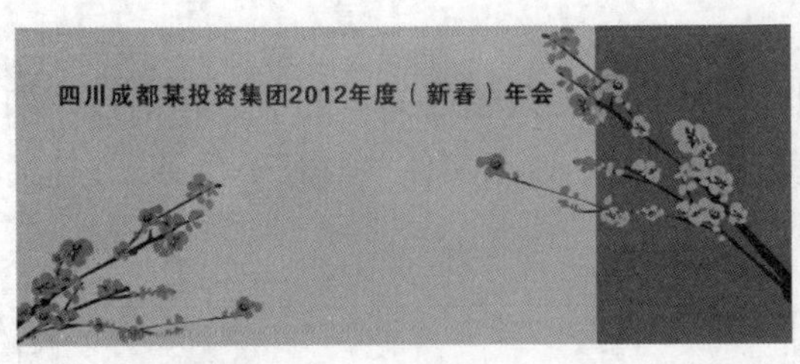

图3-67　输入文本

图3-68　输入其他文本

STEP 4 使用钢笔工具绘制矩形框，设置填充颜色为红色，轮廓线颜色为黑色，并在属性栏中设置轮廓宽度为1mm。

STEP 5 绘制一个大小为200mm × 80mm的矩形，填充颜色与上面的金色矩形相同，然后继续输入文本，在属性栏中设置字体为"方正大标宋简体"，字号大小为14pt和10pt，颜色为金色，效果如图3-69所示。

STEP 6 使用钢笔工具分别在两个矩形的合适位置绘制竖线，完成后选择该竖线，在属性栏中的"轮廓样式选择器"下拉列表中设置线型为虚线，宽度为0.5mm，如图3-70所示。

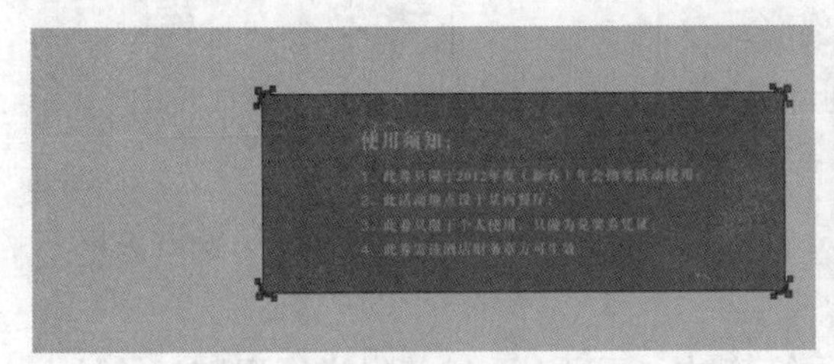

图3-69　输入注意文本

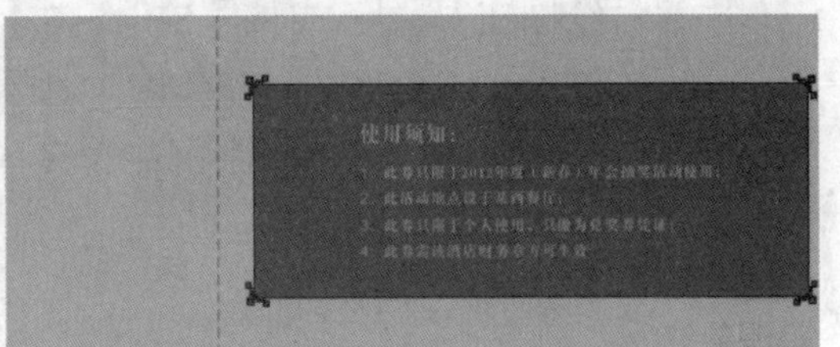

图3-70　绘制虚线

（四）添加标注

经过前面的制作后，已经完成兑奖券的效果制作，为了便于查看，下面为兑奖券添加标注，标明各部分的尺寸大小。其具体操作如下。

STEP 1 选择工具箱中的度量工具，然后在其属性栏中单击"自动度量工具"按钮，将鼠标指针移到图形对象的左端单击鼠标左键确定度量标注线的起点，然后将鼠标指针移到图形对象的右端单击鼠标左键，确定标注线的终点，如图3-71所示。

STEP 2 将鼠标指针移到标注线的任意位置，单击鼠标左键完成度量标注线的绘制，如图3-72所示。

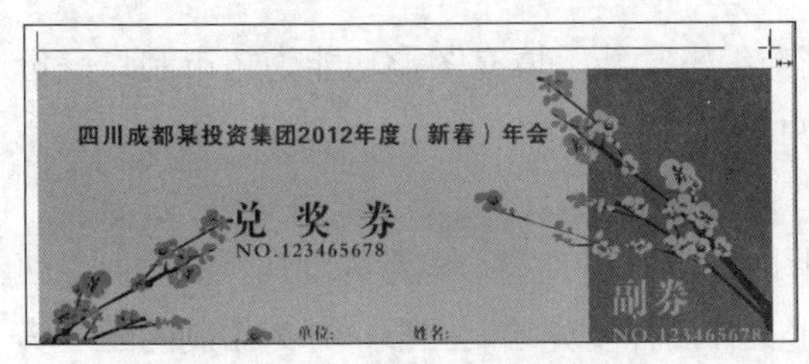

图3-71　确定起点和终点

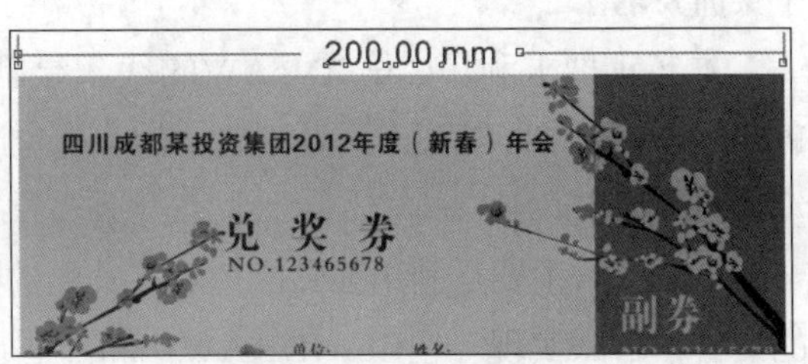

图3-72　绘制的标注线

STEP 3 使用挑选工具选择标注文本，在属性栏中设置字体为“方正大黑简体”，字号大小为10pt，效果如图3-73所示。

STEP 4 根据相同的方法绘制其他位置的标注线，并更改相应文本的字体和字号，如图3-74所示。至此，完成本例的制作（效果参见：光盘:\效果文件\项目三\任务三\兑奖券.cdr）。

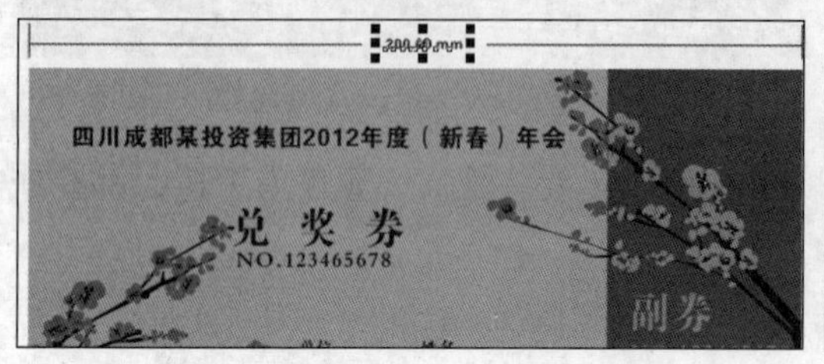

图3-73 更改标注文本属性

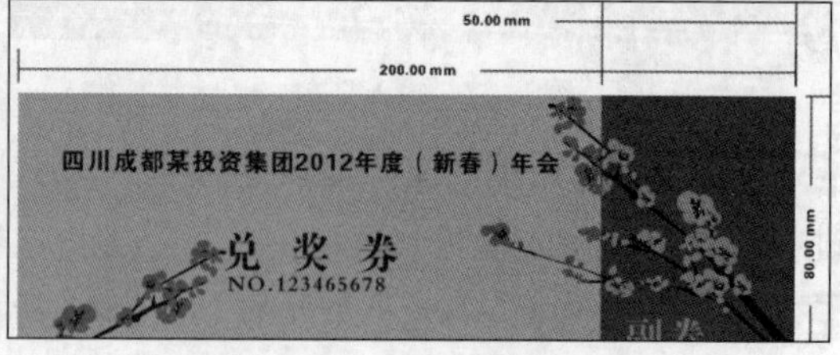

图3-74 绘制其他标注线

在工具箱中按住智能填充工具不放，在其展开的工具条中单击智能绘图工具（或按【Shift+S】组合键），直接拖动智能绘图工具可沿鼠标拖动的轨迹绘制出任意线条或图形。使用智能绘图工具的优势是可以将任意绘制的草图自动转换成近似的基本形状或平滑曲线。

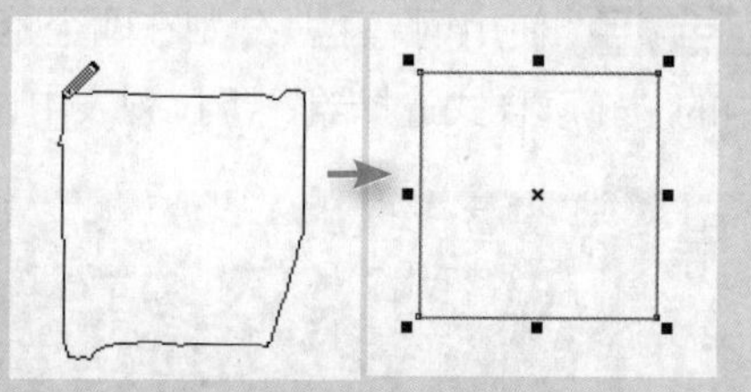

使用智能绘图工具可以绘制手绘笔触，还可对手绘笔触进行识别，并转换为基本形状。

在智能绘图工具属性栏中的“形状识别率”和“智能平滑率”下拉列表中可以设置智能绘图工具的等级。双击工具箱中的智能绘图工具，将打开“选项”对话框，在其中可以设置从创建笔触到实施形状识别所需的时间，系统默认设置为1秒。

实训一 制作“POP广告”

【实训要求】

本实训要求利用CorelDRAW的线条绘制与编辑功能、填充图形功能为超市制作一份POP广告。要求能够突出活动主题，具有视觉冲击力。

【实训思路】

POP广告主要是利用强烈的色彩、美丽的图案、突出的造型、幽默的动作、准确而生动的广告语言来实现。在CorelDRAW中新建图形文件后需要先绘制图形，并为绘制的图形填充相应的颜色，然后输入文本即可。本实训的参考效果如图3-75所示（效果参见：光盘:\效果文件\项目三\实训务一\超市POP广告.cdr）。

图3-75 POP广告效果

【步骤提示】

STEP 1 新建一个图形文件，将其保存为“超市POP广告.cdr”。

STEP 2 双击工具箱中的矩形工具▢，在页面中绘制一个适合页面的矩形，然后单击调色板中的“浅橘红”颜色块填充矩形，取消图形轮廓。

STEP 3 使用钢笔工具绘制折线的不规则图形，并填充为相应的颜色。

STEP 4 使用贝塞尔工具绘制曲线图形，并填充为相应的颜色。

STEP 5 选择超出页面的曲线图形，然后选择【效果】/【图框精确裁剪】/【放置到容器中】菜单命令，单击矩形，将曲线图形放置在其中。

STEP 6 继续使用贝塞尔工具绘制图形，并填充为相应的颜色。

STEP 7 绘制圆角矩形，填充颜色后在矩形上输入文本，并设置相应的字体、字号、颜色。

实训二 制作“涂鸦插画”

【实训要求】

本实训要求制作一幅涂鸦插画，在制作的过程中熟悉绘图工具的使用以及使用形状工具编辑图形的方法，最好能使用相对快捷的方法来实现效果。要求色彩多样化，具有视觉冲击力。

【实训思路】

涂鸦通常是指通过在街头用各种颜色在墙壁上绘画，做出嘻哈的彩色图案。“涂”指随意的涂涂抹抹，“鸦”泛指颜色。因此，在制作时，并不要求一定是规律的平滑的图形。在使用CorelDRAW制作之前，首先新建图形文件，然后使用需要的绘图工具来绘制图形，完成后使用形状工具编辑图形，并填充上不同的颜色。本实训的参考效果如图3-76所示（效果参见：光盘:\效果文件\项目三\实训二\涂鸦插画.cdr）。

图3-76 插画效果

【步骤提示】

STEP 1 新建图形文件，将其保存为“涂鸦插画.cdr”。

STEP 2 绘制矩形并填充颜色。

STEP 3 使用各种绘图工具绘制不规则图形，并填充颜色。

STEP 4 继续绘制图形并填充颜色（注意在颜色的填充上尽量选择反差较大的，这样，绘制的涂鸦才能具有视觉效果）。

常见疑难解析

问：在选择艺术笔工具的喷罐模式时，其属性栏中的“选择喷涂顺序”下拉列表中有3个选项，它们分别是什么意思呢？

答：这是代表3种不同的喷涂顺序。其中“随机”选项表示喷涂对象将随机分布，“顺序”选项表示喷涂对象将会按播放顺序以方形区域分布，“按方向”选项则表示喷涂对象将按路径进行分布。

问：使用钢笔工具绘制完曲线后，可以修改该曲线的曲度吗？

答：可以。按下【Ctrl】键，就可以在绘制完毕后移动节点的位置或修改曲线的曲度。

问：使用挑选工具和形状工具都可以选择线条，它们有什么区别吗？

答：使用挑选工具选择线条的时候，可以看到线条上的节点，但不能选择这些节点；使用形状工具单击线条即可选择该线条，而且可以选择线条上的节点并对节点进行操作。

问：将直线转换为曲线后，除了多了两个控制手柄外，怎么没什么变化？

答：是因为没有调整控制手柄使曲线产生弯曲效果。在将直线转换为曲线后，需要通过形状工具调节控制手柄才能体现出曲线效果。

问：当选择工具箱中的度量工具后，除了直接单击属性栏上的按钮来切换垂直尺度工具、水平尺度工具、倾斜尺度工具外，还有什么其他的方法在这3种工具之间进行切换吗？

答：当选择了属性栏中的自动尺度工具后，按【Tab】键便可以在水平尺度工具、垂直尺度工具、倾斜尺度工具之间进行切换。

问：在使用度量工具绘制标注线时，可以更改其标注的位置吗?

答：可以。先选择绘制的标注线，然后在其属性栏中单击“文本位置下拉式对话框”按钮，在打开的文本位置选项面板中选择“文本位于标注线的位置”即可。

问：为什么我的电脑上在CorelDRAW中进行操作时看不见提示信息呢?

答：那是因为在“选项”对话框中没有进行设置，可以按【Ctrl+J】组合键打开“选项”对话框，在对话框中的“工作区”选项下的“贴齐对象”选项下进行设置，如图3-77所示。

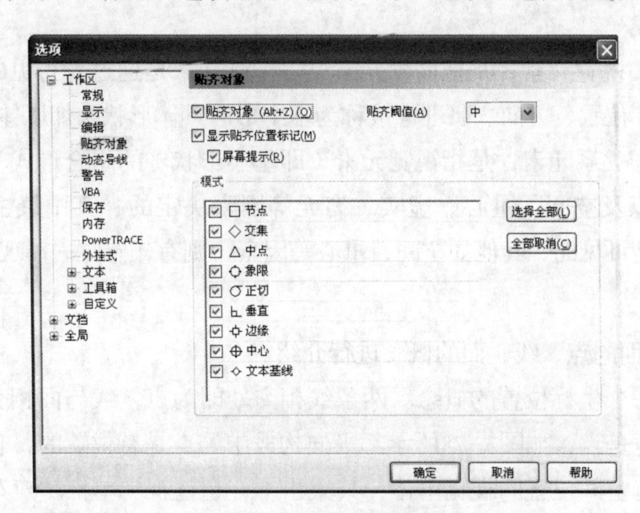

图3-77 贴齐对象设置

问：为什么我在使用交互式连线工具连接了两个图形对象后，移动其中的一个图形而连线没有随之改变呢?

答：在使用交互式连线工具时，如果将连接线的起点和终点都置于图形对象的“节点” 节点 或“中心” 中心处，单击连接线，那么在移动某一个图形对象时，连接线将会随之改变，否则将不会随之改变。

拓展知识

1. 平面构成的概念

所谓构成（包括平面构成和立体构成），是一种造型概念，也是现代造型设计用语。其含义就是将几个以上的单元（包括不同的形态、材料）重新组合成为一个新的单元，并赋予视觉化的、力学的概念。其中，平面构成和立体构成的含义如下。

- 立体构成是以厚度塑形象，是将形态要素按照一定的原则组合成形体。
- 平面构成则是以轮廓塑形象，是将不同的基本形按照一定的规则在平面上组合成图案。

2. 平面构成的要素

由于CorelDRAW X4是一款基于平面设计的软件，所以在绘制图形之前，有必要了解平面构成的基本要素，这样对认识平面构成和以后的学习都有很大的帮助。

这里所说的平面构成基本要素，在生活中实际是并不存在或不可见的，而是人类对某种事物的视觉观察后所产生的一种心理反映，属于主观上的感觉，如正方体或任意有角物体的顶端会被看成一点，物体的外观轮廓会被看成一条轮廓线，而物体的一侧则被看成一个面。类似于这种主观的感觉，就可归纳为平面构成的基本要素，即点、线、面。

①平面构成元素，包括概念元素、视觉元素和关系元素，是指创造形象之前，仅在意念中感觉到的点、线、面、体的概念，其作用是促使视觉元素的形成。

②视觉元素，是把概念元素见之于画面，是通过看得见的形状、大小、色彩、位置、方向、肌理等被称为基本形的具体形状象加以体现的。

③关系元素，是指视觉元素（即基本形状）的组合形式，是通过框架、骨格以及空间、重心、虚实、有无等因素决定的；其中最主要的因素是骨格，是可见的，其他如空间、重心等因素，则有赖感觉去体现。

下面对构成平面的点、线、面的概念进行介绍。

- 点：点是一个坐标位置的概念。两条线相交处即为点，线与面相交处也为点，而线段的两端也是点，如图3-78所示。平面构成中的点是有位置的，也有面积和形状。其面积是有空间位置的视觉单位，其大小不许超过视觉单位“点”的限度，超过了就失去了点的性质。而几何概念中的点则只有位置而没有面积和形状。

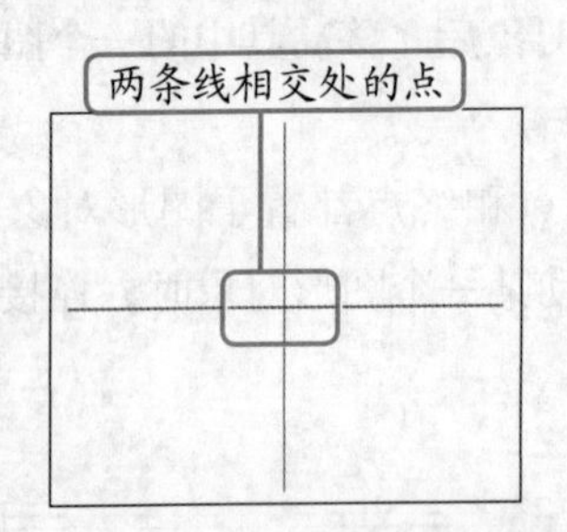

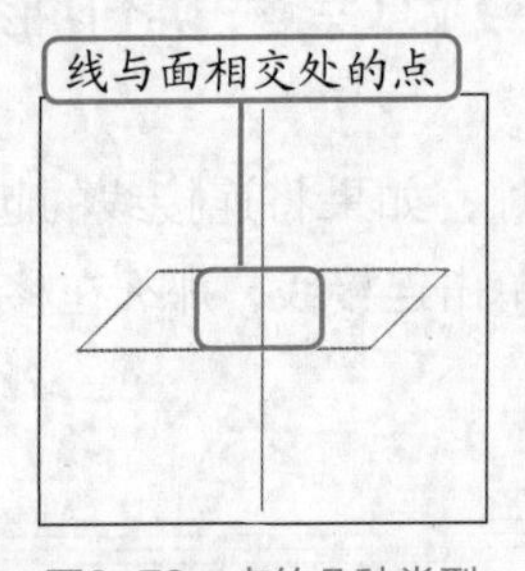

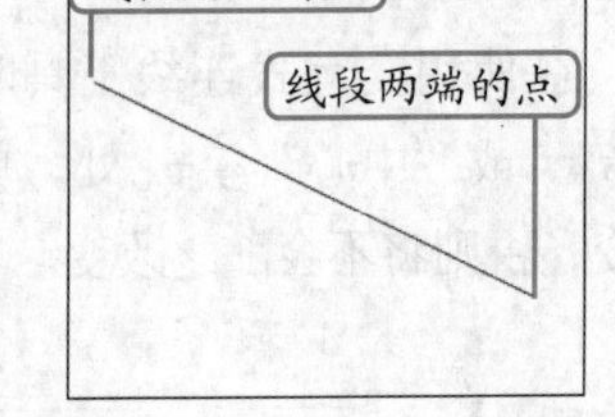

图3-78　点的几种类型

点没有具体的尺度，是根据环境和其他要素相对比较而决定的。越小的点，点的感觉越强，如右图所示。

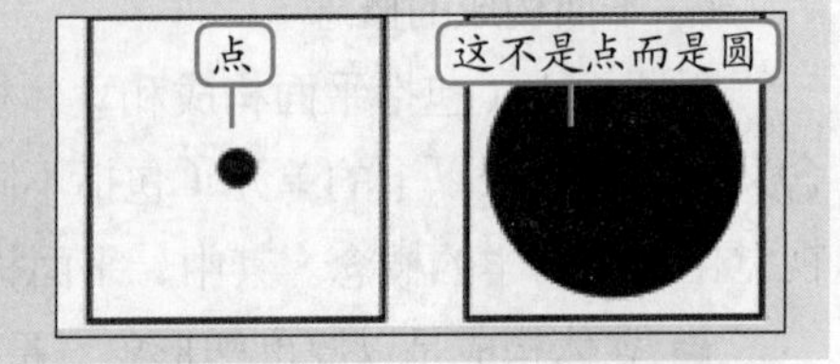

- 线：线是点移动时产生的轨迹，将多个点连续排列也会生产线的感觉。两个面相交处也是线。几何概念中的线只有长度与方向，而没有宽度；平面构成中线既有长度与方向，也有宽度。线分为直线和曲线，直线能给人以果断和坚定的感觉，而曲线给人以柔和、优美的感觉，如图3-79所示。

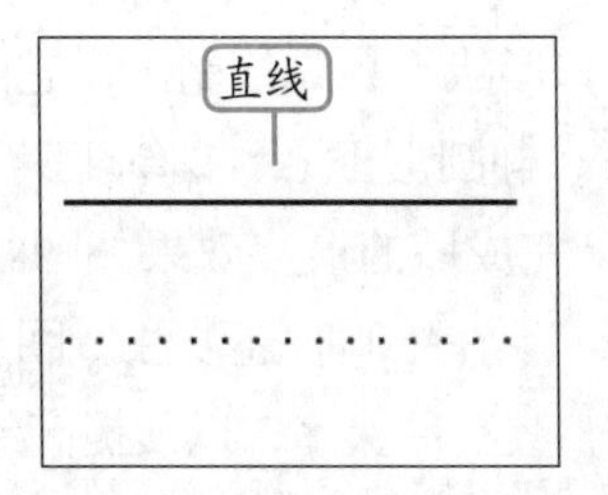

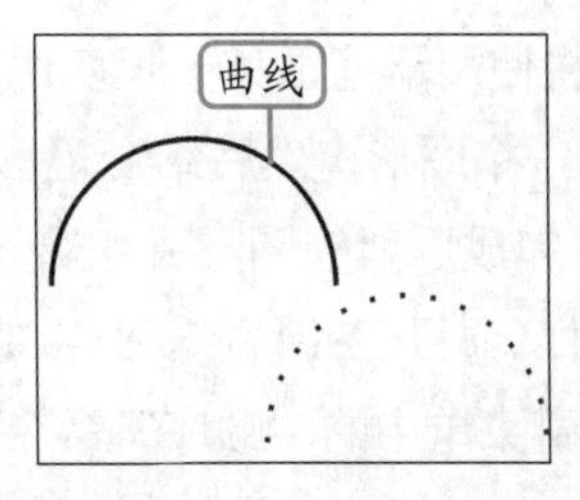

图3-79 线

- 面：面是线移动时产生的轨迹，也可以是点或线的扩大与延续。在日常生活中具有一定面积的形状可被看成面，如桌面是矩形或圆角矩形的面，光盘是圆形的面等，如图3-80所示。

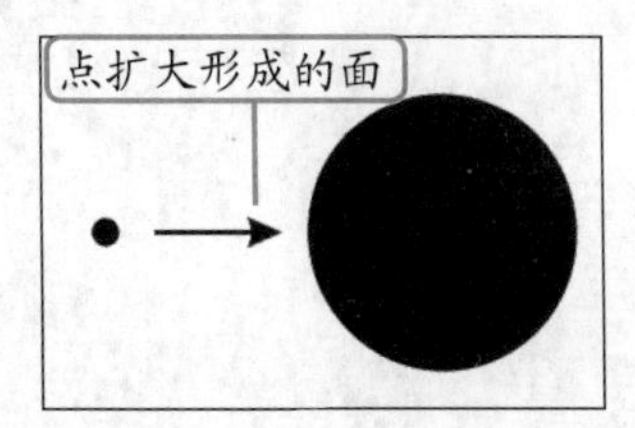

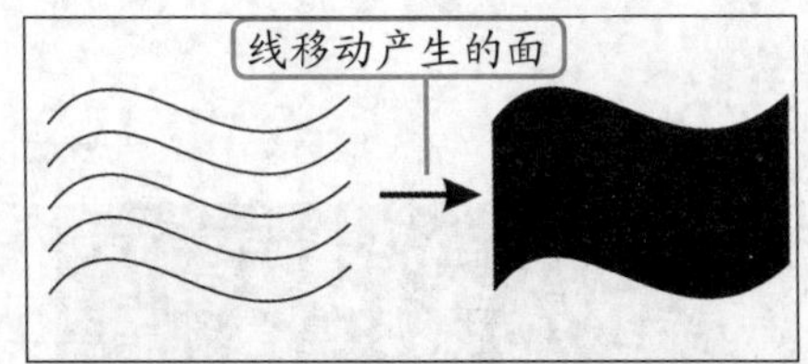

图3-80 面

课后练习

（1）本练习已提供企业的标志图形“公司标志.ai”（素材参见：光盘:\素材文件\项目三\课后练习\公司标志.ai），要求使用矩形工具、钢笔工具和形状工具绘制杯子图形，完成后的效果如图3-81所示（效果参见：光盘:\效果文件\项目三\课后练习\杯子.cdr）。通过练习掌握圆角矩形、弧形圆和绘制方法。

（2）使用手绘工具和贝塞尔工具绘制一张标志图形，最终效果如图3-82所示（效果参见：光盘:\效果文件\项目三\课后练习\标志.cdr）。

图3-81 杯子效果

图3-82 标志效果

（3）本练习将使用钢笔工具、贝塞尔工具和形状工具先绘制出吉它图形的下半部分轮廓，填充后再复制一个图形，然后结合矩形工具、椭圆形工具、钢笔工具和形状工具绘制出吉它的其他部分，完成后填充图形并组合图形，完成后的最终效果如图3-83所示（效果参见：光盘:\效果文件\项目三\课后练习\吉他.cdr）。在绘制时还要注意图形的排列顺序，选择图形后可通过右键菜单中的“顺序”命令来调整其叠放次序，以便提高绘图效率。

（4）综合使用各种绘图工具绘制一张书签，主要使用形状工具、手绘工具等完成。参考效果如图3-84所示（效果参见：光盘:\效果文件\项目三\课后练习\书签.cdr）。

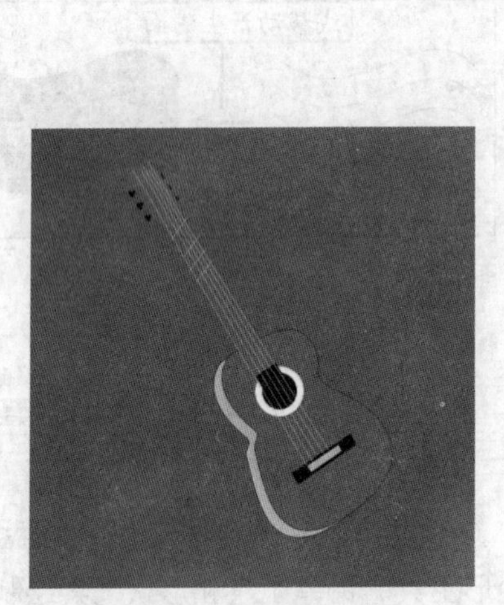

图3-83　吉他效果

图3-84　书签效果

PART 4

项目四
编辑轮廓线和填充颜色

情景导入

小白：阿秀，我想问一问，在CorelDRAW中可不可以为图形设置更加丰富的轮廓和填充颜色?

阿秀：可以啊，我正要告诉你，经过前面图形绘制的学习后，下面紧接着便是为图形设置颜色了。

小白：那都可以为图形的颜色设置哪些效果呢?

阿秀：这可多了，填充颜色就有好几种，如标准填充、渐变填充、纹理填充、图案填充、PostScript填充。

小白：哇！那设置出来的效果一定很漂亮。

阿秀：小白，赶快来学习图像的轮廓线和填充颜色的设置方法吧。

小白：嗯！学习后就可以绘制更加漂亮的图形效果了。

学习目标

- 掌握设置轮廓的线端、箭头样式、线型和线宽的方法
- 熟练掌握编辑轮廓线颜色的方法
- 掌握各填充工具的使用方法
- 熟悉使用“颜色”泊坞窗的填充方法
- 熟练掌握交互式填充和交互式网状填充
- 熟悉使用滴管和颜料桶工具

技能目标

- 掌握“房屋平面图”的绘制方法
- 掌握“房屋平面布置图”的绘制方法
- 掌握“苹果效果图”的绘制方法
- 掌握图形的轮廓设置和填充设置方法

任务一 绘制“房屋平面图”

房屋平面图即常说的户型图，是住房的平面空间布局图，即对各个独立空间的使用功能、相应位置、大小进行描述的图型，可以非常直观地看清房屋的走向布局。在CorelDRAW中绘制房屋平面图时，需要注意把握好房屋各个部分之间的比例与布局，下面具体介绍其制作方法。

一、任务目标

本例将练习用CorelDRAW绘制“房屋平面图”，在制作时需要先新建图形文件，然后使用相关绘图工具绘制基本图形，最后对绘制的图形轮廓进行设置。在绘制过程中，对房屋的布局有所了解是非常重要的，如房屋应为几室几厅，其房屋分别分布的位置如何才能合理等。通过本例的学习，读者可以掌握在CorelDRAW中设置轮廓线的方法。本例制作完成后的最终效果如图4-1所示。

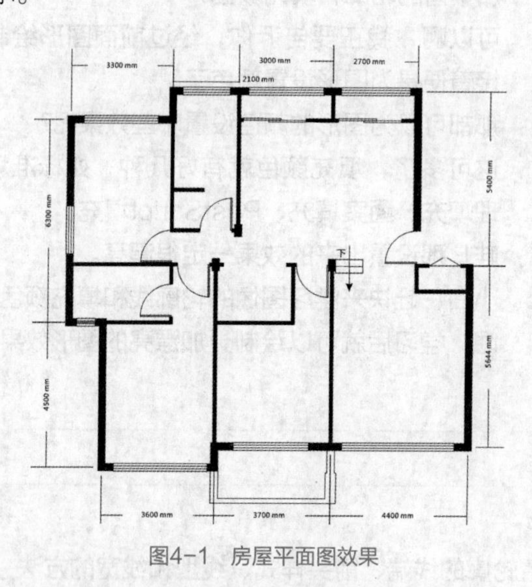

图4-1 房屋平面图效果

二、相关知识

轮廓线是指图形对象的边缘和路径，通过设置轮廓线的颜色和样式，可以得到不同效果的图形。下面便对如何设置轮廓线的方法分别进行介绍。

（一）通过调色板编辑轮廓线

通过调色板只能设置轮廓线的颜色，其方法主要有以下两种。需要注意的是，轮廓线只能进行单色填充，不能进行渐变或图案等填充。

- 选择图形，在调色板中所需的色块上单击鼠标右键，即可为其设置轮廓色。
- 选择图形，将鼠标指针移到调色板中所需的色块上，按住鼠标左键不放并拖动到图形的轮廓线上，当指针变成↖□形状时，松开鼠标即可。如果指针变成↖■形状，则表示该颜色将设置为图形的填充色。

（二）通过泊坞窗编辑轮廓线

通过泊坞窗编辑轮廓线主要是指通过“对象属性”、“颜色”泊坞窗来编辑。

- 使用“对象属性”泊坞窗设置：用鼠标右键单击需要设置轮廓线的对象，在弹出的快捷菜单中选择“属性”命令，打开“对象属性”泊坞窗，单击“轮廓”选项卡，在其中可设置轮廓线的宽度、颜色、样式，如图4-2所示。
- 使用“颜色”泊坞窗设置：选择需设置轮廓色的对象，单击工具箱中的轮廓工具，在打开的面板中选择“颜色泊坞窗”选项，打开“颜色”泊坞窗，通过拖动4个滑块或直接在其右侧数值框中输入数值设置好颜色，单击泊坞窗下方的轮廓(O)按钮，即可为选择的图形设置轮廓色，如图4-3所示。

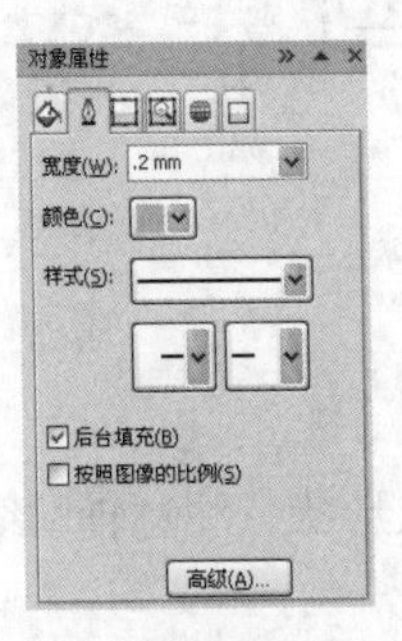

图4-2 “对象属性”泊坞窗

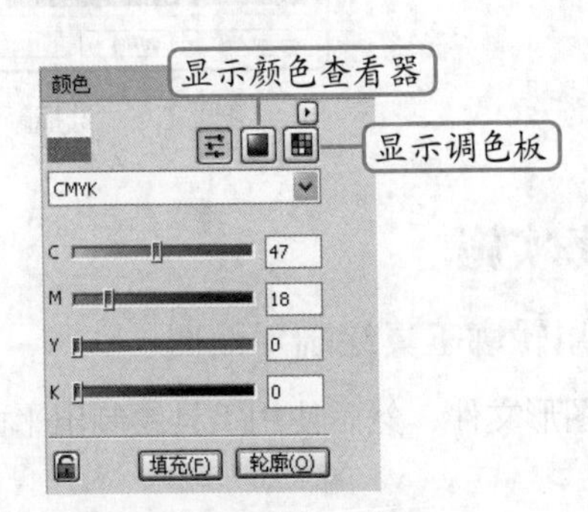

图4-3 “颜色”泊坞窗

（三）通过“轮廓笔”对话框编辑轮廓线

通过“轮廓笔”对话框不仅可以编辑轮廓线的颜色，还可对轮廓线的宽度、样式、线条端头、箭头等进行编辑。

选择图形对象，单击工具箱中的轮廓工具，在打开的面板中选择“轮廓画笔对话框”选项（或按【F12】键），打开如图4-4所示的“轮廓笔”对话框，在其中即可进行相应设置。

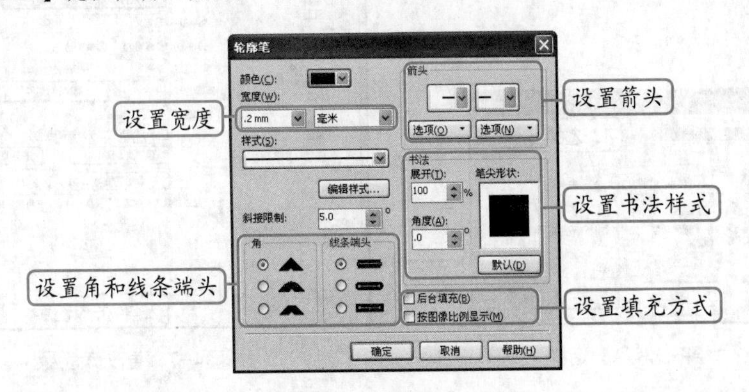

图4-4 “轮廓笔”对话框

（四）通过“轮廓颜色”对话框编辑轮廓线

使用“轮廓色”对话框可以非常方便地设置轮廓色，选择图形对象后，单击工具箱中的轮廓工具，在打开的面板中选择“轮廓画笔对话框”选项（或按【Shift+F12】组合键），打开如图4-5所示的"选择颜色"对话框，在对话框中的"模型"下拉列表中选择好合适的色彩模式，然后在"组件"栏中可输入颜色的精确数值。

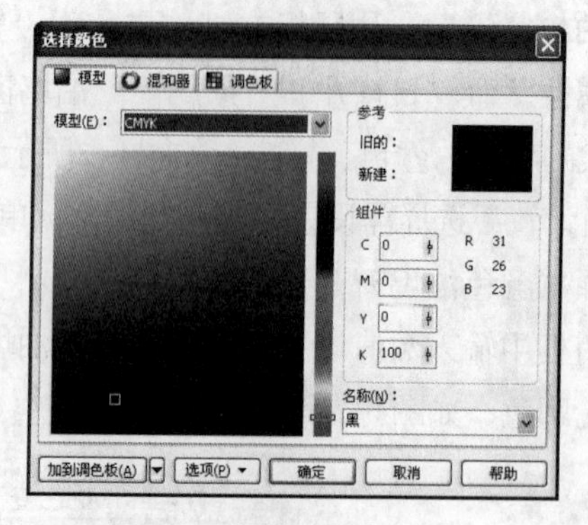

图4-5 "选择颜色"对话框

三、任务实施

（一）使用轮廓工具绘制平面图

新建一个图形文件，然后使用工具绘制出平面图的大致形状，注意辅助线的创建，其具体操作如下。

STEP 1 新建一个图形文件，在标尺上双击打开"选项"对话框，然后单击[编辑刻度(S)...]按钮，在打开的"绘图比例"对话框中设置"典型比例"为1:100，如图4-6所示。

STEP 2 单击[确定]按钮，返回到"选项"对话框，然后在左侧的选项栏中选择"页面"选项下的"大小"选项，在其中设置页面的大小为180mm×170mm，如图4-7所示。

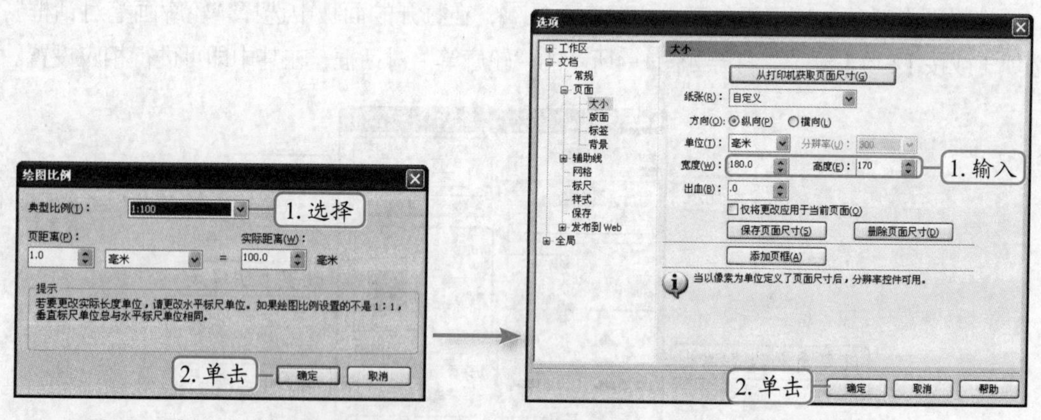

图4-6 "绘图比例"对话框　　图4-7 更改页面大小

操作提示

由于绘制图纸中实物的尺寸约为13m×12m，因此在绘制之前首先要设置绘图文件的大小及比例。将比例设置为1:100后，页面中标尺显示的尺寸将为绘制图纸的实际尺寸，而不是页面的尺寸。

STEP 3 继续在选项栏中选项“辅助线”选项下的“水平”和“垂直”选项，分别设置辅助线的位置，设置的过程中，每输入一个数值便单击[添加(A)]按钮添加到下面的列表框中，并选中下方的两个复选框，如图4-8所示。

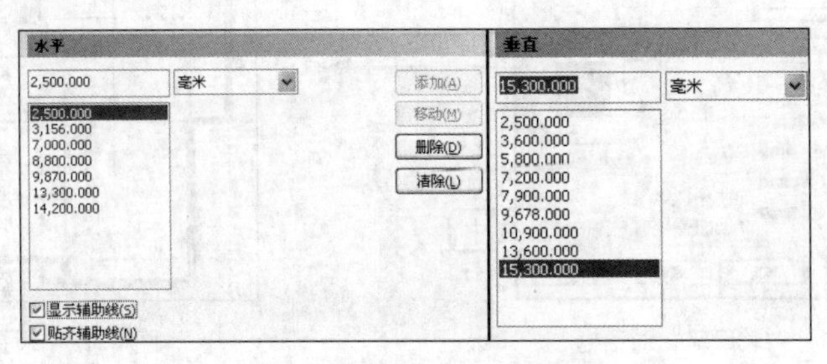

图4-8 设置辅助线的位置

STEP 4 单击[确定]按钮后的效果如图4-9所示。

STEP 5 选择【视图】/【贴齐辅助线】菜单命令，启动对齐功能，然后使用折线工具沿添加的辅助线绘制出平面图的外轮廓。

STEP 6 使用相同的方法绘制出承重墙的轮廓，如图4-10所示。

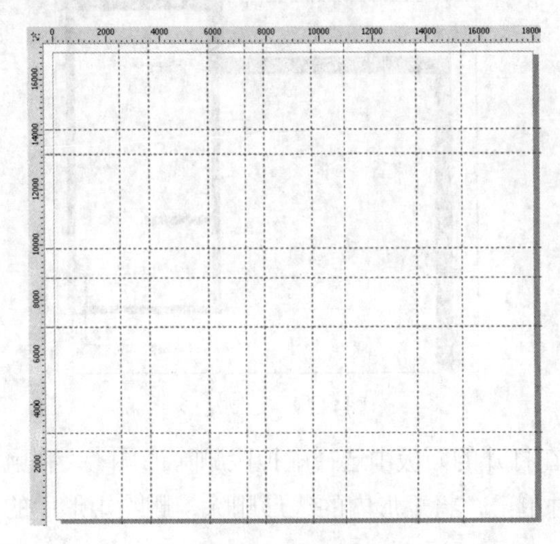

图4-9 辅助线效果

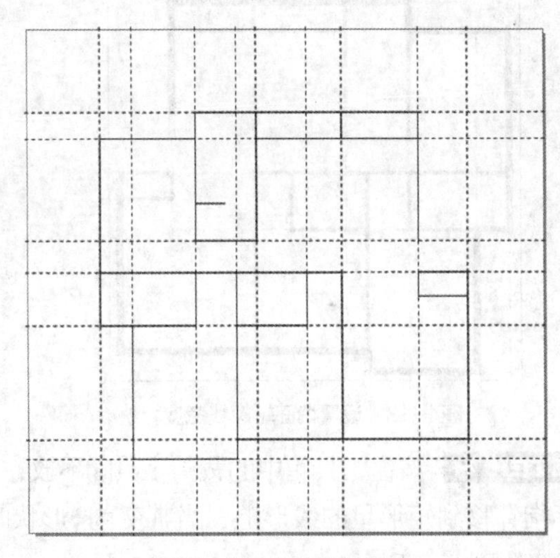

图4-10 绘制的轮廓线

（二）设置轮廓线粗细

绘制完平面图的大体线条后，为了区分出不同的墙面效果，下面为绘制的轮廓线设置粗细，其具体操作如下。

STEP 1 选择外轮廓线，选择工具箱中的轮廓笔工具，或按【F12】键打开“轮廓笔”对话框，将“宽度”设置为240mm，选中“按图像比例显示”复选框，如图4-11所示，单击[确定]按钮后的效果如图4-12所示。

操作提示

设置时需要注意的是，在设置轮廓宽度时一定要选中“按图像比例缩放”复选框，以确保线形轮廓在放大或缩小时仍能按正常的比例显示。

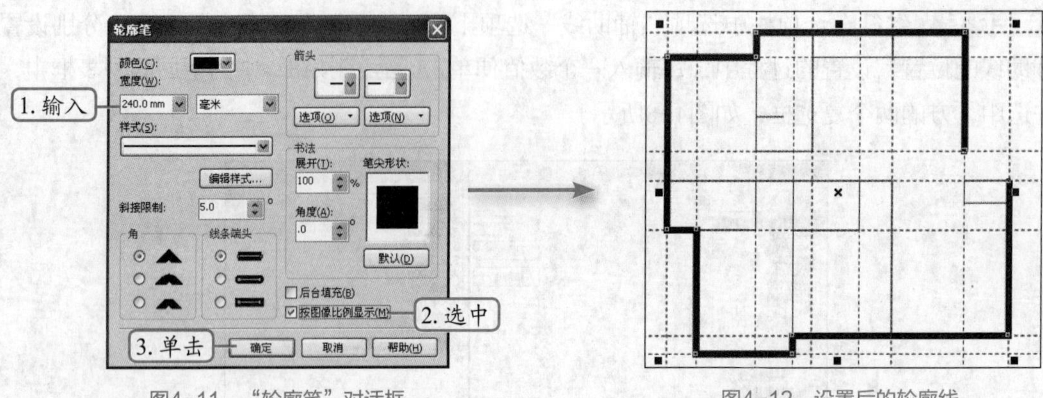

图4-11　“轮廓笔”对话框　　　　图4-12　设置后的轮廓线

STEP 2 选择墙面的轮廓线，在属性栏中的“选择轮廓宽度或键入新宽度”下拉列表框中输入120mm，将其轮廓粗细设置为120mm，如图4-13所示。

STEP 3 绘制一个大小为1000mm×1000mm的正方形，选择后将其移到如图4-14所示的位置。

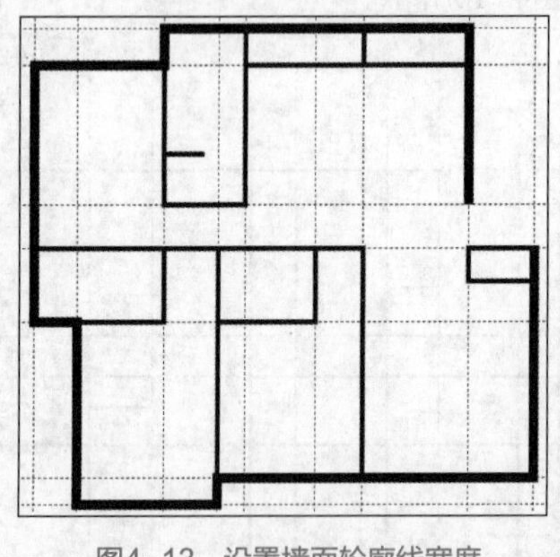

图4-13　设置墙面轮廓线宽度

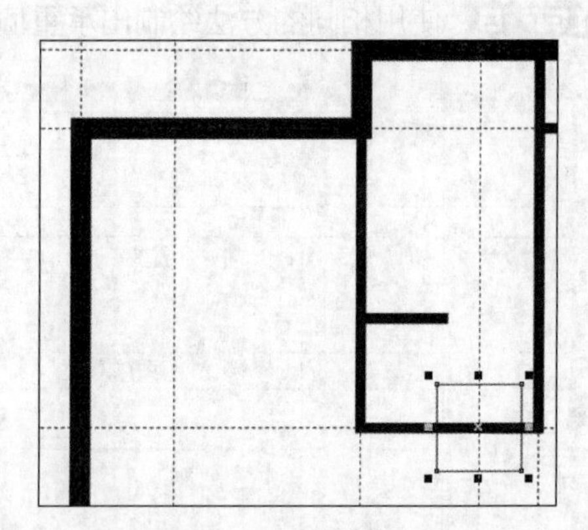

图4-14　绘制矩形

STEP 4 按住工具箱中的裁剪工具不放，在打开的面板中选择虚拟段删除工具，将鼠标指针移到矩形星的线形上，当其变为形状时单击，将矩形内的线形删除，删除矩形后的效果如图4-15所示。

STEP 5 根据相同的方法，依次对图形的其他位置进行修剪，效果如图4-16所示。

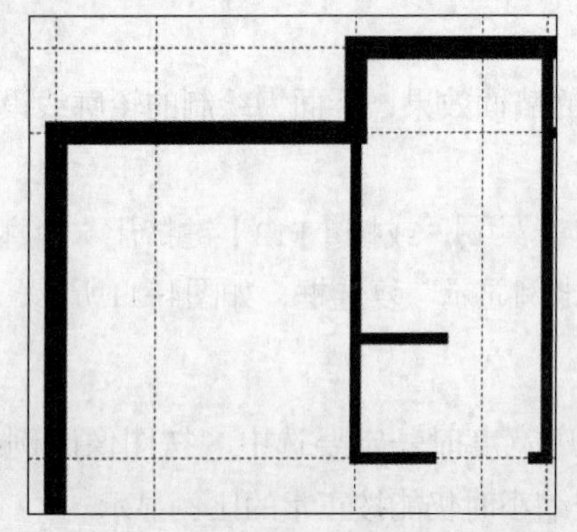

图4-15　修剪后的效果

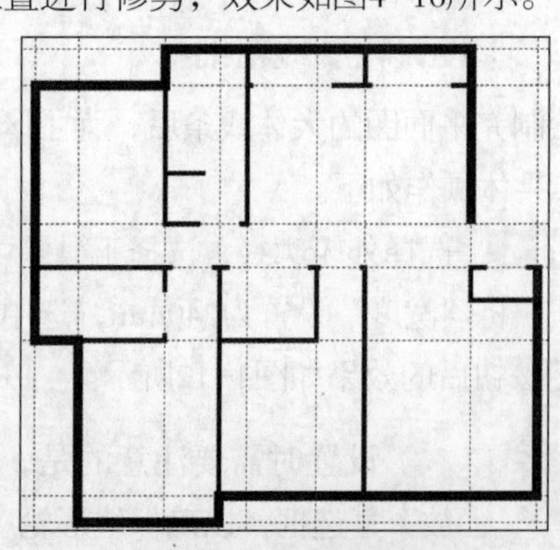

图4-16　修剪其余图形

STEP 6 使用折线工具沿墙面轮廓绘制直线，然后设置其轮廓宽度为240mm，绘制承重柱，如图4-17所示。

STEP 7 绘制矩形和直线，然后再由上至下绘制一条垂直直线，作为楼梯图形，单击属性栏中的“终止箭头选择器”下拉列表框中选择箭头样式，设置箭头样式后的直线效果如图4-18所示。

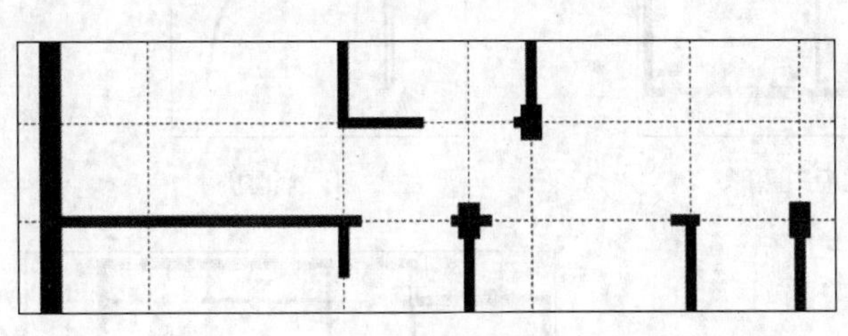
图4-17 绘制直线

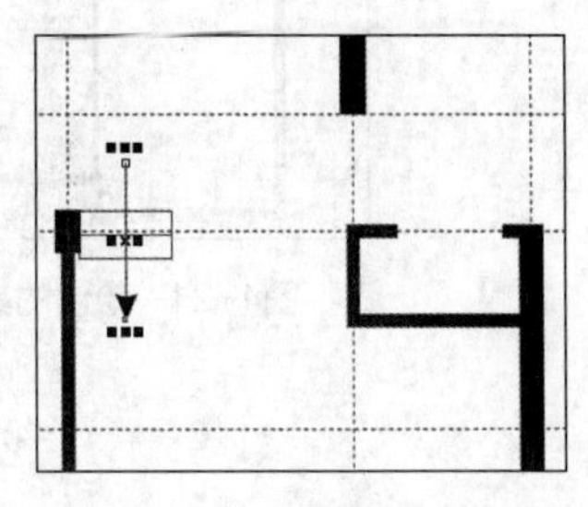
图4-18 设置箭头直线

STEP 8 使用文本工具输入文本“下”，在属性栏中设置字体为“微软雅黑”字号为8pt，将其移至绘制的矩形上方，表示是向下的楼梯。

STEP 9 绘制如图4-19所示的矩形，作为阳台。

STEP 10 选择绘制的矩形，单击属性栏中的“焊接”按钮将其焊接为一个整体。

STEP 11 绘制一个白色矩形，并设置宽度为“2400mm”，高度为“240mm”，然后将绘制的矩形移动到墙体上，作为窗户图形。

STEP 12 按住【Shift】键，将鼠标移动到矩形上方中间的控制点上，按下鼠标左键并向下拖曳至合适的位置后，在不释放鼠标左键的情况下单击鼠标右键，将矩形在垂直方向上缩小复制，制作出窗户图形，如图4-20所示。

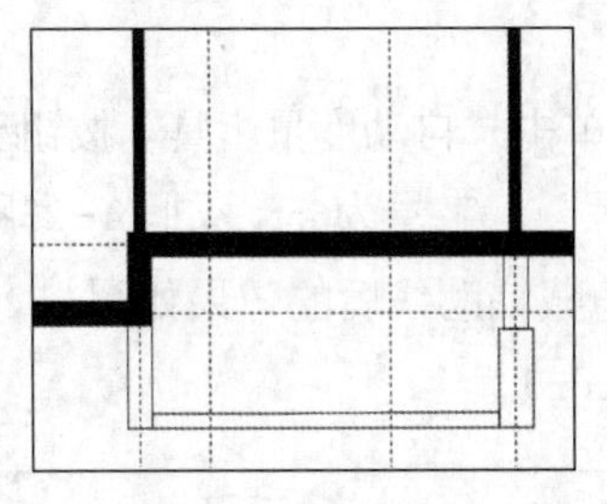
图4-19 绘制矩形

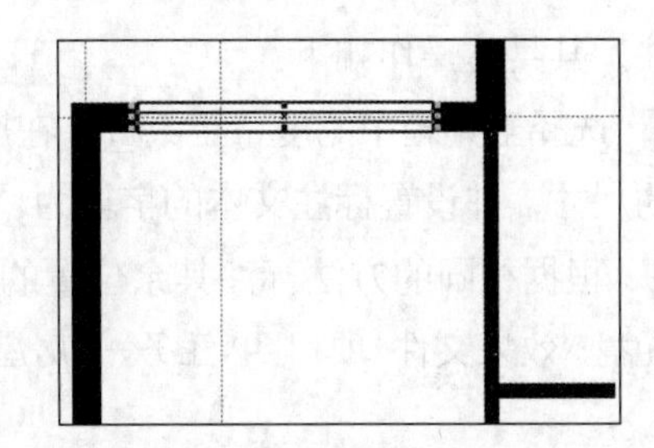
图4-20 缩小复制矩形

STEP 13 根据相同的方法绘制出其他窗户图形，如图4-21所示。

STEP 14 使用椭圆形工具绘制直径为2000mm的圆，只保留1/4的弧形部分，然后使用矩形在弧线左侧绘制一个矩形组合成门图形，选择门图形，按【Ctrl+G】组合键群组，如图4-22所示。

STEP 15 用移动复制、镜像复制、旋转等操作命令，将绘制的门图形依次复制后分别放置在图纸中各个安装门的位置，如图4-23所示。

STEP 16 在卫生间、阳台、厨房位置依次绘制推拉门图形，然后继续使用贝塞尔工具绘制出线段作为储物室的门，如图4-24所示。

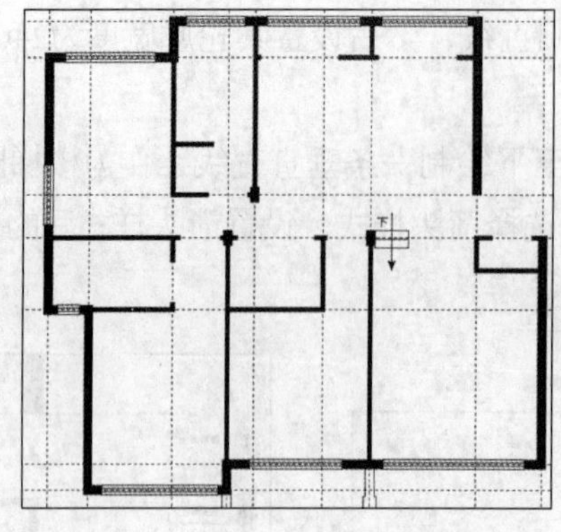

图4-21 绘制的其他窗户图形

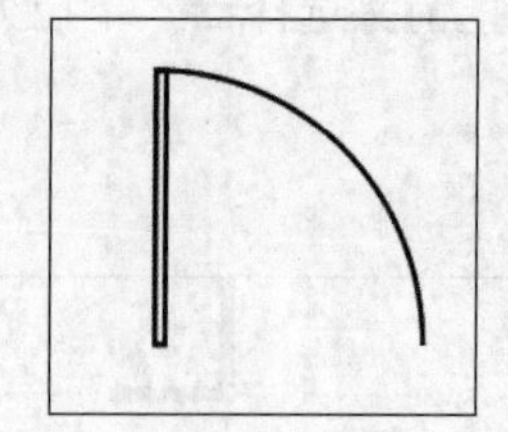

图4-22 门图形

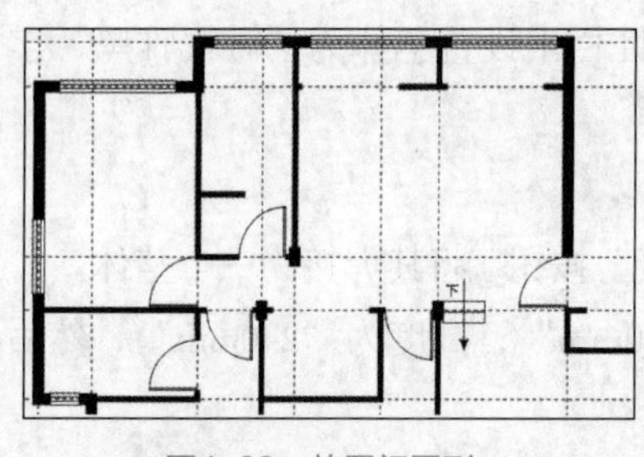

图4-23 放置门图形

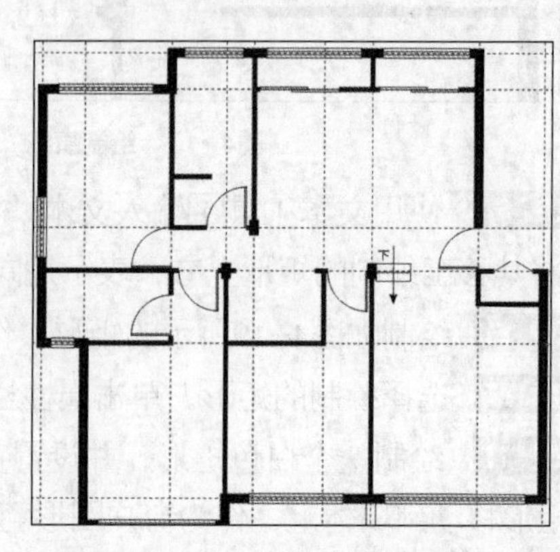

图4-24 绘制其他的门图形

（三）添加标注

绘制完平面图后，为了便于查看其整体效果，清楚各个部分的大小，下面为绘制的平面图添加标注，其具体操作如下。

STEP 1 选择工具箱中的度量工具，在属性栏中单击“自动度量工具”按钮，标注出需要位置的尺寸，并设置标注文本的字体为“微软雅黑”，字号为6pt，如图4-25所示。

STEP 2 根据相同的方法标注其余位置的尺寸，隐藏辅助线后的效果如图4-26所示（效果参见：光盘:\效果文件\项目四\任务一\房屋平面图.cdr）。

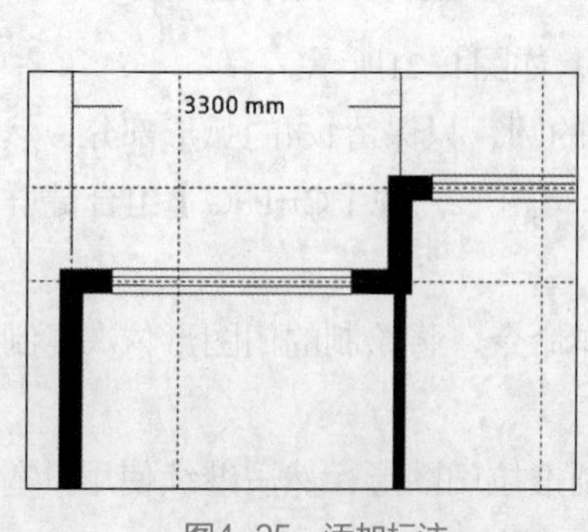

图4-25 添加标注

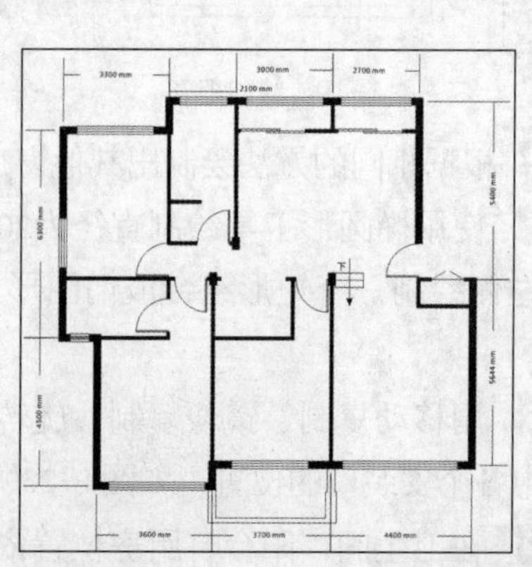

图4-26 完成制作

用户除了可以在“轮廓笔”对话框中直接选择预设的轮廓线型外，也可以根据需要自定义图形的线型样式，方法如下。

①选择图形对象，按【F12】键打开“轮廓笔”对话框。

②单击[编辑样式...]按钮，打开“编辑线条样式”对话框，如图4-27所示，在对话框中通过拖动滑块编辑轮廓线型；或单击属性栏中的“轮廓样式选择器”下拉列表框，然后单击底部的[其它(O)...]按钮也可以打开“编辑线条样式”对话框，如图4-27所示。

编辑好所需线型样式后，单击[添加(A)]按钮，可以将新编辑的线型样式添加到“样式”下拉列表框中；单击[替换(R)]按钮，将替换原来在“样式”下拉列表中选择的线条样式。

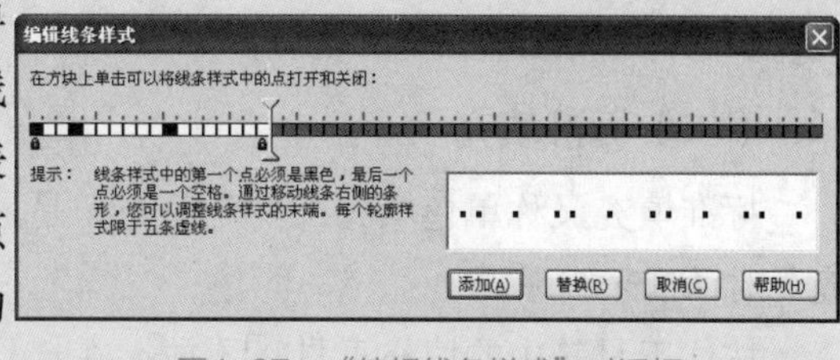

图4-27 “编辑线条样式”对话框

任务二 绘制“房屋平面布置图”

房屋平面布置图即房屋中各物品的摆放位置。在CorelDRAW中制作房屋平面布置图，主要是通过填充设置来实现的。

一、任务目标

本例将练习用CorelDRAW绘制“房屋平面图”，制作时需要打开任务一绘制的“房屋平面图”图形文件，然后在其中绘制需要的图形。通过本例的学习，读者可以掌握各种填充工具的使用方法。本例制作完成后的最终效果如图4-28所示。

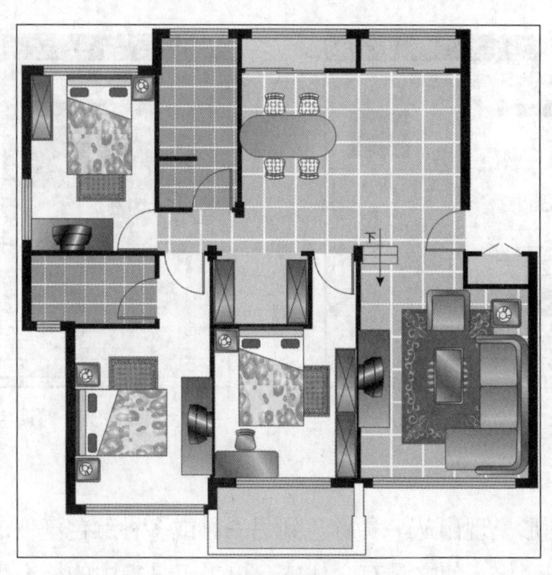

图4-28 房屋平面布置图效果

二、相关知识

CorelDRAW X4提供了各种功能强大的填充工具，可以方便地为图形设置各种颜色填充效果，包括标准填充、渐变填充、图样填充、底纹填充、PostScript底纹填充等，下面将分别对其进行讲解。

（一）色彩模式的相互转换

在项目一中已经对各色彩模式有了一定的介绍，各色彩之间是可以相互转换的，即是色彩表达位数的增加或减少。其中黑白为1位，灰度、双色、调色板模式为8位，RGB和Lab模式为24位，CMYK模式为32位。

（二）标准填充

标准填充又称单色填充或均匀填充，是最简单的填充方式，可通过调色板或“均匀填充”对话框来实现。

按住工具箱中的填充工具不放，在打开的面板中选择“均匀填充对话框”选项（或按【Shift+F11】组合键），即可打开“均匀填充”对话框。与调色板相比，对话框的颜色选择范围更广，自由选择性也更强，其中提供了“模型”、“混和器”和“调色板”3种调色模式。

- “模型”模式：提供了完整的色谱。在左侧的颜色框中单击鼠标可以选择颜色，也可以在右侧“组件”栏中设置需要的颜色值。
- “混和器”模式：主要功能是通过组合其他颜色来生成新的颜色，通过旋转色环或从“色度”下拉列表中选择颜色的形状样式。单击色环下方的颜色块可以选择所需的颜色，拖动“大小”滑条可以调整颜色的数量，如图4-29所示。
- “调色板”模式：该模式的主要功能是通过选择CorelDRAW X4中现有的颜色来填充图形，在“调色板”下拉列表中可选择需要的色块，如图4-30所示。

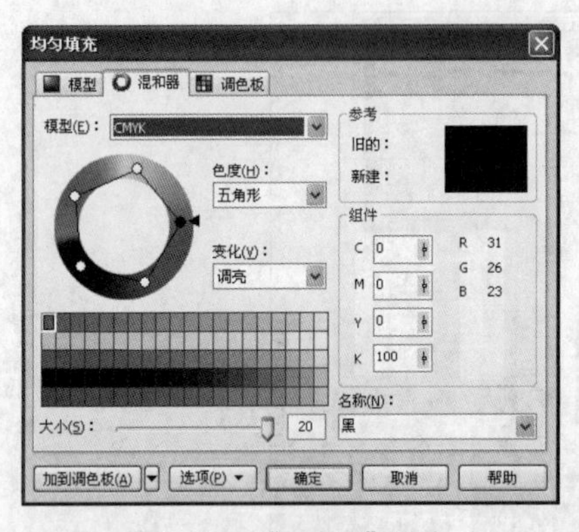

图4-29 “混合器”模式

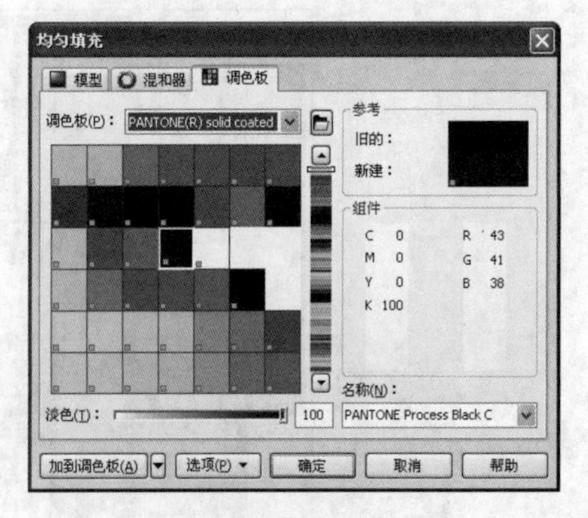

图4-30 “调色板”模式

（三）渐变填充

渐变填充可以使图形呈现出从一种颜色到另一种或多种颜色渐变的过渡效果，从而使图形符合光照产生的色调变化，使之具有立体感。单击工具箱中的填充工具不放，在打开的面板中选择“渐变填充对话框”选项（或按【F11】键），打开如图4-31所示的“渐变填充”对话框，渐变填充提供了线性、射线、圆锥、方角4种渐变类型，下面分别进行介绍。

- **线性渐变**：是两种或多种颜色之间的直线渐变填充方式。选择图形对象，在“渐变填充”对话框中的“类型”下拉列表中选择“线性”选项，然后在“颜色调和”栏中设置颜色调和的方式和渐变颜色，在“选项”栏中设置角度和步长值等，即可使用线性渐变方式填充图形，效果如图4-32所示。

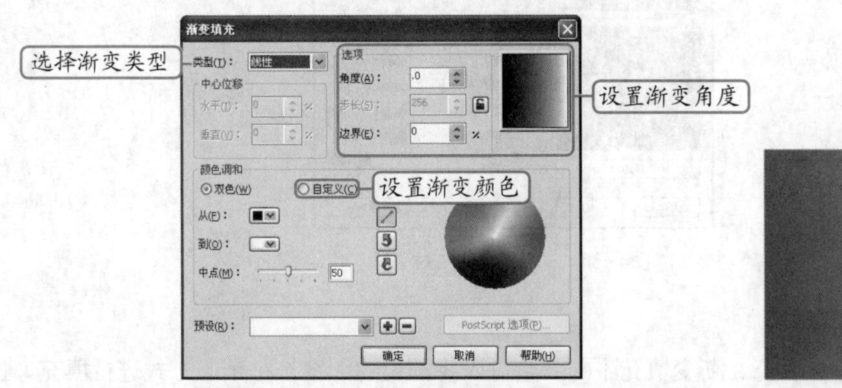

图4-31 “渐变填充”对话框

图4-32 线性渐变

- **射线渐变**：以一点为中心，向四周放射的一种渐变方式。适用于创建一些球体的特殊效果，其填充方法与线性渐变填充相似，即在“渐变填充”对话框中的“类型”下拉列表中选择“射线”选项，然后进行设置即可，效果如图4-33所示。
- **圆锥渐变**：圆锥渐变填充可为图形创造出圆锥形的放射效果。其方法是选中需要填充的图形，打开“渐变填充”对话框，在“类型”下拉列表中选择“圆锥”选项，再设置其颜色即可，效果如图4-34所示。
- **方角渐变**：使用方角渐变填充可以绘制出类似内发光或者透明几何体的效果。其填充方法是在“渐变填充”对话框中的“类型”下拉列表中选择“方角”选项，再设置其颜色即可，效果如图4-35所示。

图4-33 射线渐变效果

图4-34 圆锥渐变效果

图4-35 方角渐变效果

（四）纹理填充

纹理填充的效果是位图，是使用随机的小块图案生成的填充效果，可以模仿很多材料效果和自然现象。

其方法为选择对象后按住工具箱中的填充工具不放，在打开的面板中选择“底纹填充”选项，打开如图4-36所示的“底纹填充”对话框，在“底纹库”下拉列表中可选择底纹库，在“底纹列表”列表框中可选择底纹样式。

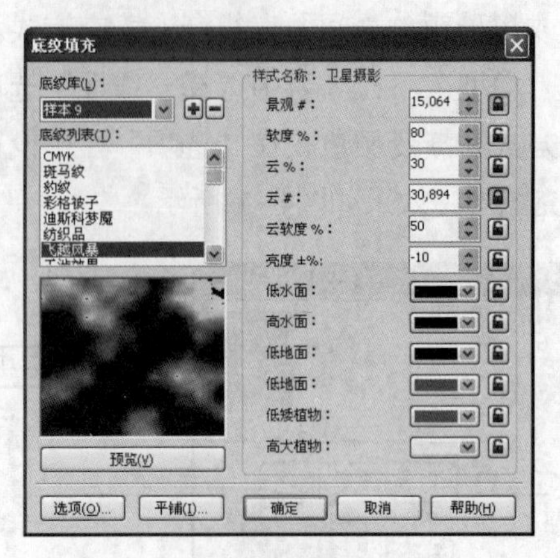

图4-36 “底纹填充”对话框

（五）图样填充

图样填充与标准填充、渐变填充不同，它可以将预设的图案按平铺的方式进行填充。选择图形对象后，按住工具箱中的填充工具不放，在打开的面板中选择“图案填充”选项，打开“图案填充”对话框，其中提供了双色、全色和位图3种图案填充类型，下面分别进行介绍。

- 双色填充可以将一些简单的图案填充到选择的图形中，如图4-37所示。
- 全色填充是将矢量图填充在选择的图形中，与双色填充相比，全色填充的颜色更加丰富，图案更加精细，如图4-38所示。
- 位图填充与全色填充类似，不同的是两种模式填充的图案分别是位图和矢量图形，如图4-39所示。

图4-37 双色填充

图4-38 全色填充

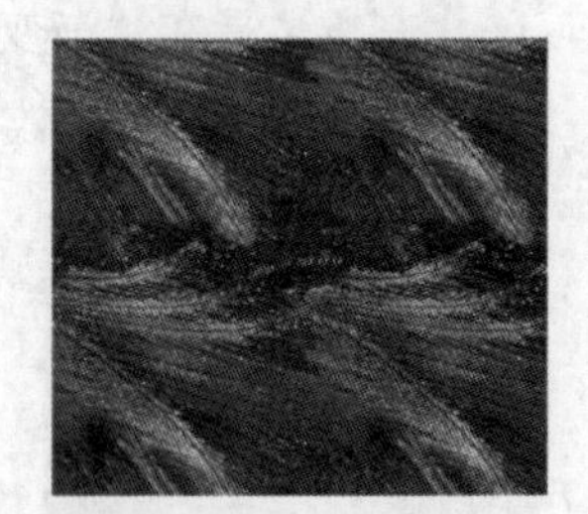

图4-39 位图填充

（六）PostScript填充

PostScript填充是建立在数学公式基础上的，是用PostScript语言设计出的一种效果非常特殊的填充类型。但由于使用该填充方式会占用较多的系统资源，并不经常使用。

按住工具箱中的填充工具不放，在打开的面板中选择“PostScript填充”选项，打开“PostScript底纹”对话框，在其中即可进行相应设置，如图4-40所示。需注意的是，对样式参数进行修改后，需单击 刷新(R) 按钮才能预览到最新效果。

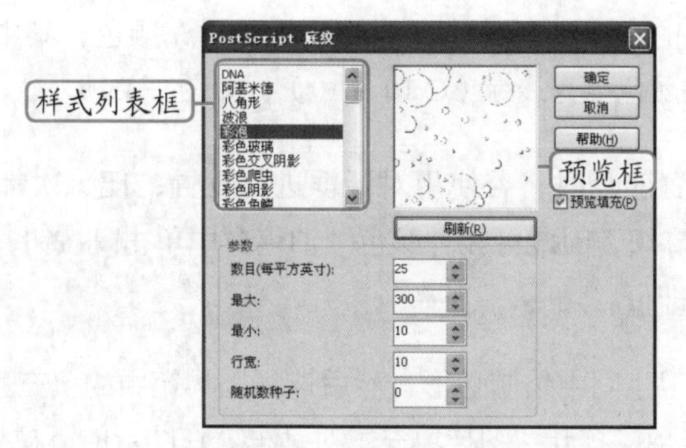

图4-40 “PostScript底纹”对话框

三、任务实施

（一）填充地板图形

打开任务一中绘制的平面图，为其绘制地板图形。下面使用相关的填充方法为其绘制地板图形，其具体操作如下。

STEP 1 打开“房屋平面图.cdr”图形文件，选择页面上的标注，按【Delete】键将其删除，并将图形文件另存为“房屋平面布置图.cdr”。

STEP 2 沿房间大小绘制矩形，然后按【Shift+F11】组合键打开“均匀填充”对话框，在“组件”栏中设置Y为10，其他为0，如图4-41所示。单击 确定 按钮，即可为矩形填充浅黄色，然后在调色板中取消轮廓线。

STEP 3 选择绘制的矩形，选择【排列】/【顺序】/【到图层后面】菜单命令，将矩形放置在所有图形下方（注意为图形填充颜色或图案后都要调整到建筑墙体的下方），如图4-42所示。

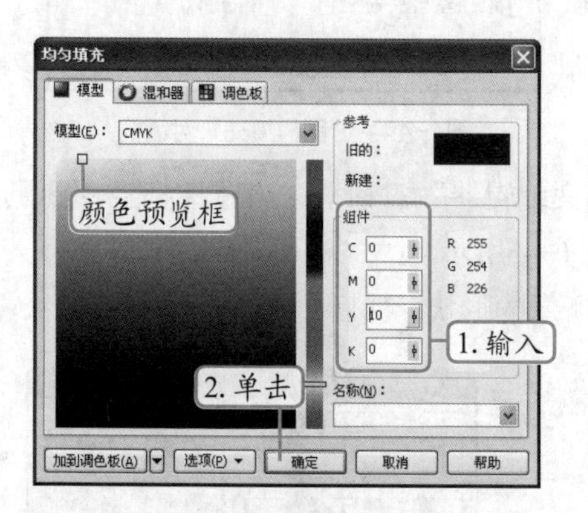

图4-41 设置填充颜色

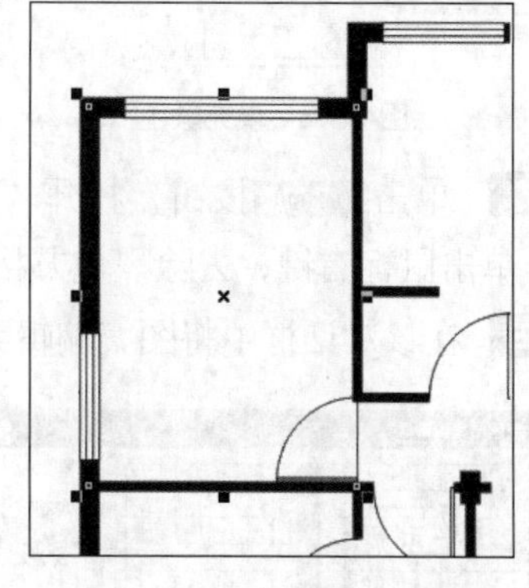

图4-42 调整图形顺序

操作提示

在对话框左侧的颜色预览框中单击也可设置颜色，设置后的颜色数值会在“组件”栏中显示出来，同时在右侧的“参考”栏中可预览到所选择的颜色以及上次所选颜色的对比情况。

STEP 4 使用相同的方法绘制其他房间的地板并填充颜色，其中除了卧室房间为黄色（Y:10），其他房间的颜色均为浅绿（C:10 Y:10），如图4-43所示。

在设置颜色时，若使用对话框进行设置，便每次都需要打开对话框，显得尤为麻烦，因此可在“颜色”泊坞窗中单击▣按钮，在设置颜色后单击填充(F)按钮即可。

STEP 5 在主卧的卫生间中绘制矩形，然后选择工具箱中的填充工具◈，在弹出的面板中选择“图样填充”选项，打开“图样填充”对话框。在图形的下拉列表框中选择需要的图案，然后单击“前部”后的⌄按钮，在弹出的下拉列表中选择白色块，使用相同的方法设置“后部”的颜色为浅绿（C:10 Y:10）。

STEP 6 在“大小”栏中设置宽度和高度都为5mm，然后单击选中“将填充与对象一起变换”复选框，如图4-44所示。

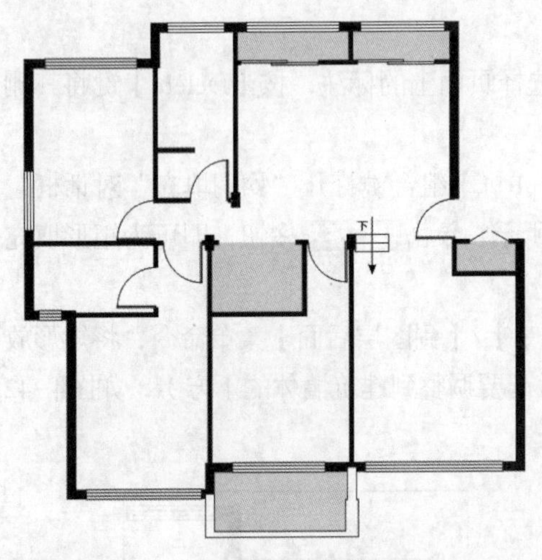

图4-43 填充颜色

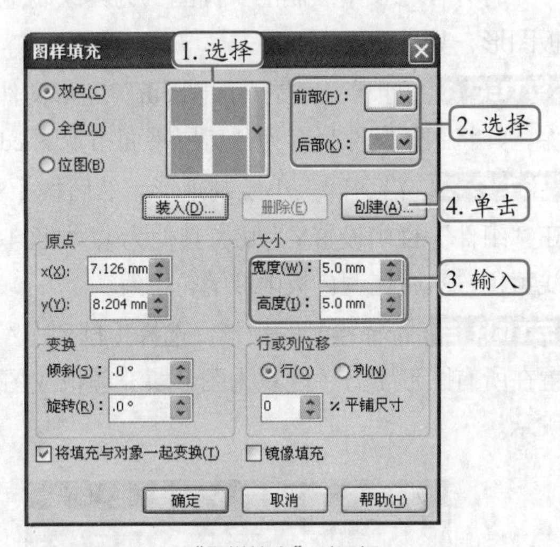

图4-44 “图样填充”对话框

STEP 7 单击创建(A)...按钮，打开“双色图案编辑器”对话框，将鼠标指针移到黑色的小方格上，单击鼠标右键，去除黑色方格，如图4-45所示。

STEP 8 在该对话框中将图案编辑为4-46所示的形状，然后单击确定按钮。

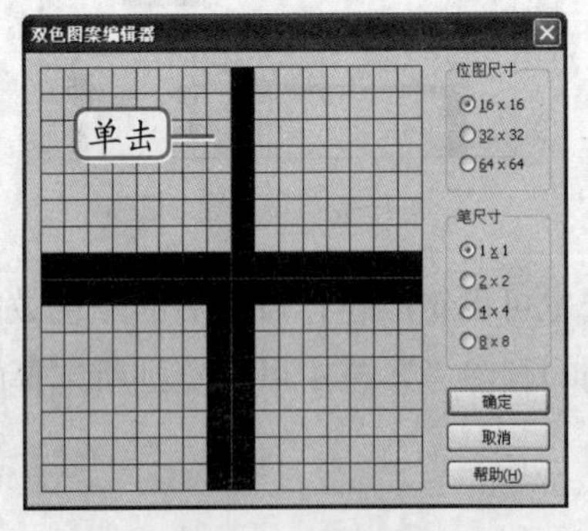

图4-45 编辑图案

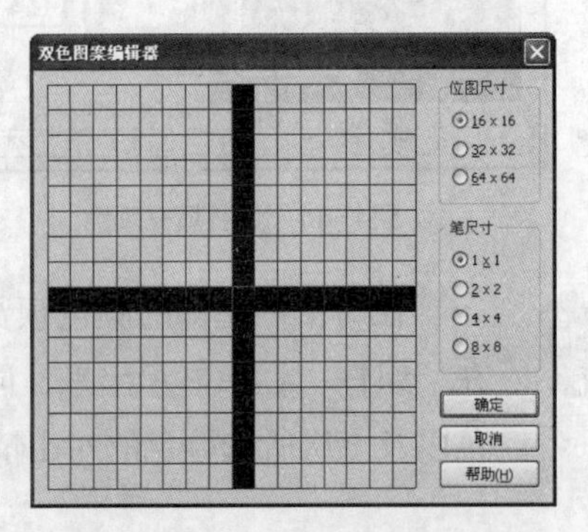

图4-46 编辑后的效果

在“双色图案编辑器”对话框中的空白方格处单击鼠标左键，将会添加黑色的小方格。

STEP 9 返回到“图样填充”对话框中单击 确定 按钮，取消轮廓线，调整其顺序后的效果如图4-47所示。

STEP 10 使用相同的方法在另一处卫生间绘制矩形，然后按【Alt】键选择填充图样后的矩形，单击鼠标右键移动到需要填充相同图样的矩形上，此时鼠标指针变为⊕形状，释放鼠标，在弹出的快捷菜单中选择“复制所有属性”命令复制属性，如图4-48所示。

STEP 11 选择复制属性后的矩形，调整其顺序后的效果如图4-49所示。

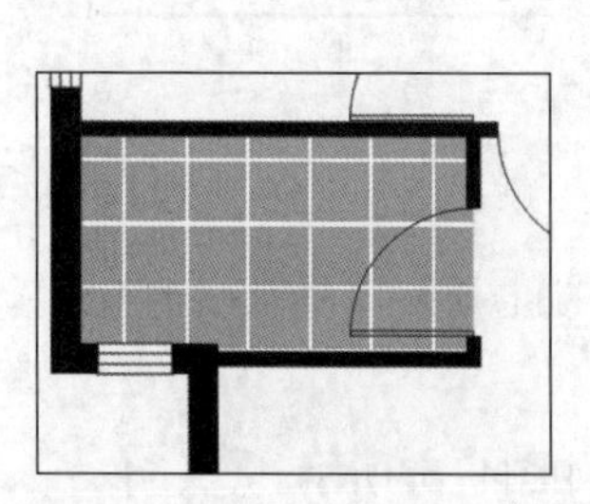

图4-47　编辑图样后的效果

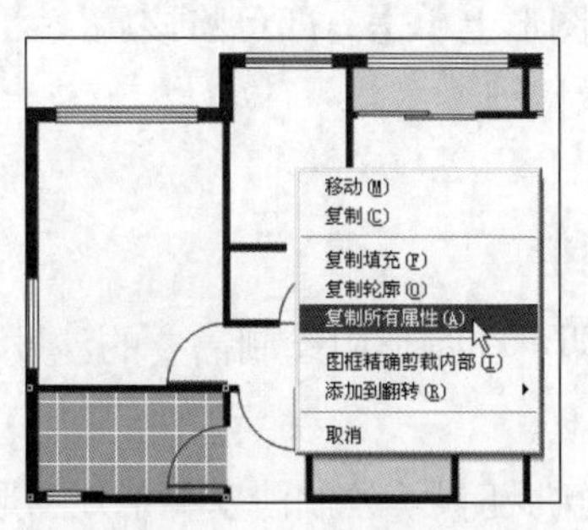

图4-48　弹出的快捷菜单

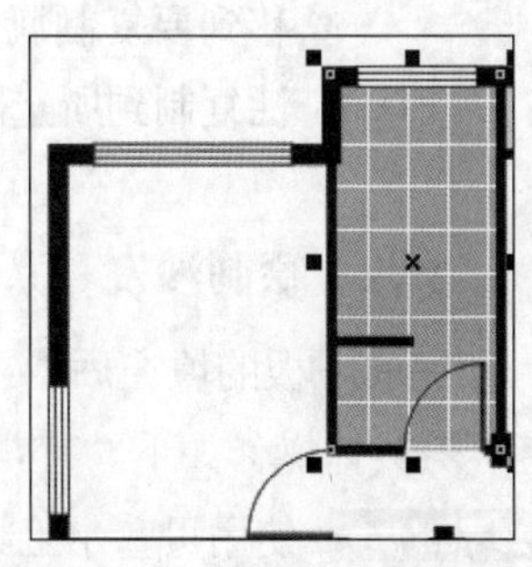

图4-49　复制属性后的效果

STEP 12 使用贝塞尔工具沿图纸中餐厅和客厅的形状绘制图形，然后为其设置图样填充效果，注意更改颜色和大小，在大小上要比卫生间的方格更大。

STEP 13 调整其图形顺序后的效果如图4-50所示。

STEP 14 使用泊坞窗为窗户、门、楼梯等矩形填充颜色，其中窗户的颜色为（Y:10），门和楼梯的颜色为（M:10 Y:70），如图4-51所示。

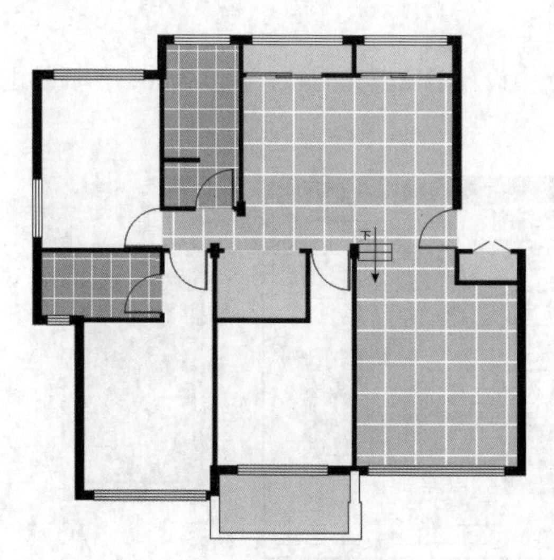

图4-50　填充图形

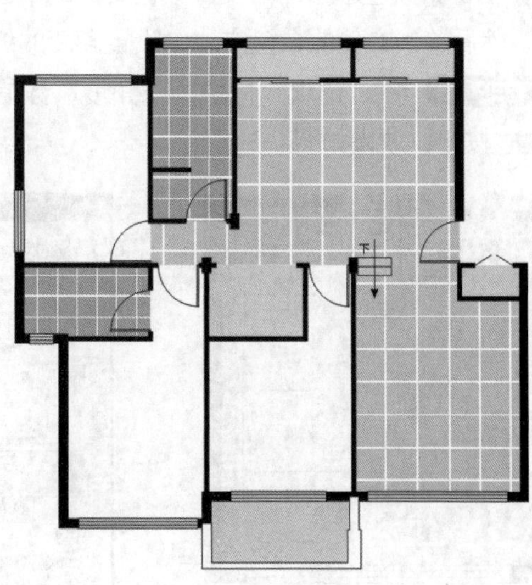

图4-51　为其他图形填充颜色

在CorelDRAW中可以对图形的填充属性、轮廓属性、所有属性进行复制，且同样适用为文本。

①在图形对象上按住鼠标右键不放，拖动到需要复制属性的图形对象上，此时鼠标指针变为⊕形状，释放鼠标后在弹出的快捷菜单中选择相应的命令即可。

②选择需要复制属性的图形，选择【编辑】/【复制属性自】菜单命令，打开“复制属性”对话框，如图4-52所示。其中选中需要的复选框，单击 确定 按钮，此时鼠标指针变为➡形状，将鼠标指针移到要复制属性的图形上单击，即可将该属性复制到所选图形对象上。

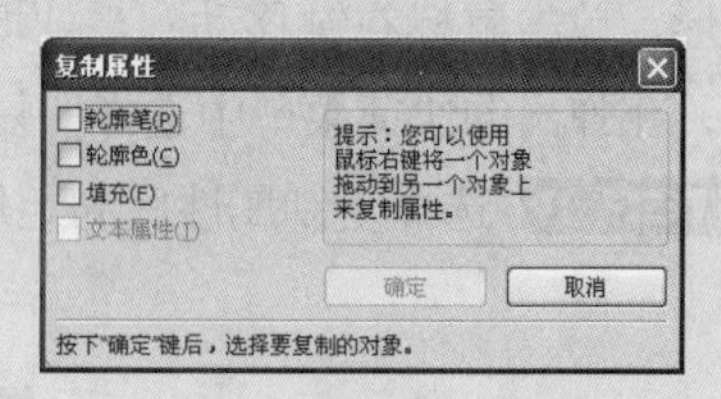

图4-52 复制属性对话框

（二）绘制沙发和茶几图形

完成地板的填充后，下面即可在图形中绘制需要的沙发和茶几图形，并填充相应的颜色。其具体操作如下。

STEP 1 使用贝塞尔工具和矩形工具等绘制沙发和茶几图形，如图4-53所示。

STEP 2 选择茶几外面的圆角矩形，按【F11】键打开“渐变填充”对话框。

STEP 3 在对话框中单击选中“自定义”单选项，用鼠标单击其左侧的黑色方块■，然后在右侧的颜色选择框中单击色块即可设置渐变的起始色，如果没有需要的颜色可以单击 其它(O) 按钮，在打开的“选择颜色”对话框中设置颜色值为（C:20 M:60 Y:80）。在渐变颜色设置框的上边缘双击插入过渡色彩控制点，标记为一个黑色倒三角形▼。在选择该控制点时，在右侧颜色选择框中设置颜色（C:2 M:10 Y:30），拖动该控制点可以移动过渡色彩的位置。然后单击右侧的白色方块，设置渐变的终止色。

STEP 4 在“选项”栏中的“角度”数值框中设置渐变填充的倾斜角度为50，然后单击 确定 按钮，效果如图4-54所示。

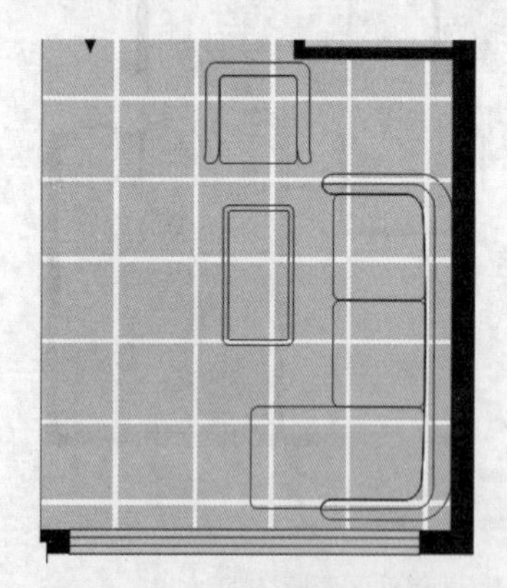

图4-53 绘制的图形

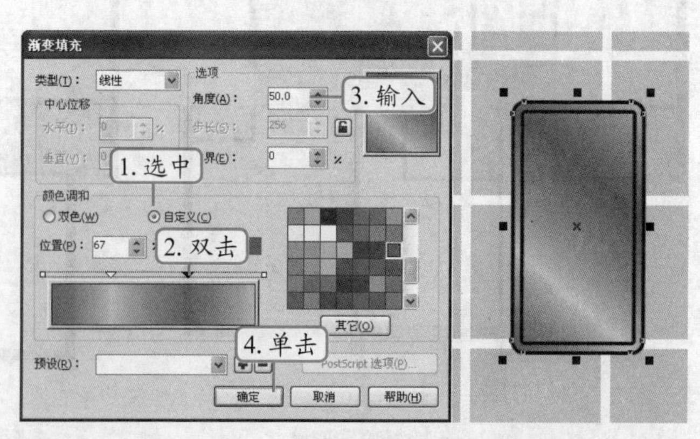

图4-54 编辑图形的颜色

STEP 5 使用相同的方法为其他图形设置颜色，然后复制茶几的图形，调整其大小放置在合适位置，这是放置台灯的小柜图形，效果如图4-55所示。

STEP 6 使用椭圆形工具和贝塞尔工具绘制台灯图形，将其填充为浅黄色（Y:20），如图5-56所示。

STEP 7 按【Ctrl+G】组合键群组沙发和茶几图形，导入"地毯1.jpg"素材文件（素材参见：光盘:\素材文件\项目四\任务二\地毯1.jpg），调整其大小后将其放置在相应的位置，然后选择【排列】/【顺序】/【向后一层】菜单命令，调整图片的顺序，如图4-57所示。

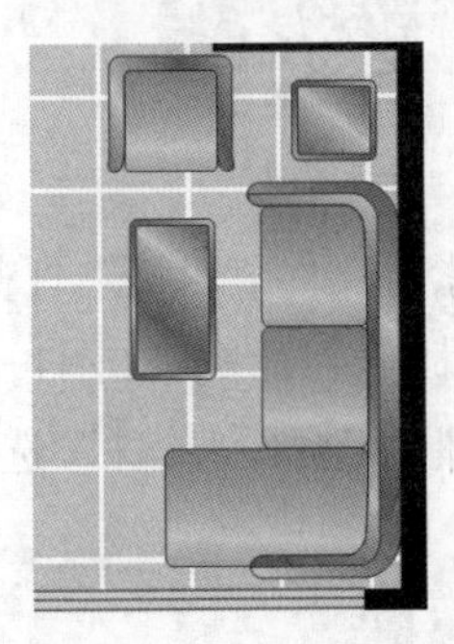
图4-55 填充颜色

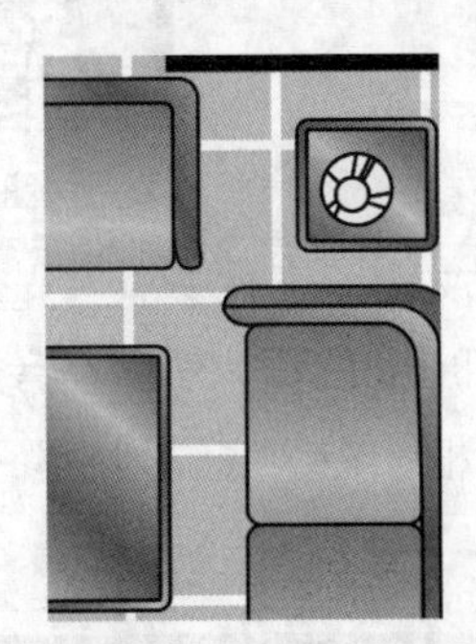
图4-56 绘制台灯

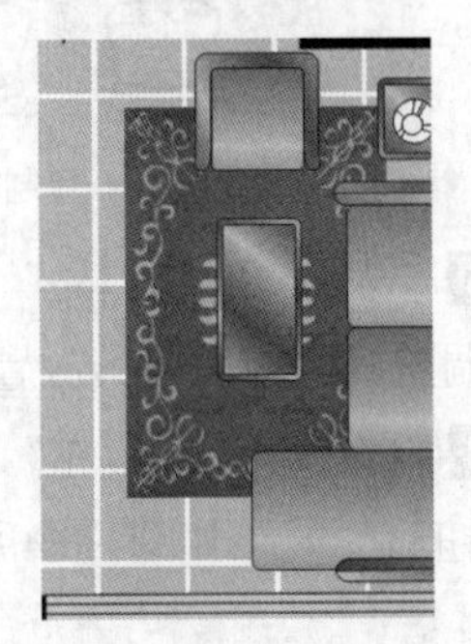
图4-57 导入图片

在调整图形大小时，需要先按【Ctrl+Q】组合键将其转曲，然后使用形状工具拖动节点调整，这样调整大小后的图形才不会变形。

（三）绘制其他家具图形

下面继续为图形绘制其他家具图形，并填充相应的颜色。其具体操作如下。

STEP 1 使用矩形工具绘制一个矩形，为其填充渐变色（在填充颜色时要注意色彩的统一性），如图4-58所示。

STEP 2 使用矩形工具和形状工具绘制电视图形，然后全部选择，按【Ctrl+L】组合键结合，然后为其设置渐变色，如图4-59所示。

STEP 3 使用矩形工具和形状工具绘制椅子图形，按【Ctrl+L】组合键结合，打开"图样填充"对话框，参数设置如图4-60所示。

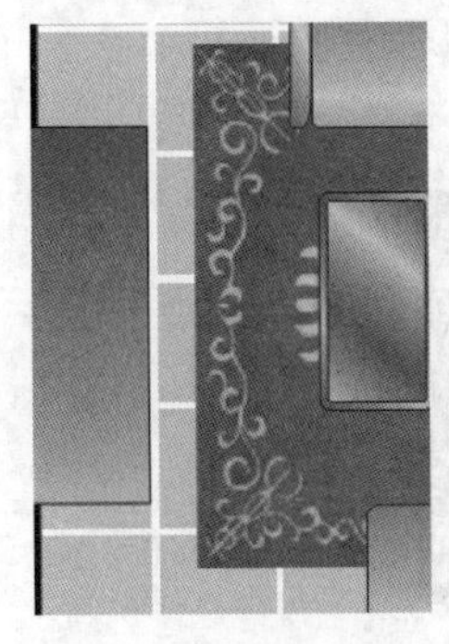
图4-58 绘制矩形

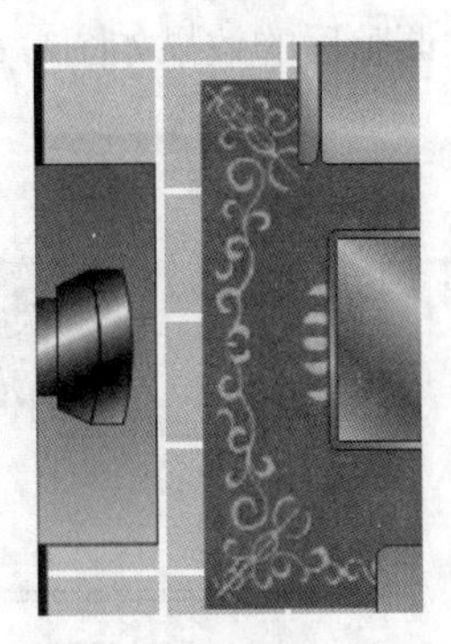
图4-59 绘制电视

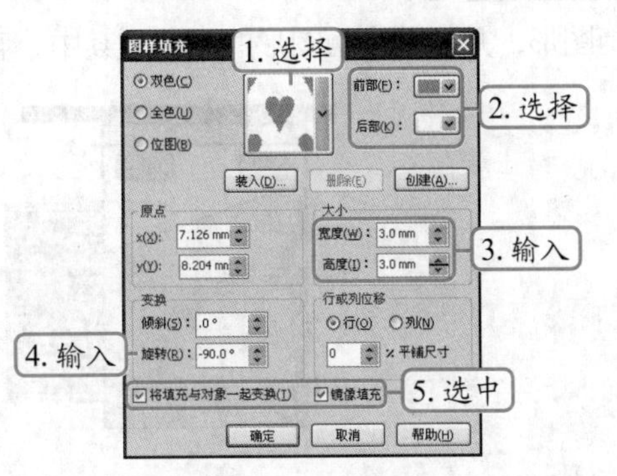

图4-60 设置图样

STEP 4 单击确定按钮复制椅子图形，并分别放置在不同的位置，如图5-61所示。

STEP 5 绘制圆角矩形作为餐桌，并填充合适的渐变效果，如图4-62所示。

图4-61 复制图形

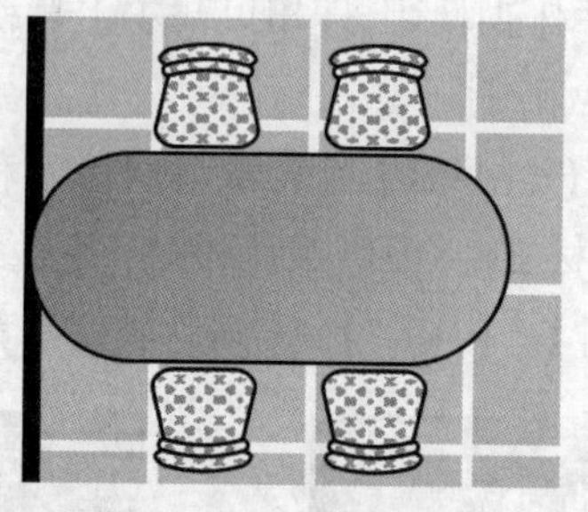

图4-62 绘制餐桌

STEP 6 导入“地毯2.jpg”素材文件（素材参见：光盘:\素材文件\项目四\任务二\地毯2.jpg），调整其大小后将其放置在相应的位置，然后在旁边绘制一个矩形，如图4-63所示。

STEP 7 打开“底纹填充”对话框，在“底纹列表”列表框中选择“珍珠”选项，单击确定按钮后的效果如图4-64所示。

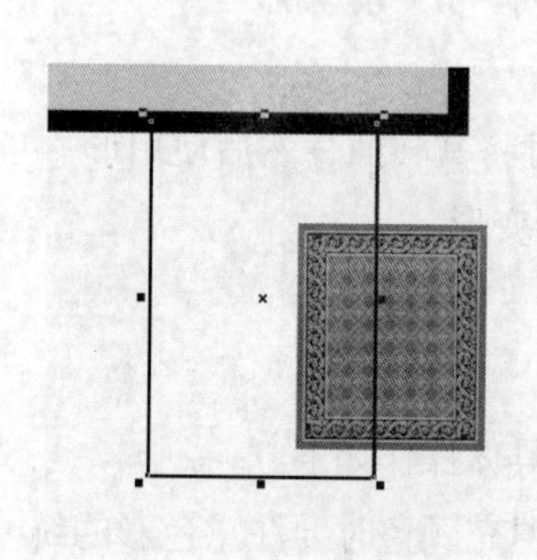

图4-63 绘制矩形

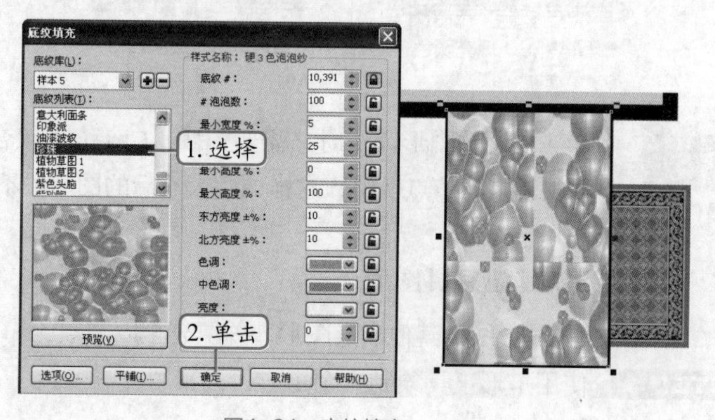

图4-64 底纹填充

STEP 8 使用贝塞尔工具在床头绘制一个白色的图形，然后使用矩形工具绘制两个圆角矩形，并填充颜色为红色（M:60 Y:40 K:20）和粉色（M:10）。

STEP 9 绘制枕头图形，填充颜色为洋红（M:100），然后复制一个，如图4-65所示。

STEP 10 复制客厅的台灯和小柜图形到卧室中，然后使用矩形工具和贝塞尔工具绘制衣柜图形，并复制小柜图形的颜色到其中，整体调整后的效果如图4-66所示。

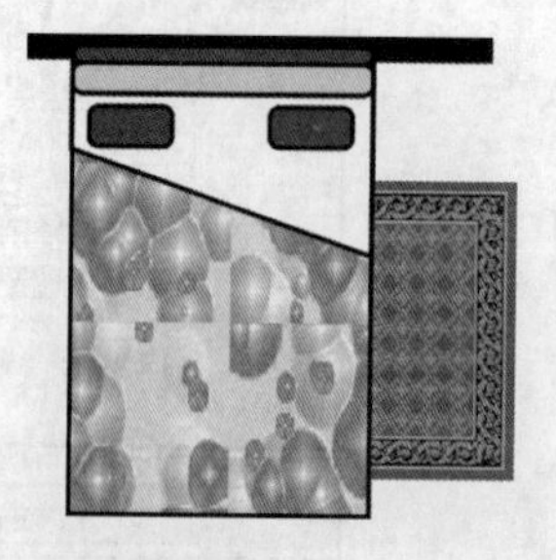

图4-65 绘制枕头图形

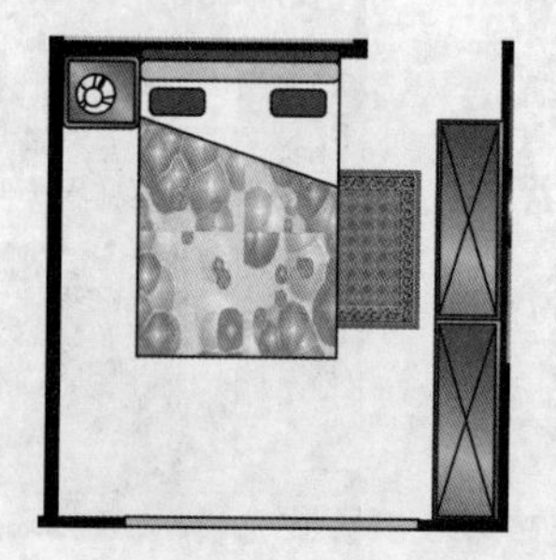

图4-66 调整图形

STEP 11 在卧室的左下角绘制椅子和桌子图形，并填充为相应的颜色，如图4-67所示。

STEP 12 利用复制和旋转等操作，依次对床、衣柜、电视等图形进行复制，然后分别放置到不同的位置，如图4-68所示（效果参见：光盘:\效果文件\项目四\任务二\房屋平面布置图.cdr）。

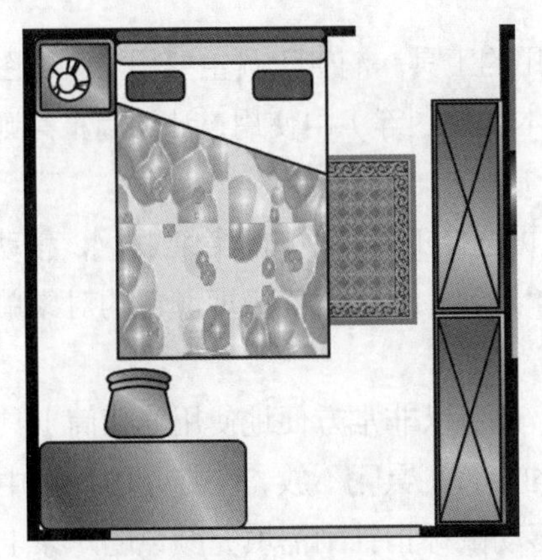

图4-67 绘制图形

图4-68 复制图形

任务三 绘制“苹果效果图”

在CorelDRAW中绘制苹果的效果图时，可以找到一张苹果的素材图片，然后参考其颜色。下面便具体进行讲解。

一、任务目标

本例将练习用CorelDRAW绘制“苹果效果图”，在绘制的过程中，首先需要绘制出苹果的大致形状，然后再对其填充相应的颜色。通过本例的学习，读者可以掌握交互式填充的使用方法等知识，包括交互式填充工具、交互式网状填充工具等。本例制作完成后的最终效果如图4-69所示。

图4-69 苹果效果图

二、相关知识

除了前面介绍的填充工具外，CorelDRAW中还提供有滴管工具、油漆桶工具、智能填充工具、交互式填充工具、交互式网格填充工具等，下面将分别对其进行讲解。

（一）滴管工具和油漆桶工具

滴管工具和油漆筒工具是两个相互结合运用的工具。滴管工具主要用于获取图形对象中的局部颜色，可在任意目标对象（如图形、文本和位图等）中使用；油漆筒工具则主要用于将吸管工具所获取的颜色填充到目标对象中。

- 滴管工具：要使用滴管工具吸取颜色，可选择工具箱中的滴管工具，移动鼠标指针至工作区或绘图区后，鼠标指针变为形状，此时对需汲取颜色的对象单击鼠标即可。
- 油漆筒工具：用滴管工具吸取颜色后，便可以非常方便地使用油漆筒工具对图形对象填充颜色。其方法为按住工具箱中的滴管工具不放，在打开的面板中选择"油漆筒"选项，切换为油漆筒工具，移动鼠标指针到需填充颜色的对象上，单击鼠标即可将汲取的颜色填充到该对象上。

（二）智能填充工具

智能填充工具可以直接对对象的重叠区域进行填充，并且可以快速地在两个或是多个相重叠的对象中创建新对象，同时也可以对单个图形对象进行填充。

选择图形对象，在工具箱中选择智能填充工具，鼠标指针变为形状，在如图4-70所示的属性栏中设置填充的颜色、轮廓色、轮廓宽度等参数，然后将鼠标指针移到图形对象上单击，即可为图形填充指定的颜色。

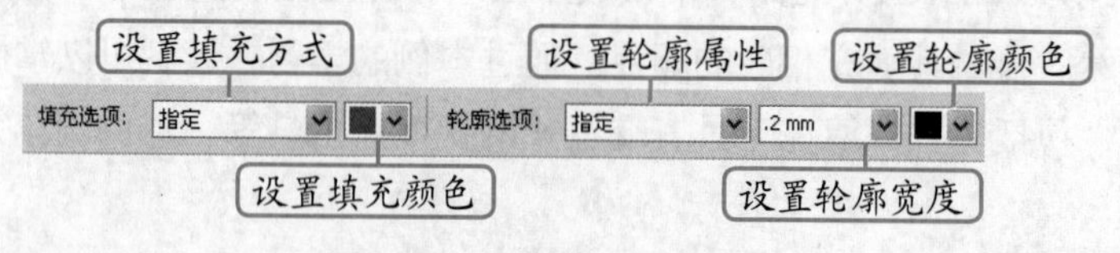

图4-70　智能填充工具属性栏

（三）交互式填充

交互的意思就是可以即时观看操作的效果，使用交互式工具可即时观察到设置参数后的效果。交互式工具包括交互式填充工具和交互式网状填充工具，下面将分别对其进行讲解。

- 交互式填充工具：交互式填充工具主要用于调整前面几种填充工具的填充效果。它是将各种基本填充工具结合在一起，并通过属性栏来设置图形的填充，使填充变得更加直观。图4-71所示为属性栏中的下拉列表，其中包含有之前的所有填充方式。
- 交互式网状填充工具：使用交互式网状填充工具选择图形时，被填充对象上将出现分割网状填充区域的经纬线。选择其中的一个或多个节点后，可以分别为其设置不同的填充颜色，而且每个区域的大小可以随意设置，从而创造出自然而柔和的过渡填充效果，如图4-72所示。其中节点的编辑方法同曲线相同，同样可进行拖动、添加、删除等操作。

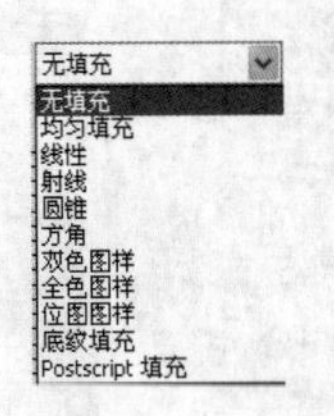

图4-71　互式填充工具属性栏中的下拉列表框

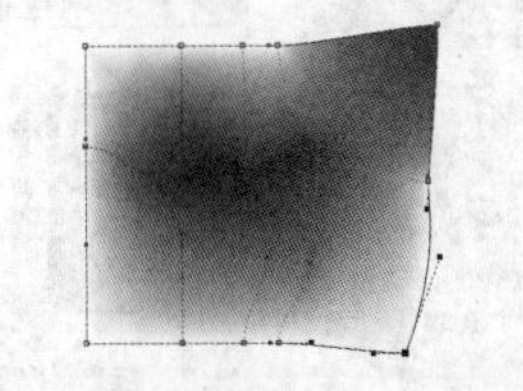

图4-72　交互式网状填充效果

三、任务实施

（一）使用交互式网状工具填充颜色

下面新建图形文件，然后绘制苹果的基本形状，并填充颜色。其具体操作如下。

STEP 1 在CorelDRAW中新建图形文件，然后将其保存为“苹果.cdr”。

STEP 2 选择工具箱中的贝塞尔工具绘制曲线图形，然后按【F10】键切换到形状工具，并对绘制的图形进行调整，如图4-73所示。

STEP 3 选择工具箱中的交互式网状工具，在图形上将出现网格，如图4-74所示。

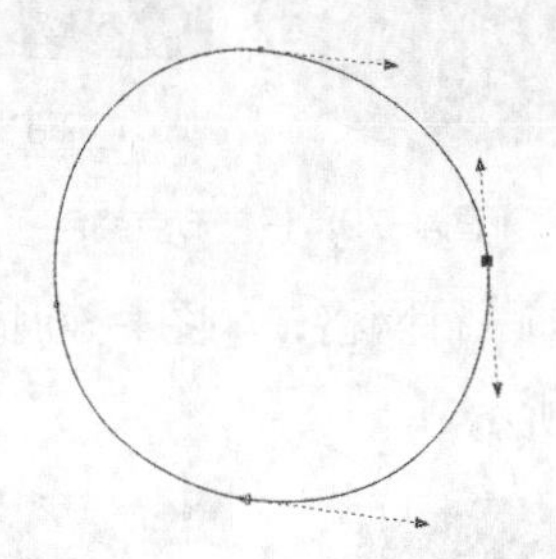

图4-73　绘制图形

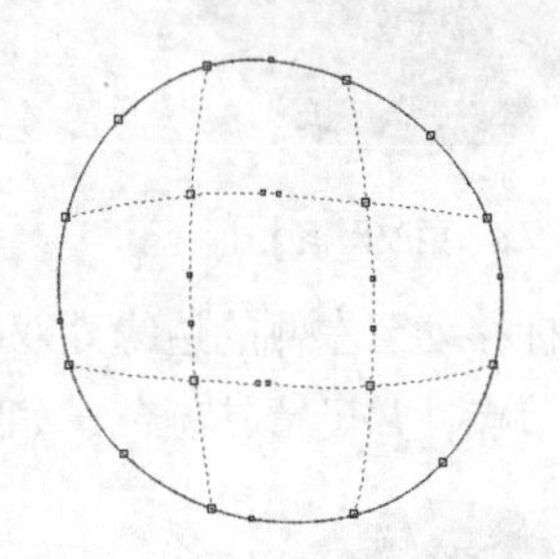

图4-74　显示网格

STEP 4 框选网格中的所有节点，在调色板中单击霓虹粉色块填充颜色。

STEP 5 使用交互式网状工具框选如图4-75所示的节点，在“颜色”泊坞窗中单击“自动应用颜色”按钮激活该按钮，然后在泊坞窗中设置颜色，此时选中的节点将自动应用设置的颜色，如图4-76所示。

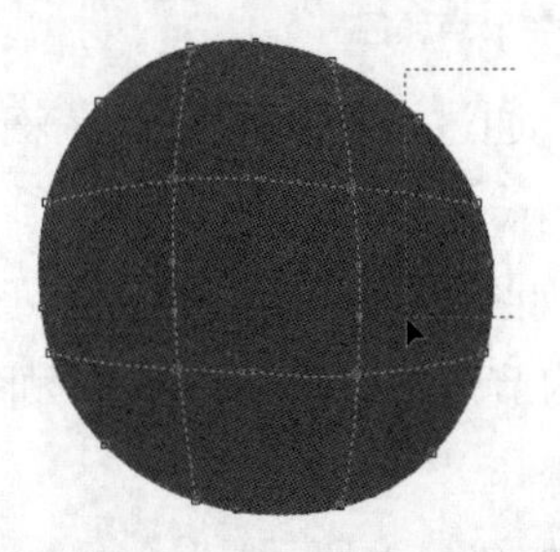

图4-75　框选节点

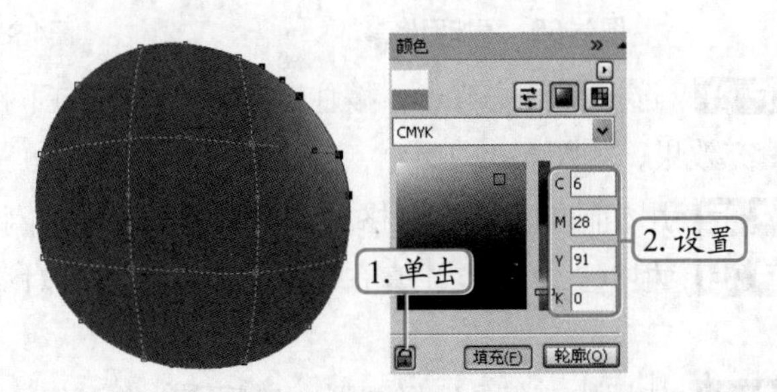

图4-76　设置颜色

STEP 6 根据相同的方法继续选择其他节点，然后在“颜色”泊坞窗中设置颜色，如图4-77所示。

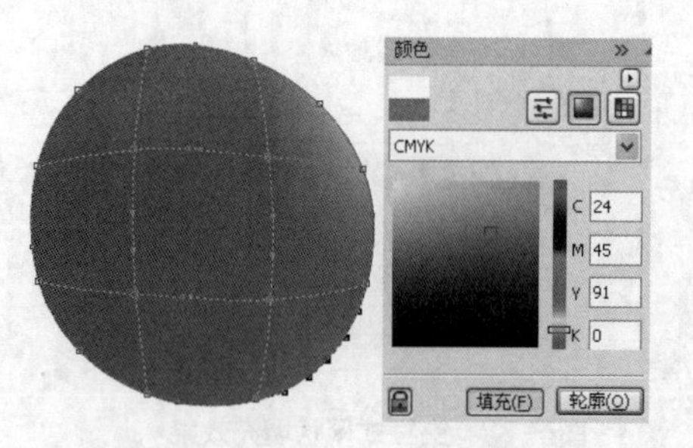

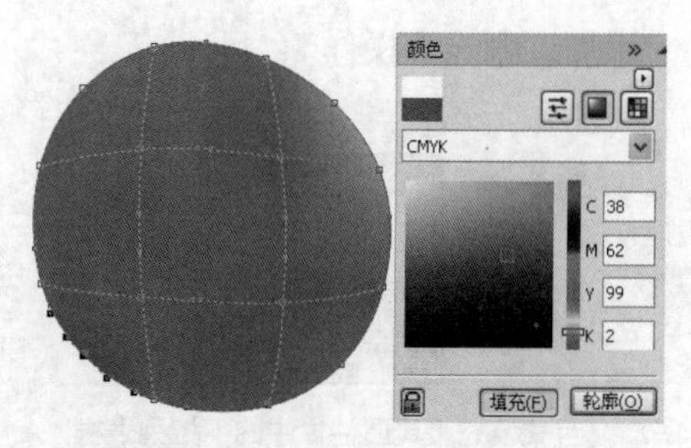

图4-77 设置其他节点的颜色

STEP 7 在属性栏中的"网格大小"数值框中都输入4，按【Enter】键确认。此时图形的网格列数和行数如图4-78所示。

STEP 8 再次选择节点并设置其颜色，如图4-79所示。

图4-78 更改网格大小

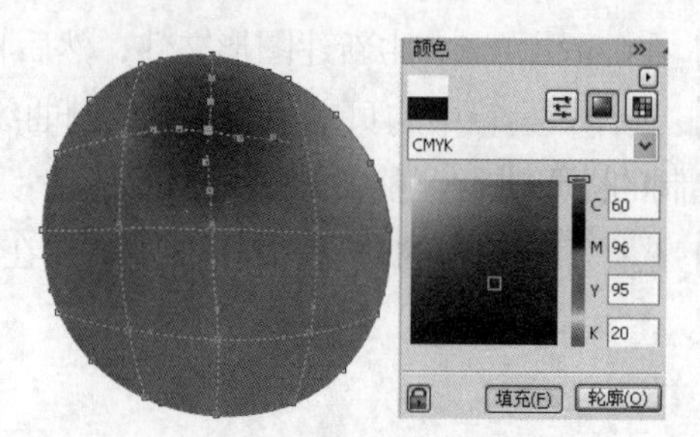

图4-79 设置节点颜色

STEP 9 将鼠标移动至左侧的边缘处双击，添加一行网格，如图4-80所示。

STEP 10 选择节点，并设置其颜色，如图4-81所示。

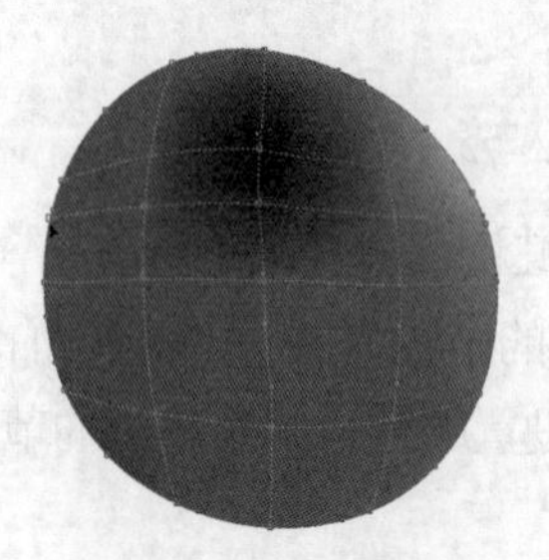

图4-80 添加网格

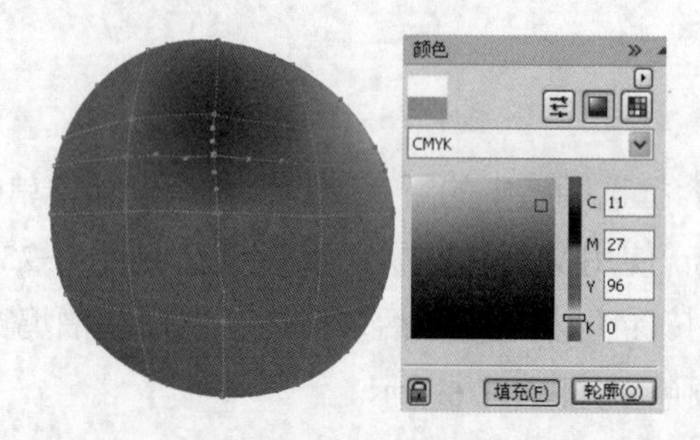

图4-81 设置节点颜色

STEP 11 选择相应的节点，按住鼠标左键不放向下拖动，通过调整节点的位置来改变图形的填充效果，如图4-82所示。

STEP 12 用相同的方法在网格上双击鼠标继续添加网格，如图4-83所示。

STEP 13 根据选择节点并填充节点的方法，依次对添加的节点颜色进行调整，如图4-84所示。

STEP 14 使用挑选工具选择图形，然后取消轮廓线，效果如图4-85所示。

需要特别注意的是，使用交互式网状填充工具填充过的图形对象，将不能应用其他填充工具来填充。

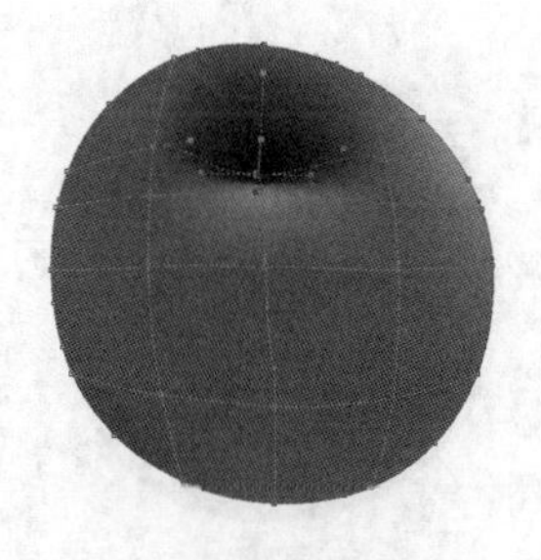
图4-82 拖动节点

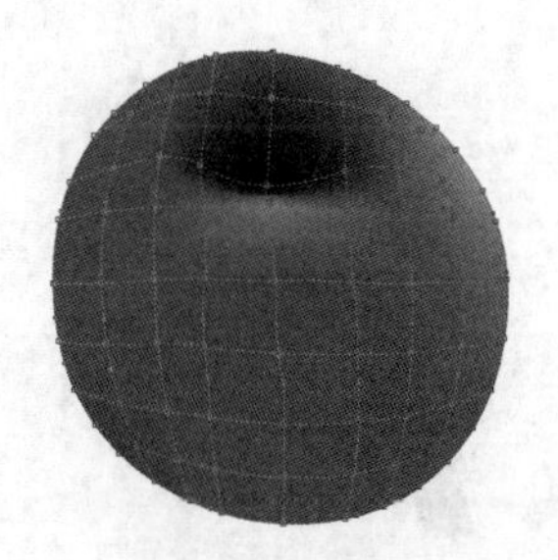
图4-83 添加网格

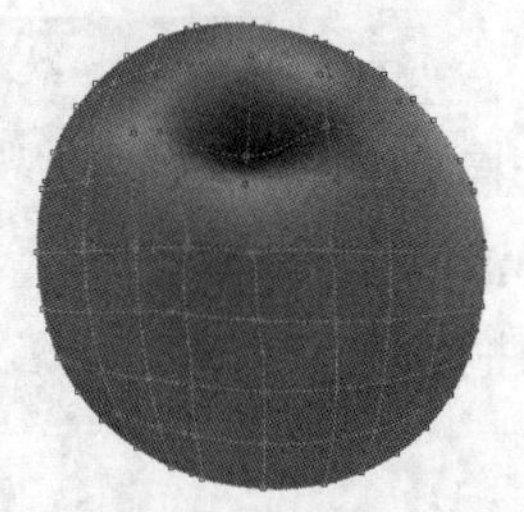
图4-84 设置颜色

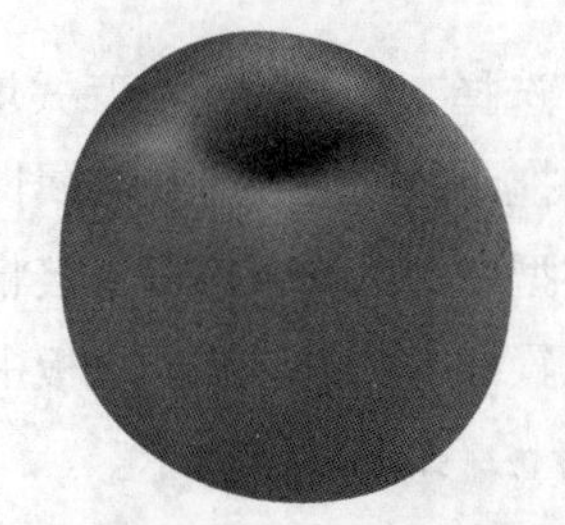
图4-85 取消轮廓

（二）绘制苹果柄

下面为绘制的苹果绘制苹果柄图形，同样使用交互式网状工具为其设置颜色。其具体操作如下。

STEP 1 绘制苹果柄图形，在“颜色”泊坞窗中设置颜色为（C:25 M:80 Y:98），取消轮廓线，如图4-86所示。

STEP 2 根据前面的方法使用交互式网状工具为其设置颜色，如图4-87所示。

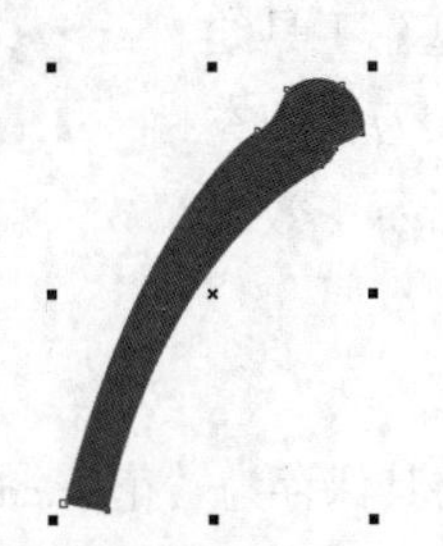
图4-86 填充颜色

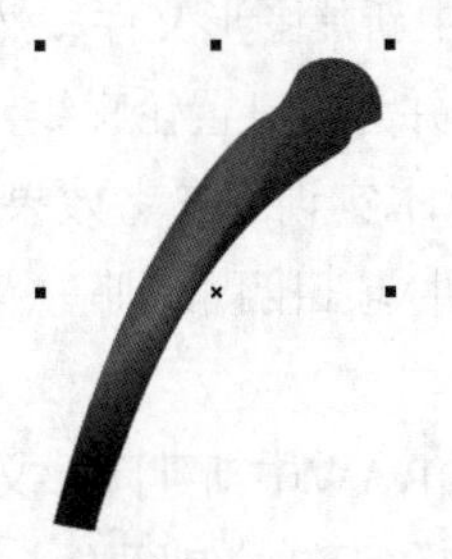
图4-87 设置颜色

STEP 3 在苹果柄图形的上方绘制一个不规则图形，然后使用交互式网状工具为其设置颜色，取消轮廓线后的效果如图4-88所示。

STEP 4 将绘制的苹果柄图形群组，然后调整其大小后放置在相应位置，效果如图4-89所示（效果参见：光盘:\效果文件\项目四\任务三\苹果.cdr）。

若要清除使用交互式网状填充工具填充后的图形，可使用交互式网状工具选择图形后，在属性栏中单击“清除网状”按钮。

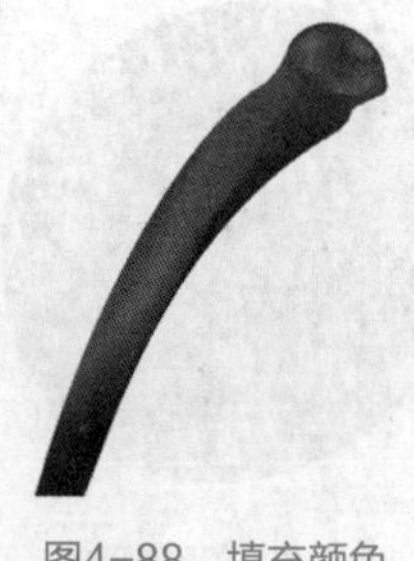

图4-88 填充颜色

图4-89 移动位置

知识补充

选择工具箱中的交互式填充工具，在图形中拖动即可填充。在其属性栏中可选择填充的类型和颜色等，也可直接将“颜色”泊坞窗中设置好的颜色块或调色板中的颜色块拖至填充线上，如图4-90所示。

图4-90 填充颜色

实训一 绘制“花朵”

【实训要求】

本实训需要绘制花朵图形。要求色彩明亮，并通过练习熟练掌握交互式填充工具和轮廓线的设置方法。

【实训思路】

在CorelDRAW中新建图形文件，然后使用贝塞尔工具绘制花朵的基本图形，并为其设置轮廓线，最后使用交互式填充工具设置填充颜色。本实训的参考效果如图4-91所示（效果参见：光盘:\效果文件\项目四\实训一\花朵.cdr）。

图4-91 花朵效果

【步骤提示】

STEP 1 在CorelDRAW中新建图形文件，然后将其保存为“花朵.cdr”。

STEP 2 使用贝塞尔工具绘制图形，然后按【F10】键调整曲线的节点。

STEP 3 调整图形后，分别为其设置轮廓线的颜色为金色，轮廓线宽度为0.5mm。

STEP 4 选择图形，分别使用交互式填充工具为其填充线性渐变颜色，在绘制的过程中要注意图形的顺序调整。

实训二 绘制“居室平面图”

【实训要求】

本实训要求按照任务一和任务二中的方法绘制一幅两室一厅一卫的居室平面图，素材已提供（素材参见：光盘:\素材文件\项目四\实训二\地毯1.jpg、地毯2.jpg），最终效果如图4-92所示。

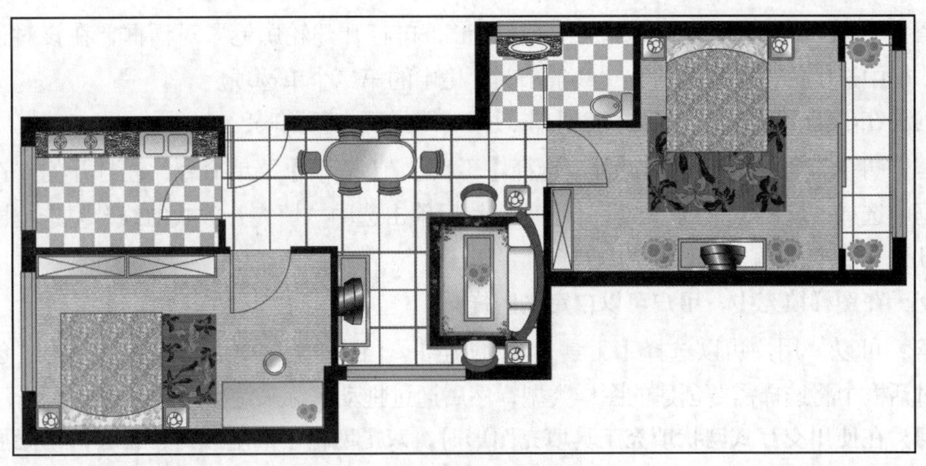

图4-92 居室平面图效果

【实训思路】

本实训的绘制方法同任务中的相同，可综合运用前面所学知识机进行绘制，绘制时将运用到轮廓设置、填充颜色、绘图工具等知识点。

【步骤提示】

STEP 1 新建一个图形文件，在“选项”对话框中设置“典型比例”为1:100，设置页面的大小为180mm×170mm。

STEP 2 使用贝塞尔工具沿添加的辅助线绘制出平面图的外轮廓。

STEP 3 分别对绘制的线条进行设置，然后绘制门和窗户图形。

STEP 4 沿房间大小绘制矩形，对其设置双色填充效果，颜色自定。注意将其放置在图形的最下层，作为地板图形。

STEP 5 导入“地毯1.jpg”和“地毯2.jpg”素材文件，然后绘制家具图形，并使用交互式填充工具为其填充相应的颜色。

STEP 6 使用基本形状工具绘制植物等图形，并填充颜色，完成后保存即可（效果参见：光盘:\效果文件\项目四\实训二\居室平面图.cdr）。

常见疑难解析

问：当轮廓线为虚线的时候，填充效果会从空隙的地方溢出吗？

答：不会。当对象的轮廓线的样式被设置为虚线时仍然是封闭的图形，因此并不影响对象颜色的填充。

问：给曲线添加了箭头后，为什么使用选择工具单击箭头不能选择该曲线呢？

答：因为箭头只是样式，是附属于曲线的，所以使用选择工具单击曲线上的箭头不能选择该曲线。

问：有时将图形轮廓加粗后，轮廓就出现了毛刺现象，这个问题可以解决吗？如果可以，该怎样解决？

答：可以。出现毛刺现象后，选择该图形，再打开“轮廓笔”对话框，在该对话框的“角”栏中选中第二个单选项和“线条端头”栏中的第二个单选项。

问：在CorelDRAW X4中可以为未封闭的路径填充颜色吗？

答：可以，不过需要进行设置。选择【工具】/【选项】菜单命令，在打开的“选项”对话框中选择“文档”下的“常规”选项，然后单击选中“填充开放式曲线”复选框即可。系统默认情况下该复选框不被选中。

问：在图样填充中，用户可以自定义图样吗？

答：可以。用户可以选择【工具】/【创建】/【图样】菜单命令，在打开的“创建图样”对话框中将选择需要创建的图样类型，然后通过拖动鼠标来定义图样区域。

问：在使用交互式网状填充工具填充图形时，双击网格中的虚线时，将会自动添加一条网格线，怎样才能只添加节点呢？

答：按【Shift】键的同时用鼠标双击网格中的虚线，则可只在双击处添加节点而不添加网格线。

问：如果我想将常用的颜色放在调色板中，该怎么操作？

答：在“均匀填充”对话框中，选择颜色时，在“组件”栏中的数值框右侧都会有RGB颜色模式的参照值，单击颜色框下方的加到调色板(A)按钮，可将选择的颜色添加到调色板中。

问：为什么在使用滴管工具吸取颜色时，在“颜色”泊坞窗中没有显示该颜色的颜色值呢？

答：使用滴管工具吸取颜色时，需要在其属性栏中左侧的下拉列表框中选择“示例颜色”选项，这样，在吸取颜色时才会显示颜色值。

拓展知识

1. 24色环

在对色彩进行搭配前，需要对24色环有一定的掌握，这样，在搭配色彩上才不会出错。24色环的颜色值如图4-93所示。

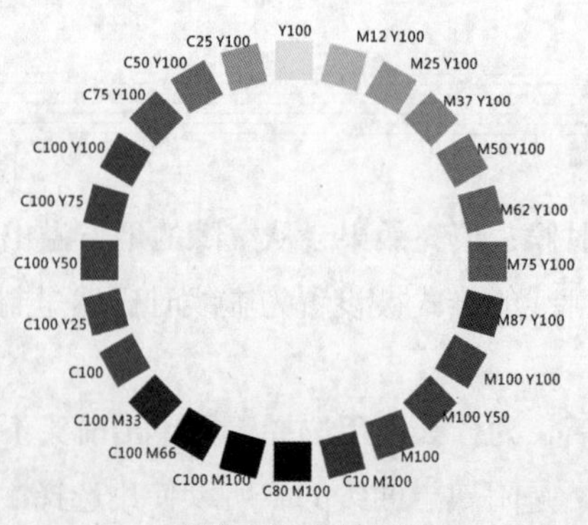

图4-93 24色环

2. 颜色的相关知识

在进行作品设计时，色彩的运用非常重要，下面就先来了解一下色彩的联想与象征和色彩的冷暖对比。

- **色彩的联想与象征**：每一种色彩都能引起人们的一些联想，而且每一种颜色也能代表其独特的象征意义。例如，看到纯度最高的红色，人们通常会联想到火、太阳和血等事物，而红色给人的感觉是热情、炎热、革命或喜庆等；绿色则会让人联想到森林、草原，而绿色给人的感觉则是和平、健康与自然。
- **色彩的冷暖对比**：色彩有冷色和暖色之分。其中冷色给人以寒冷、清爽的感觉，如蓝色，而暖色给人以温暖和热情的感觉，如红色和橙色。将冷色与暖色合理搭配可产生强烈的对比效应，给人以极具冲击力的视觉效果。
- **色彩搭配相关概念**：在学习色彩搭配前需要先了解一下类似色、对比色、互补色的概念。在色相环上相隔60° 的色彩互为类似色，如红与橙、黄与绿、绿与青等；相隔120° 的色彩互为对比色，如红与黄、橙与绿、青与红等；相隔180° 的色彩互为互补色，如黄与紫、橙与青等。

3. 常用色彩搭配

常用色彩搭配有很多种类，其中包括同类色搭配、临近色搭配、类似色搭配、互补色搭配、对比色搭配、有彩色和无彩色搭配、色彩渐变等几种情况，下面将分别对其进行讲解。

- **同类色搭配**：先选择一种色彩作为整幅画面的基础色，然后用明度对比显示的色彩来进行搭配，这样能给人以安静清爽的感觉，如图4-94所示。
- **临近色搭配**：使用色相环上位置临近的颜色进行搭配，能够使整个画面取得协调、调和的感觉，如图4-95所示。

图4-94 同类色

图4-95 临近色

- **对比色搭配**：使用色相环上相隔120° 的色彩进行搭配，如黄与青、红与黄、青与红等，可以给人以鲜明强烈、饱满、活跃、兴奋的感觉。
- **有彩色和无彩色搭配**：有彩色和无彩色搭配时，如果无彩色的范围较大，能营造出一种宁静的氛围；如果大面积有彩色搭配白色或灰色，可以得到明亮轻快的效果。
- **类似色搭配**：使用色相环上相隔60° 左右的色彩进行搭配，如红与黄和橙、黄与绿等，这样能给人以明快耐看的感觉，如图4-96所示。
- **互补色搭配**：使用色相环上相隔180° 的两个色彩进行搭配，如红与绿、黄与紫等，可以给人以充实、强烈、运动的感觉，如图4-97所示。

图4-96　类似色

图4-97　互补色

● 色彩渐变：如按色相环上的顺序排列色彩，将得到一种雨后彩虹的效果。色彩渐变的配合还有纯度渐变和明度渐变等。

课后练习

（1）本练习将使用钢笔工具、贝塞尔工具和形状工具，结合前面学习的渐变填充图形功能，绘制如图4-98所示的口红效果（效果参见：光盘:\效果文件\项目四\课后练习\口红.cdr）。通过练习熟练掌握渐变填充工具及渐变颜色编辑的方法。

（2）本练习将使用设置轮廓线的样式和填充颜色等操作绘制如图4-99所示的墙绘效果（效果参见：光盘:\效果文件\项目四\课后练习\墙绘效果.cdr），注意在设置轮廓线时，在"轮廓笔"对话框中需要对"角"、"线条端头"、"书法"选项进行设置。

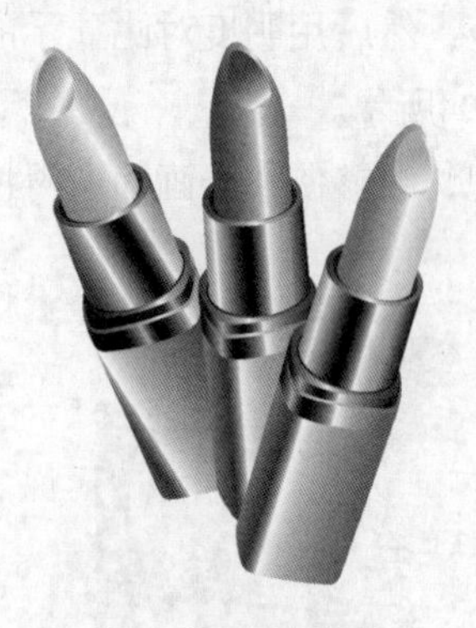

图4-98　口红效果

图4-99　墙绘效果

PART 5

项目五 排列与组合图形

情景导入

阿秀：小白，经过前面的学习，关于CorelDRAW的操作你要是有不清楚的一定要尽快提出来，这样才能真正掌握。

小白：嗯！每次在学习之后我都会练习的。

阿秀：这样就好。

小白：对了，在CorelDRAW中可不可以对图形对象进行对齐操作啊?

阿秀：当然可以，在CorelDRAW中不仅可以对齐图形对象，还可以整形、分布、排列、群组、结合图形对象。

小白：原来还包括这么多，那阿秀，你快教教我吧。

学习目标

- 熟悉刻刀工具、橡皮擦工具、涂抹工具、粗糙笔刷工具的相关操作
- 熟练掌握图形对象的整形操作
- 熟练掌握多个对象的对齐和分布操作
- 熟练掌握图形对象的排列
- 熟练掌握图形对象的群组操作
- 熟练掌握结合图形对象的方法

技能目标

- 掌握“台历效果”的制作方法
- 掌握“餐厅菜谱”的制作方法
- 掌握“明信片”的制作方法
- 了解工作中各种效果的设计与制作

任务一 制作“台历效果”

台历包括有桌面台历和电子台历，主要品种有商务台历、纸架台历、水晶台历、记事台历、便签式台历、礼品台历、个性台历等。在CorelDRAW中制作台历效果的操作较简单，只需绘制出台历的结构，然后输入台历文本即可。下面具体介绍其制作方法。

一、任务目标

本例将练习用CorelDRAW制作“台历效果”，在制作时可以先新建文档，然后使用绘图工具绘制出台历的大致结构，最后根据需要输入台历文本的内容。通过本例的学习，读者可以掌握图形对象的整形操作和群组操作等，同时对编辑图形对象的工具有一定的了解。本例制作完成后的最终效果如图5-1所示。

图5-1 台历效果

二、相关知识

在制作台历的效果之前，首先对制作过程中需要用到的知识有一定的了解，下面将对编辑图形对象的相关工具、整形图形对象等知识进行介绍。

（一）编辑图形对象的相关工具介绍

编辑对象的操作主要包括拆分、擦除、涂抹、粗糙等，可以通过刻刀工具、橡皮擦工具、涂抹笔刷、粗糙笔刷来实现。虽然这些功能不如基本操作那样常用，但在某些特殊情况下，它的功能作用是非常强大的，下面分别对其进行讲解。

1. 刻刀工具

使用刻刀工具可以把一个对象拆分为两部分，被拆开的两部分可以分别闭合为封闭对象。刻刀工具可以将图形沿直线拆分，也可以沿手绘线进行拆分。含有群组及带有特殊效果的对象不能使用刻刀工具进行拆分。

- 沿直线拆分对象：沿直线拆分对象是指沿直线剪切对象，剪切后的对象边界也是直线。选择需要拆分的对象，在工具箱中选择刻刀工具，将鼠标指针移到对象上，当鼠标指针变为形状时，单击鼠标左键确定拆分的起点。向下拖动鼠标，此时会出现一条拆分线，当到达拆分的终点时鼠标指针变为形状，再次单击鼠标左键确定拆分的终点，然后使用选择拆分后的对象移动一段距离即可看出拆分效果，如图5-2所示。

- **沿手绘线拆分对象**：沿手绘线拆分对象只能在自动闭合功能打开时使用，选择需要拆分的对象，在工具箱中选择刻刀工具，将刻刀工具移动到需要拆分的起点位置，当鼠标指针变成形状时，按住鼠标左键不放并任意拖动，到达终点位置时释放鼠标即可沿鼠标拖动的轨迹拆分对象，如图5-3所示。

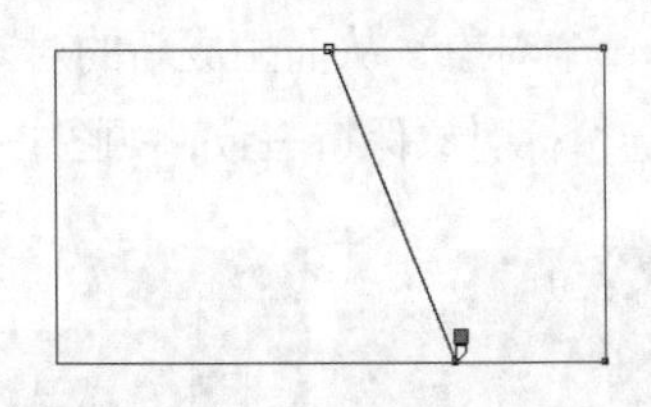

图5-2　直线拆分对象

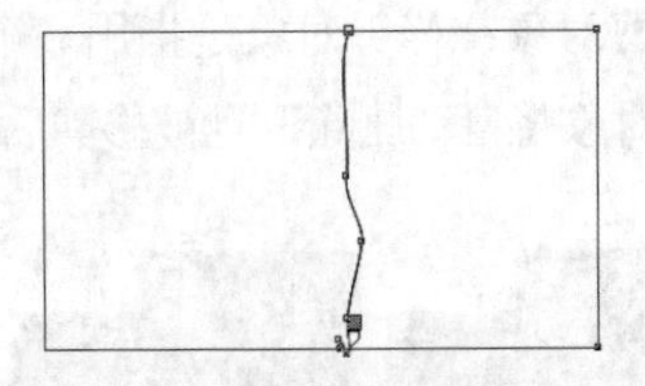

图5-3　沿手绘线拆分对象

2. 橡皮擦工具

使用橡皮擦工具（或按【X】键）可以将图形对象中不需要的部分擦除，并自动封闭剩余部分，从而生成新的图形。在属性栏中可设置其笔刷的宽度。擦除对象也可分为直线擦除和沿手绘线擦除两种情况，其使用方法和刻刀工具类似。

3. 涂抹笔刷工具

涂抹笔刷工具可以将对象由内部向外推动或由外向内部推动，从而生成新的对象，涂抹笔刷只能对曲线图形进行编辑。其使用方法很简单，即先选择图形对象，然后在工具箱中选择涂抹笔刷工具，在如图5-4所示的属性栏中设置相关属性，设置好后使用涂抹笔刷对图形对象进行涂抹即可。

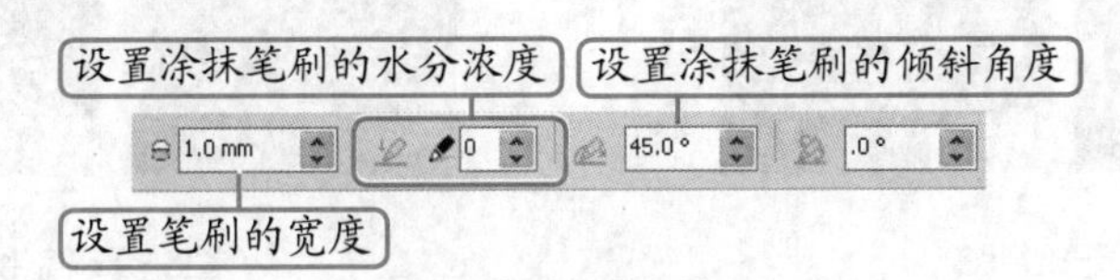

图5-4　涂抹笔刷工具属性栏

4. 粗糙笔刷工具

使用粗糙笔刷工具可以使对象的边缘产生锯齿效果。选择需要编辑的对象，然后在工具箱中选择粗糙笔刷工具，在如图5-5所示的属性栏中设置相关参数后，再使用粗糙笔刷工具在对象中按住鼠标并拖动即可。

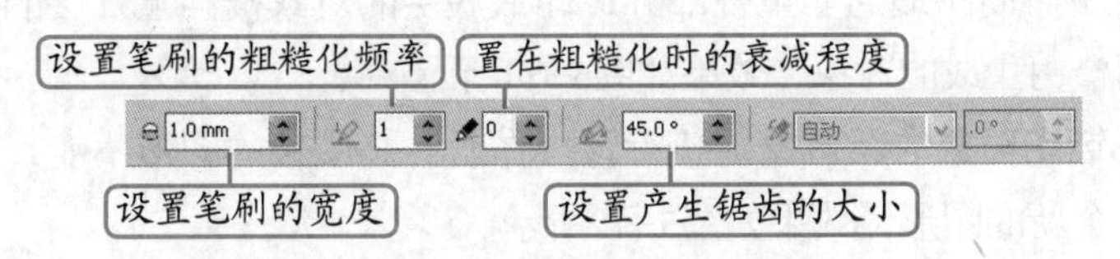

图5-5　粗糙笔刷工具属性栏

（二）整形图形对象

在CorelDRAW X4中可以对多个图形对象进行焊接、修剪、相交等整形操作，从而生成新的图形。这些操作都是通过布尔运算来实现的，通过这些功能可以方便地创建出更多更丰富的图形和效果，下面分别进行介绍。

- **焊接对象**：焊接对象是指将多个图形结合生成一个新的图形对象。新的图形以被焊接图形对象的边界为轮廓，对于有重叠的图形对象，焊接后将只有一个轮廓；对于分离的图形对象将形成一个“焊接群组”，相当于单个图形对象，如图5-6所示。
- **修剪对象**：修剪对象是指用一个对象去修剪另一个对象，从而生成新的对象。被修剪的对象将自动删除，且被修剪后的新图形属性与目标对象保持一致，如图5-7所示。

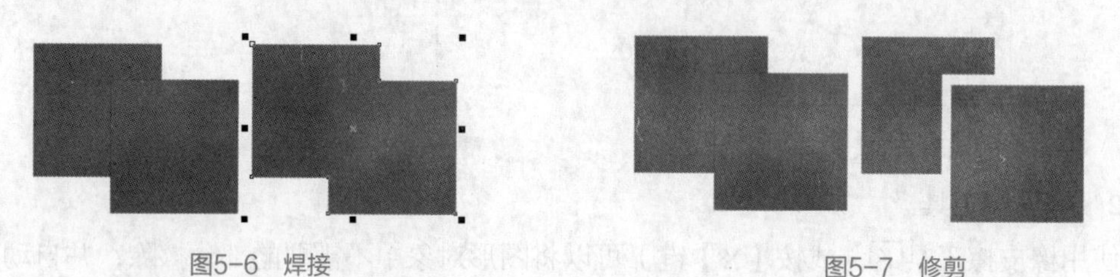

图5-6　焊接　　　图5-7　修剪

- **相交对象**：相交对象是指通过多个重叠对象的公共部分来创建新对象，新的对象的尺寸和形状与重叠区域完全相同，其属性则与目标对象一致，如图5-8所示。
- **简化对象**：简化对象是指清除前面图形对象与后面图形对象的重叠部分，保留剩余部分的操作。对于复杂的图形，使用该功能可以有效减小文件的大小，而且不会影响到作品的外观，如图5-9所示。

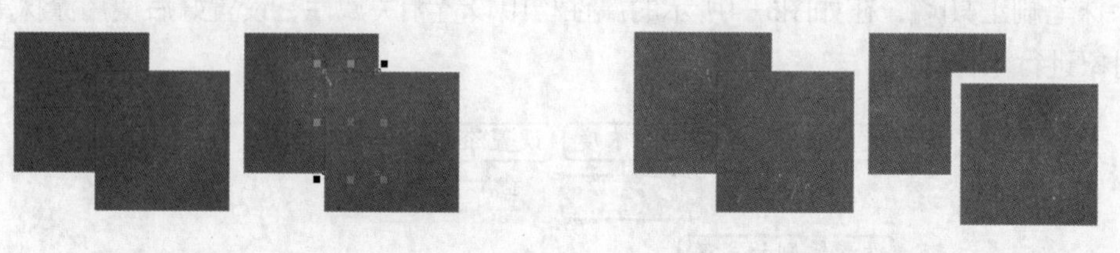

图5-8　相交　　　图5-9　简化

- **前减后**：前减后操作可以清除后面的图形以及前后图形的重叠部分，并保留前面图形对象的非重叠部分。该操作与简化对象的功能相似，但不同的是执行前减后操作后，最顶层的对象将被其下几层的对象修剪，修剪后只保留修剪生成的对象，且必须有重叠部分才能执行前减后操作，效果如图5-10所示。
- **后减前**：后减前是前减后的反向操作，是指清除前面的图形以及前后图形的重叠部分，并保留后面图形的非重叠部分，即最底层的对象被其上几层的对象修剪，修剪后只保留修剪生成的对象，效果如图5-11所示。
- **创建围绕选定对象的新对象**：执行该操作后，其原来的图形不变，但是会围绕原图形创建一个新的图形，效果如图5-12所示。

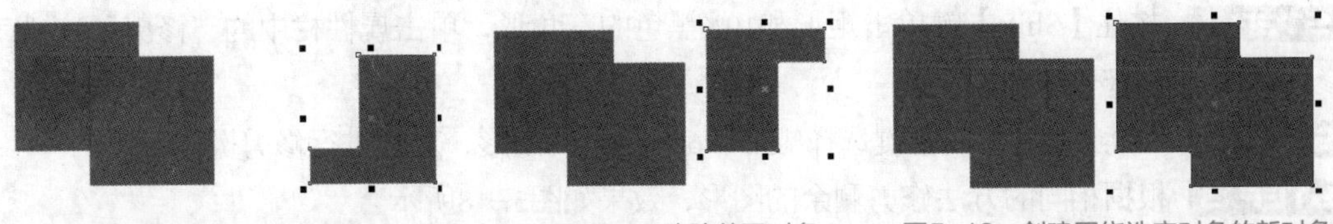

图5-10 移除后面对象　　图5-11 移除前面对象　　图5-12 创建围绕选定对象的新对象

三、任务实施

（一）绘制台历的基本图形

启动CorelDRAW X4并新建一个图形文件，然后使用贝塞尔工具绘制出台历的大致图形。其具体操作如下。

STEP 1 新建图形文件，设置页面方向为横向，并将其保存为“台历.cdr”。

STEP 2 选择工具箱中的矩形工具，绘制一个任意大小的矩形，将其填充为黄色（M:5 Y:40 K:5），如图5-13所示。

STEP 3 选择工具箱中的贝塞尔工具，绘制如图5-14所示的三角形，设置其填充颜色为10%的黑色（在调色板中设置颜色）。

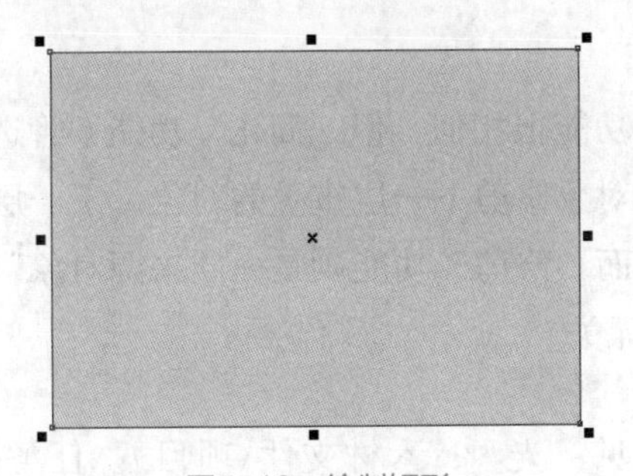

图5-13 绘制矩形

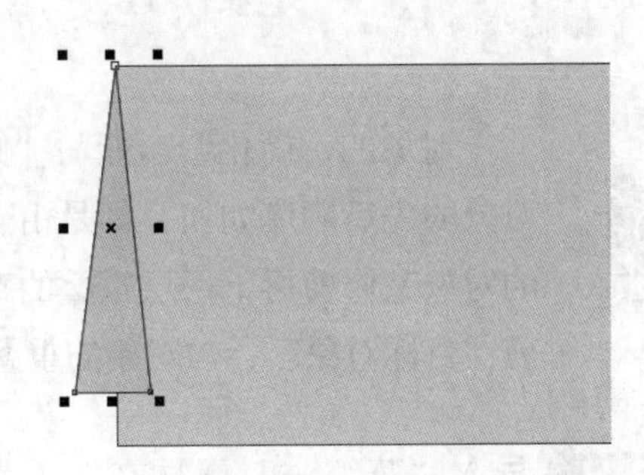

图5-14 绘制三角形

STEP 4 继续使用贝塞尔工具绘制如图5-15所示的不规则图形，设置其填充颜色为60%的黑色。

STEP 5 根据相同的方法绘制如图5-16所示的图形，设置其颜色为10%的黑色。

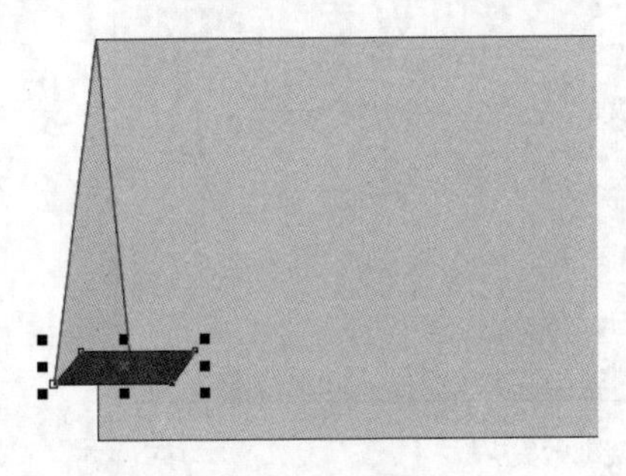

图5-15 绘制图形

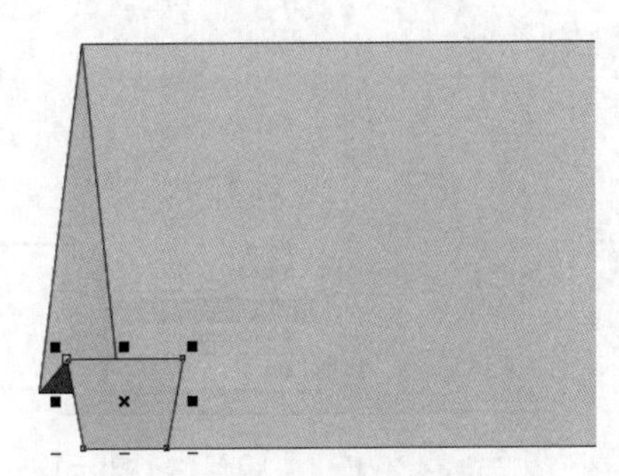

图5-16 完成图形的绘制

（二）修剪图形

绘制完台历的大致图形后，下面对图形进行修剪操作，其具体操作如下。

STEP 1 按住【Shift】键单击矩形和10%黑色的三角形，单击属性栏中的“修剪”按钮修剪图形，如图5-17所示。

STEP 2 继续按住【Shift】键选择矩形和60%黑色的图形，对其进行修剪操作。

STEP 3 根据相同的方法修剪剩余的图形，效果如图5-18所示。

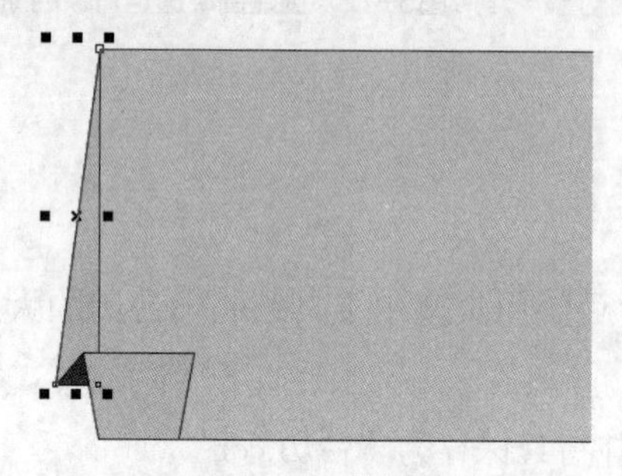
图5-17 绘制图形

图5-18 完成图形的绘制

框选对象时，上一层的对象将修剪下一层的对象；而按住【Shift】键选择对象时，先选择的对象将修剪后选择的对象。

对象的“简化”功能与“修剪”功能很相似，但“简化”功能不管选中对象的先后顺序如何，都是由上层的对象修剪下一层重叠的对象，下一层中的对象又修剪再下一层重叠的对象；而“修剪”功能则是由“来源对象”修剪“目标对象”，与对象的重叠层次无关。

STEP 4 导入“花纹.ai”素材文件（素材参见：光盘:\素材文件\项目五\任务一\花纹.ai），缩放其大小后，使用鼠标右键拖动到矩形中，此时鼠标指针变为⊕形状后释放鼠标，在弹出的快捷菜单中选择“图框精确裁剪内部”命令，将花纹图形放置在矩形中，如图5-19所示。

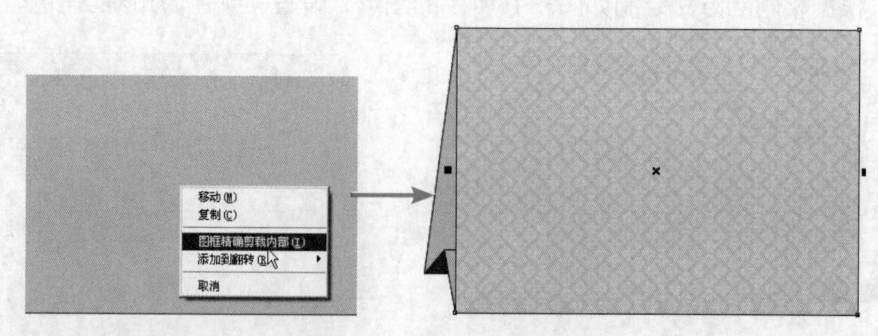

图5-19 图框精确裁剪效果

STEP 5 在矩形上绘制两个矩形，并将其填充为红色（M:100 Y:100 K:30），如图5-20所示。

STEP 6 导入“文本.ai”素材文件（素材参见：光盘:\素材文件\项目五\任务一\文本.ai），将其放置在合适位置，如图5-21所示。

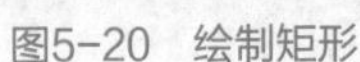

图5-20 绘制矩形

图5-21 导入文本素材

STEP 7 选择工具箱中的椭圆形工具，绘制如图5-22所示的椭圆形，将其轮廓宽度设置为0.5mm。

STEP 8 在椭圆图形上绘制一个矩形，然后用矩形去修剪椭圆形，如图5-23所示。

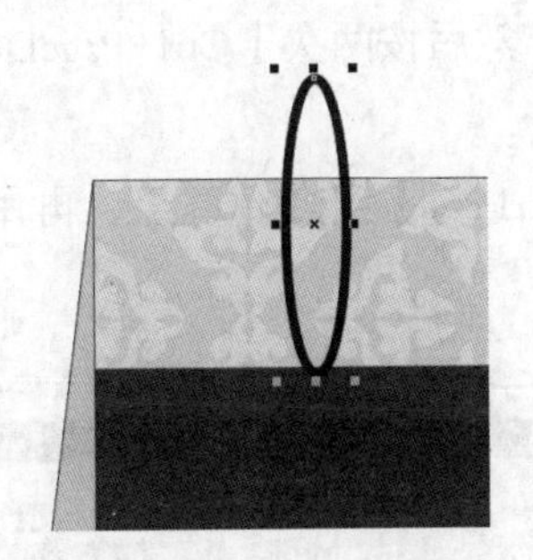

图5-22 绘制椭圆

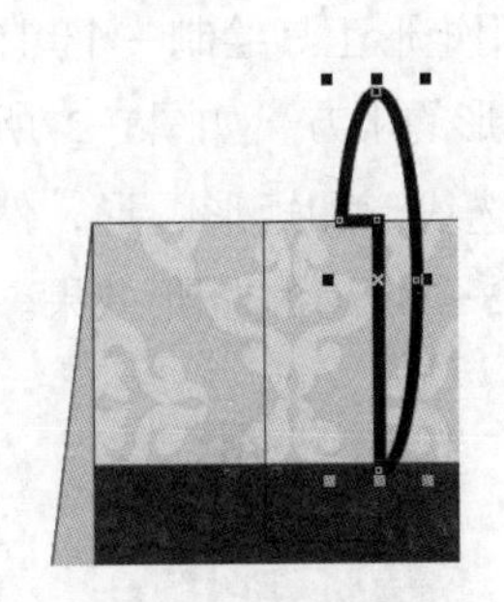

图5-23 修剪图形

STEP 9 删除矩形，然后按【F10】键切换到形状工具，选择如图5-24所示的节点，单击属性栏中的“断开曲线”按钮，将选择的节点分离。

STEP 10 按【Ctrl+K】组合键，将分离节点后的曲线拆分，然后将拆分后的线段选择并删除，效果如图5-25所示。

STEP 11 选择该曲线图形，将其向右复制一个，如图5-26所示。

图5-24 分离节点

图5-25 拆分曲线

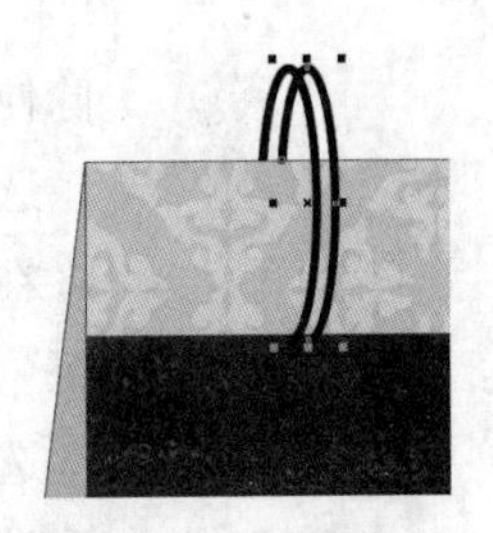

图5-26 复制曲线

操作提示

在对图形对象进行相交操作时，如果目标对象和来源对象没有重叠部分，进行修剪操作后看不出任何效果。

知识补充

整形图形对象的操作方法主要包括以下3种。

①选择两个或两个以上的图形对象后，选择【排列】/【造形】菜单命令，在弹出的菜单中选择相应的命令。

②选择需要的图形对象，选择【排列】/【造形】/【造形】菜单命令打开“造形”泊坞窗，在其中进行相应设置。

③选择需要的图形对象，在属性栏中单击相应的按钮。

（三）群组图形

群组对象即将所选的多个图形对象组合为一个整体。下面对图形进行群组操作，其具体操作如下。

STEP 1 使用矩形工具绘制一个黑色的矩形，然后按两次【Ctrl+PageDown】组合键，将其调整到两个线形的下方，如图5-27所示。

STEP 2 框选线形和矩形图形，然后按【Ctrl+G】组合键群组，再用复制和再制的方法，复制出如图5-28所示的图形效果。

图5-27 绘制矩形

图5-28 复制图形

STEP 3 选择所有图形，按【Ctrl+G】组合键群组，完成制作（效果参见：光盘:\效果文件\项目五\任务一\台历.cdr）。

知识补充

除使用快捷键进行群组操作外，群组对象的方法还有以下几种。

①选择多个图形对象后，选择【排列】/【群组】菜单命令。

②在选择的多个图形对象上单击鼠标右键，在弹出的快捷菜单中选择“群组”命令。

③选择多个图形对象后，单击属性栏上的“群组”按钮。

取消群组是群组对象的逆操作，其方法是选择群组对象后，选择【排列】/【取消群组】或【排列】/【取消全部群组】命令；在群组对象上单击鼠标右键，在弹出的快捷菜单中选择“取消群组”或“取消全部群组”命令；单击属性栏中的“取消群组”按钮或“取消全部群组”按钮；按【Ctrl+U】组合键。

任务二 制作“餐厅菜谱”

菜谱是餐厅中商家用于介绍自己菜品的小册子，里面搭配菜图、价位、简介等信息，它是餐厅的消费指南，也是餐厅最重要的名片。因此，餐厅菜谱的设计制作，直接与餐厅消费挂钩。在CorelDRAW中制作餐厅菜谱时，主要是通过对图形对象进行分布与对齐操作，以此来排列菜谱图片。

行业提示

除此之外，菜谱也指烹调厨师利用各种烹饪原料、通过各种烹调技法创作出的某一菜肴品的烧菜方法。

一、任务目标

本例将练习用CorelDRAW制作“餐厅菜谱”，在制作时需要首先新建图形文件，然后对菜谱的背景进行制作，最后导入素材图片和输入相关文本，并对图片和文本进行对齐与分布等操作。通过本例的学习，读者可以掌握图形对象的分布、对齐、排列等操作。本例制作完成后的最终效果如图5-29所示。

图5-29 餐厅菜谱效果

二、相关知识

在制作之前，先了解相关知识点。

（一）对齐图形对象

对齐对象是指将多个对象以一个对象为参照物进行对齐，如以一个对象的顶端、底端或中心对齐等。在CorelDRAW X4中可以通过菜单命令、“对齐与分布”对话框等方式来实现对齐对象操作。下面分别对其进行介绍。

1. 通过菜单命令对齐

在选择需要对齐的两个或两个以上的图形对象时，选择【排列】/【对齐与分布】菜单命令，在弹出的菜单中可选择相应的命令来对图形进行对齐，如图5-30所示，按相关菜单命令后面的快捷键可快速对图形对象进行对齐。

2. 通过对话框对齐

选择两个或两个以上的对象，选择【排列】/【对齐和分布】/【对齐和分布】菜单命令，或单击属性栏中的“对齐与分布”按钮打开“对齐与分布”对话框，在该对话框中的“对齐”选项卡中选择所需的对齐选项，然后单击应用按钮，再单击关闭按钮即可，如图5-31所示。

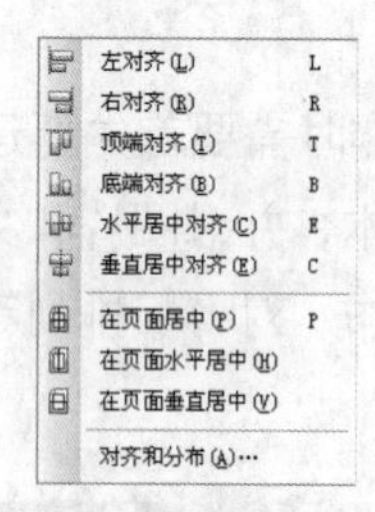

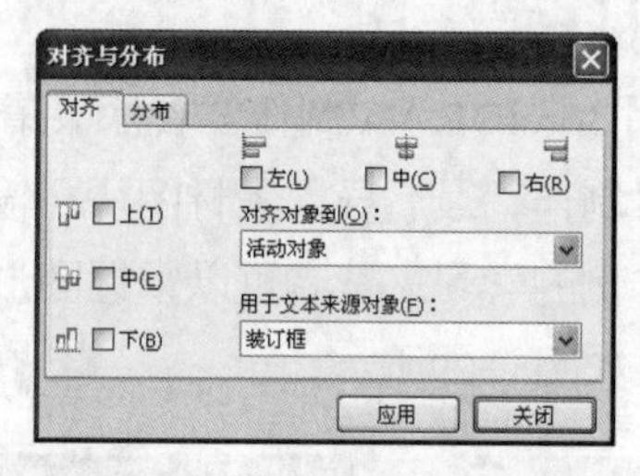

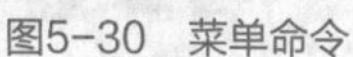

图5-30 菜单命令　　图5-31 “对齐与分布”对话框

“对齐与分布”对话框中“对齐”选项卡中各选项的含义如下。

- “上”复选框：使所选对象的顶端对齐在同一水平线上。
- “中”复选框：使所选对象的中心对齐在同一水平线上。
- “下”复选框：使所选对象的底端对齐在同一水平线上。
- “左”复选框：使所选对象的左边缘对齐在同一垂直线上。
- “中”复选框：使所选对象的中心对齐在同一垂直线上。
- “右”复选框：使所选对象的右边缘对齐在同一垂直线上。
- “对齐对象到”下拉列表框：选择多个对象要对齐的参照对象。
- “用于文本来源对象”下拉列表框：将所选多个对象对齐文本的基点。

（二）分布图形对象

CorelDRAW可快速在水平和垂直方向上按不同方式分布对象，也可以在任意选定的范围内或整个页面内分布对象。主要是通过“对齐与分布”对话框的“分布”选项卡来实现，如图5-32所示。

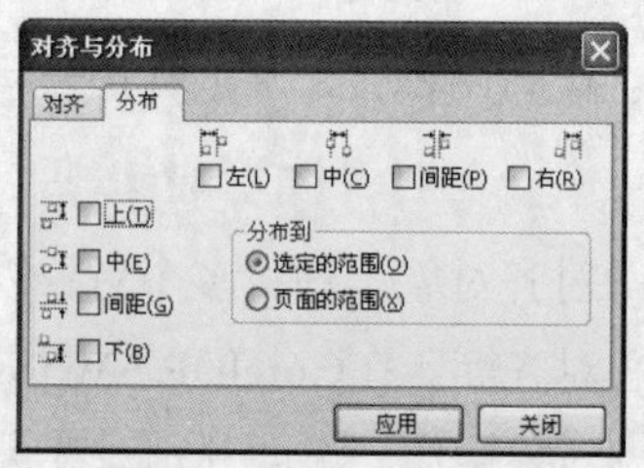

图5-32 “分布”选项卡

“对齐与分布”对话框中“分布”选项卡中各选项的含义如下。

- “上”复选框：以对象的顶端为基准等间距分布。
- “中”复选框：以对象的水平中心为基准等间距分布。
- “间距”复选框：按对象之间的水平间隔等间距

分布。

- “下”复选框：以对象的底端为基准等间距分布。
- “左”复选框：以对象的左边缘为基准等间距分布。
- “中”复选框：以对象的垂直中心为基准等间距分布。
- “间距”复选框：按对象之间的垂直间隔等间距分布。
- “右”复选框：以对象的右边缘为基准等间距分布。
- “分布到”栏：用于设置对象分布的参考范围，但必须与竖列或横排结合使用。

（三）排列图形对象

在CorelDRAW中，图形对象的顺序是由创建图形的先后决定的，最先绘制的图形位于最下方，最后绘制的图形位于最上方。通过排列对象的功能可以改变对象的排列顺序，选择需要改变排列顺序的对象，选择【排列】/【顺序】菜单命令，在弹出的子菜单中选择相应的命令即可，如图5-33所示。

顺序子菜单中各命令的含义如下。

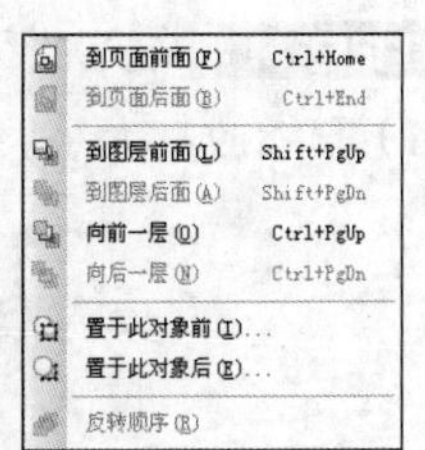

图5-33 菜单命令

- 到页面前面：将所选对象置于所有对象的最上方，快捷键为【Ctrl+Home】。
- 到页面后面：将所选对象置于所有对象的最下方，快捷键为【Ctrl+End】。
- 到图层前面：将所选对象置于该图层中所有对象的上方，快捷键为【Shift+PgUp】。
- 到图层后面：将所选对象置于该图层中所有对象的下方，快捷键为【Shift+PgDn】。
- 向前一层：将所选对象向上移动一层，快捷键为【Ctrl+PgUp】。
- 向后一层：将所选对象向下移动一层，快捷键为【Ctrl+PgDn】。
- 置于此对象前：将所选对象置于指定对象的上一层。
- 置于此对象后：将所选对象置于指定对象的下一层。
- 反转顺序：选择多个对象时，此命令将被激活，颠倒对象的排列顺序。

三、任务实施

（一）制作背景

在排列菜谱之前，首先需要制作菜谱的页面背景，下面将新建图形文件，然后制作菜谱的背景效果。其具体操作如下。

STEP 1 新建一个图形文件，然后设置页面大小为420mm×285mm（未加出血线），并将其保存为“餐厅菜谱.cdr”。

STEP 2 双击工具箱中的矩形工具，绘制一个同页面大小相同的矩形，然后拖动矩形左侧的节点到中心位置处，使用交互式填充工具将其填充为金色（C:40 M:60 Y:100）、淡黄（调色板中的色块）和金色（C:40 M:60 Y:100），取消轮廓线，如图5-34所示。

STEP 3 选择工具箱中的贝塞尔工具绘制不规则的曲线图形，然后将其填充为淡黄（C:10），取消轮廓线，如图5-35所示。

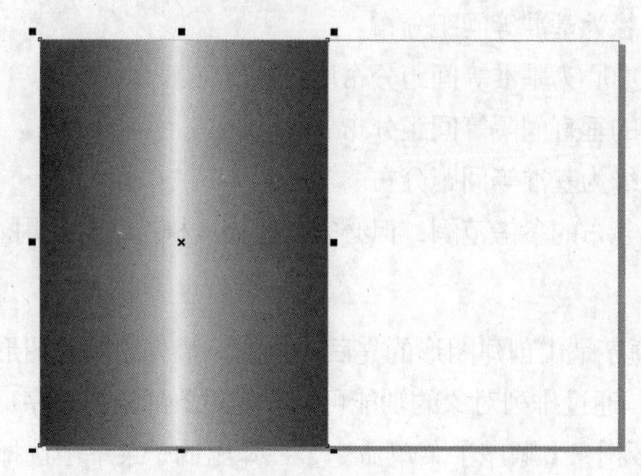

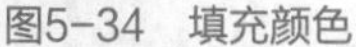

图5-34 填充颜色

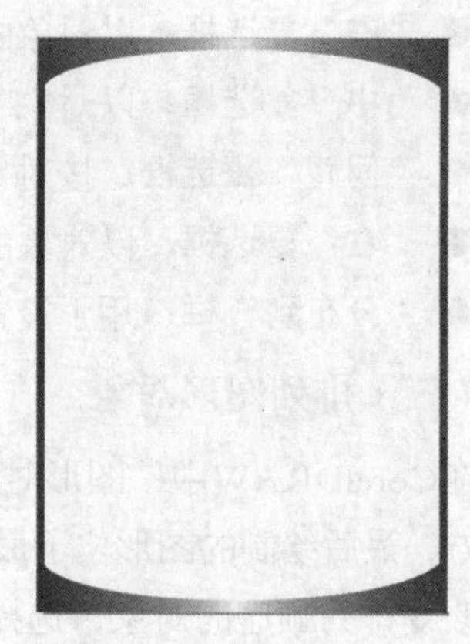

图5-35 绘制图形

STEP 4 导入“花纹1.ai”素材文件（素材参见：光盘:\素材文件\项目五\任务二\花纹1.ai），缩放其大小后将其镜像复制一个图形，并放置在相应位置，如图5-36所示。

图5-36 导入素材图形

STEP 5 框选图形，按【+】键原位复制一个，然后选择【效果】/【图框精确裁剪】/【放置到容器中】菜单命令，单击不规则的图形，将其放置在其中。

STEP 6 选择素材图形，将其填充为淡黄（C:10），然后选择【效果】/【图框精确裁剪】/【放置到容器中】菜单命令，单击矩形，将其放置在其中，如图5-37所示。

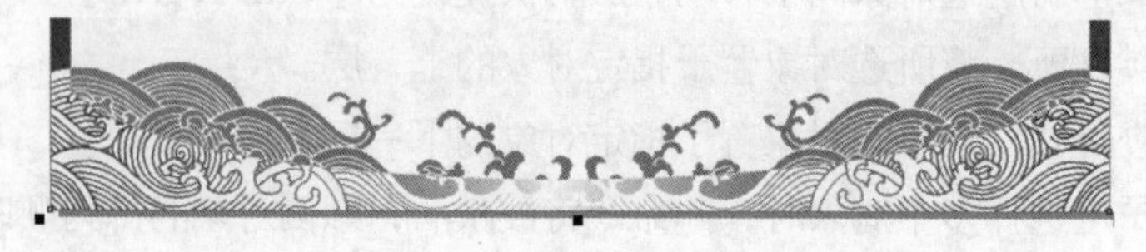

图5-37 放置在相应图形中

STEP 7 在矩形上方绘制一个红色（C:40 M:100 Y:100）的矩形，取消轮廓线，然后再在该矩形上绘制两个金色的矩形。

STEP 8 导入“花纹2.ai”素材文件（素材参见：光盘:\素材文件\项目五\任务二\花纹2.ai），缩放其大小后将其填充为金色，然后镜像复制一个，并放置在矩形上。

STEP 9 框选矩形和花纹图形，按【Ctrl+G】组合键群组图形，然后再选择页面的矩形，按【C】键垂直居中对齐图形，如图5-38所示。

STEP 10 选择所有图形，将其镜像复制到右边的页面中，完成菜谱的背景制作，如图5-39所示。

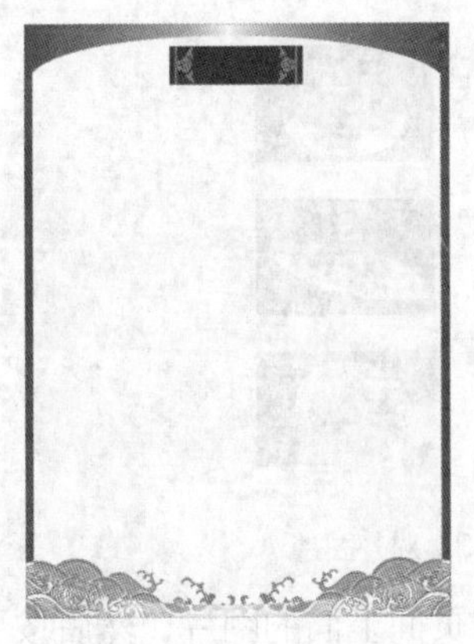

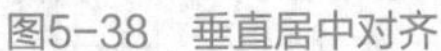

图5-38 垂直居中对齐

图5-39 镜像复制

（二）分布对齐图片

背景制作完成后，便可导入素材图片。下面将导入需要的素材图片，然后对其进行分布对齐操作。其具体操作如下。

STEP 1 导入“1.jpg–6.jpg”素材图片（素材参见：光盘:\素材文件\项目五\任务二\1.jpg–6.jpg），分别将其缩放至合适大小，并放置在大致位置处，如图5–40所示。

STEP 2 按住【Shift】键选择左边页面中的图片，然后按住【Alt】键的同时单击3次【A】键，打开“对齐与分布”对话框。单击“分布”选项卡，单击选中左侧的“间距”复选框，如图5–41所示。

图5–40 导入图片

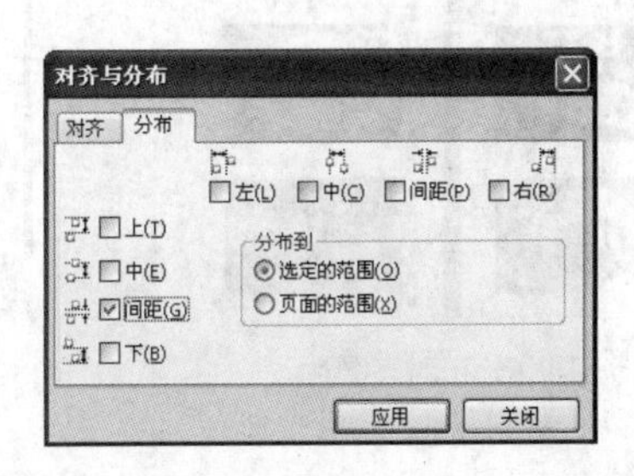

图5–41 设置分布

STEP 3 在对话框中单击 应用 按钮，再单击 关闭 按钮后的效果如图5–42所示，此时图片与图片之间的距离相等。

STEP 4 保持该图片的选择状态，按【R】键将其以最后的图片作为参照物右对齐，如图5–43所示。

操作提示

在对齐对象时，选择对象的方法不同，对齐的参照物也不同，这对于分布对象也一样。当采用框选的方法选择对象时，参照物是被选择对象中最底层的对象；而按住【Shift】键加选对象时，参照物是最后一次选择的对象。另外需要注意的是，在对齐对象时，参照物不会移动。

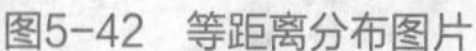

图5-42　等距离分布图片

图5-43　对齐图片

STEP 5 按住【Shift】键选择右边页面上面的图片和左边页面上面的图片，然后按【T】键顶端对齐。按住【Shift】键选择右边页面下面的图片和左边页面下面的图片，然后按【B】键顶端对齐。

STEP 6 根据相同的方法分布右边页面的图片，然后按【L】键右对齐图片，如图5-44所示。

STEP 7 此时左右页面中的图片到页边距的矩形不等，可先将图片放置在页面边缘处，然后调整图片的距离。

STEP 8 为了页面整体效果，将红色矩形向下移动一段距离，如图5-45所示。

图5-44　分布对齐图片

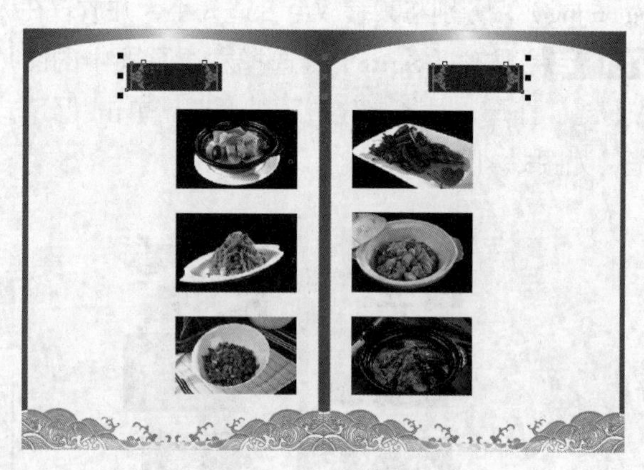

图5-45　调整位置

（三）添加与排列文本

下面在页面中输入相关的菜谱文本，并对文本进行分布与对齐操作。其具体操作如下。

STEP 1 选择工具箱中的文本工具字，在页面上输入“菜谱”文本，并在属性栏中设置字体为“方正韵动中黑简体”，字号为36pt，颜色为白色。然后复制文本，并分别将其放置在红色的矩形上，如图5-46所示。

图5-46　输入文本

STEP 2 继续在页面上输入其他文本，并在属性栏中设置字体为“方正韵动中黑简体”，字号为20pt和25pt，然后分别将其放置在相应位置处，如图5-47所示。

STEP 3 框选任意一组文本，按【L】键将其左对齐，然后根据相同的方法对其他组的文本进行同样操作。

STEP 4 在价格文本上方绘制一个红色（C:40 M:100 Y:100）的矩形，取消轮廓线，然后选择价格文本，按【Shift + PgUp】组合键将其放置在最上层。

STEP 5 按【Shift】键选择文本和矩形，按【C】键和【E】键居中对齐，然后将文本颜色设置为白色，如图5-48所示。

图5-47 输入文本

图5-48 排列文本

STEP 6 使用相同的方法对其他文本进行设置，然后复制“花纹2”图形到相应位置，注意图形与文本的对齐，然后镜像复制一个花纹，将其移动到相应位置，调整好后按【Ctrl+G】组合键群组文本和相关图形。选择该群组和图形和图片，按【E】键水平居中对齐，如图5-49所示。

STEP 7 使用相同的方法对其他的文本进行调整，如图5-50所示。

图5-49 水平居中对齐

图5-50 完成制作

操作提示

选择图形后，单击属性栏中的“到图层前面”按钮可快速将所选对象置于全部对象的最上方；单击“到图层后面”按钮可将所选对象置于全部对象的最下方。

任务三 制作“明信片”

明信片是一种不用信封就可以直接投寄的载有信息的卡片，且必须贴有胶粘邮票的卡片。通过CorelDRAW制作明信片，主要是通过对图形对象的整形、群组、结合等操作来制作相关的效果。

一、任务目标

本例将练习用CorelDRAW制作“明信片”，在制作时需要首先新建图形文件，然后对卡片的背景进行制作，最后再导入素材图片和输入相关文本。通过本例的学习，读者可以掌握图形对象的结合与拆分等操作。本例制作完成后的最终效果如图5-51所示。

图5-51 明信片效果

明信片的标准尺寸规格为165mm×102mm、148mm×100mm。

相关规定：县以上邮政企业经省邮政局批准，可以印制发行带有“中国邮政”字样的明信片（邮资明信片除外）；其他单位印制明信片可按照邮政的规定，由当地邮政管理局监制，但不得带有“中国邮政”字样。

二、相关知识

在CorelDRAW中绘制图形时，不论是对齐与分布图形，还是群组、结合、拆分图形等，这些操作都是最为常用的，因此，需要重点掌握。下面对本例中的一些图形相关知识进行介绍。

（一）结合图形对象

结合图形对象是指将多个图形对象合并为一个图形对象。图形对象合并以后，生成的新图形属性将与最后选择的图形对象属性保持一致；如果是用框选方式选择对象，则生成的新图形属性与最先创建的图形对象一致。结合对象的方法有以下几种。

- 选择多个图形对象后，选择【排列】/【结合】菜单命令。
- 选择多个图形对象后，单击属性栏中的“结合”按钮，或按【Ctrl+L】组合键。

● 在选择的多个图形对象上单击鼠标右键，在弹出的快捷菜单中选择“结合”命令。

（二）拆分图形对象

拆分不是结合的逆操作，拆分对象后，对象的原属性将丢失。拆分后的对象将成为一个单一的图形，而且不能恢复到原来的形状，只能恢复成单个对象，且只有结合的图形对象才会被拆分。

拆分对象的方法有以下几种。

● 选择结合的图形对象，选择【排列】/【拆分】菜单命令。

● 选择结合的图形对象，单击属性栏中的“拆分”按钮，或按【Ctrl+U】组合键。

● 在选择的结合对象上单击鼠标右键，在弹出的快捷菜单中选择“拆分”命令。

三、任务实施

（一）制作明信片的背景

下面先新建图形文件，然后制作明信片的背景效果。其具体操作如下。

STEP 1 新建图形文件，将其保存为“明信片.cdr”，然后在页面中绘制一个大小为165mm×102mm的矩形，并设置矩形的填充颜色为淡黄（C:5 M:9 Y:23）。

STEP 2 导入“背景素材.psd”素材文件（素材参见：光盘:\素材文件\项目五\任务三\背景素材.psd），将其缩放至合适大小，然后选择【效果】/【图框精确裁剪】/【放置到容器中】菜单命令，单击矩形，将图片放置在其中，如图5-52所示。

STEP 3 在矩形上绘制一条竖直线，在属性栏中设置其样式为虚线，宽度为0.5mm，轮廓颜色为棕色（C:40 M:70 Y:90），如图5-53所示。

图5-52 导入素材

图5-53 绘制竖线

STEP 4 绘制一个矩形，使用矩形去修剪竖直线，然后导入“1.ai”素材文件（素材参见：光盘:\素材文件\项目五\任务三\1.ai），将其轮廓线设置为棕色（C:40 M:70 Y:90）后放置在修剪后的区域，如图5-54所示。

STEP 5 导入“2.ai”素材文件（素材参见：光盘:\素材文件\项目五\任务三\2.ai），将其填充颜色设置为棕色（C:40 M:70 Y:90），然后调整其大小和位置。选择【效果】/【图框精确裁剪】/【放置到容器中】菜单命令，单击矩形，将图片放置在其中，如图5-55所示。

图5-54 导入素材

图5-55 放置到容器中

（二）制作邮票

绘制完背景后，下面为明信片制作邮票效果。其具体操作如下。

STEP 1 使用椭圆形工具绘制圆形，然后复制多个圆形成方形状态，注意图形的对齐和分布，然后按【Ctrl+G】组合键群组所有圆形，如图5-56所示。

STEP 2 在圆形上绘制一个矩形，再选择绘制的圆形，按【C】键和【E】键与绘制的圆形水平垂直居中对齐，然后选择绘制的圆形和矩形，单击属性栏中的“移除后面对象”按钮修剪图形，将最后得到的图形填充为（C:25 M:30 Y:55），取消轮廓线后如图5-57所示。

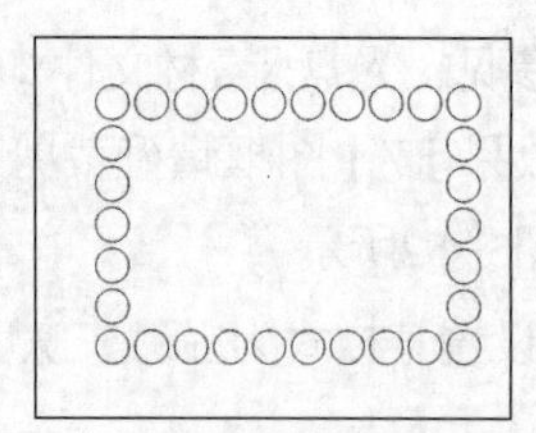

图5-56 绘制圆形

图5-57 修剪图形

STEP 3 在图形上绘制一个矩形，设置其轮廓线宽度为0.5mm，轮廓线颜色为（C:10 M:20 Y:50），如图5-58所示。

STEP 4 导入“花纹.jpg”素材文件（素材参见：光盘:\素材文件\项目五\任务三\花纹.jpg），调整其大小后选择【效果】/【图框精确裁剪】/【放置到容器中】菜单命令，单击绘制的矩形，将图片放置在其中。

STEP 5 选择邮票的所有图形，按【Ctrl+G】组合键群组，然后放置在明信片上，如图5-59所示。

图5-58 绘制矩形

图5-59 群组图形

（三）结合图形

下面使用结合操作为明信片绘制邮编框和其他图形。其具体操作如下。

STEP 1 按【Ctrl】键绘制正方形，并复制5个，注意对齐与分布绘制的正方形，如图5-60所示。

STEP 2 任意选择其中一个矩形，设置其轮廓颜色为棕色（C:40 M:70 Y:90），宽度为0.5mm，然后选择所有正方形，按【Ctrl+L】组合键结合图形，为其运用相同的属性，如图5-61所示。

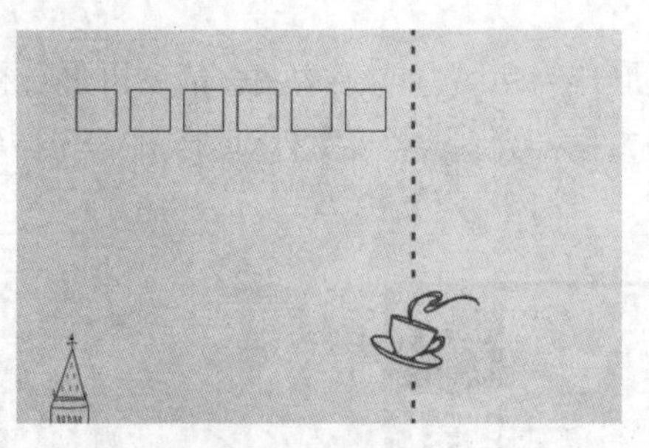
图5-60 绘制正方形

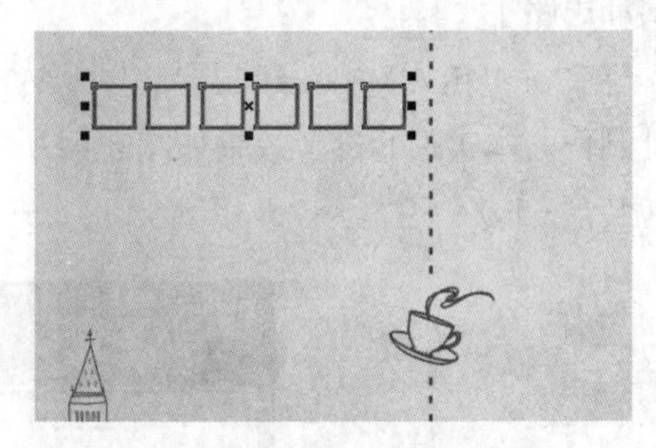
图5-61 结合图形

STEP 3 在明信片的右侧绘制直线，注意对齐与分布直线，设置直线的轮廓颜色为棕色（C:40 M:70 Y:90），宽度为0.5mm，如图5-62所示，然后按【Ctrl+L】组合键结合图形。

STEP 4 导入"邮戳.ai"素材文件（素材参见：光盘:\素材文件\项目五\任务三\邮戳.ai），此时的图形显示不完全，按【Ctrl+L】组合键结合图形。

STEP 5 将邮戳图形的颜色设置为棕色（C:40 M:70 Y:90），然后缩放其大小并旋转图形，放置在相应位置后的效果如图5-63所示（效果参见：光盘:\效果文件\项目五\任务三\明信片.cdr）。

图5-62 绘制直线

图5-63 完成制作

在结合图形时，需要注意以下几个问题。

①只有多个单独的对象才能结合，群组对象不能结合。

②矩形、椭圆、文本等对象结合时会形成一个曲线对象。

③当结合的对象有重叠，且重叠处的对象为偶数时，结合对象后重叠的部分将成为镂空效果。

实训一 制作“牛奶包装盒”

【实训要求】

设计包装盒的第一步是必须了解包装盒的尺寸，一般设计人员在制作之前，客户都会提供包装盒相关的信息，如盒子的尺寸、必须出现的相关元素等。有时在制作包装盒时，还需要对其材质有所了解。本实训主要是相关企业制作一个牛奶包装盒的平面展开图，要求简洁大方，有区别于其他同行业。

【实训思路】

在CorelDRAW中新建图形文件，然后绘制矩形作为包装盒的结构图，最后再进行相关设计制作。本实训的参考效果如图5-62所示（效果参见：光盘:\效果文件\项目五\实训一\牛奶包装盒.cdr）。

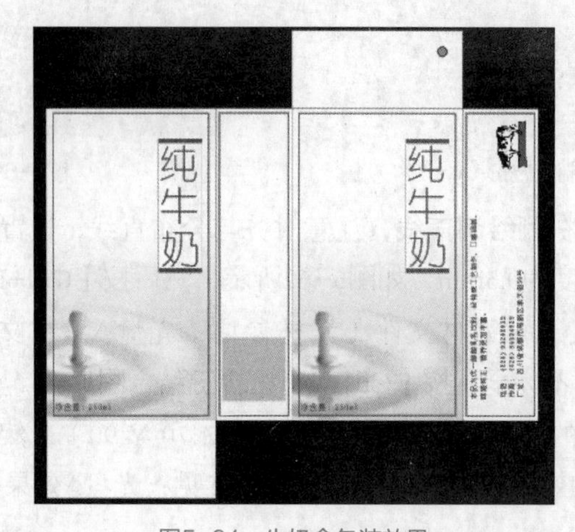

图5-64　牛奶盒包装效果

【步骤提示】

STEP 1 新建一个图形文件，选择工具箱中的矩形工具，在页面上创建一个矩形，设置其大小为90mm × 160mm。

STEP 2 继续绘制其他矩形，其大小分别为40mm × 160mm（作为盒子的侧面）和90mm × 40mm（作为盒子的顶面）。

STEP 3 使用交互式填充工具填充盒子的正面矩形，然后导入“牛奶.psd”素材文件（素材参见：光盘:\素材文件\项目四\实训一\牛奶.psd），使用图框精确裁剪后将其放置到矩形中。

STEP 4 使用矩形工具绘制矩形，然后在上面输入文本，设置字体为“方正细圆”。放大文本，设置颜色为绿色，然后对齐矩形。

STEP 5 使用贝塞尔工具绘制图形，填充颜色后输入文本，字体为“华文琥珀”，颜色为白色，轮廓为绿色，粗细为0.35mm。

STEP 6 完成正面的绘制后全部群组并复制一个到相应位置。

STEP 7 复制其他矩形分别放置在相应位置，导入“奶牛.psd”素材文件（素材参见：光盘:\素材文件\项目四\实训一\奶牛.psd），缩放大小后放置到相应位置，然后输入文本，并设置相应的属性。注意按【Enter】键换行，若文本之间的行距大小，可按【Ctrl+K】组合键打散文本，然后再进行分布对齐。

实训二 制作“结婚请柬”

【实训要求】

结婚请柬作为请柬的一种，是为即将结婚的新人所印制的邀请函。本实训要求制作一张结婚请柬，要求典雅大方，具有浓厚的喜庆氛围。

【实训思路】

本实训可综合运用前面所学知识制作绘制，在绘制过程中，要充分把握请柬的设计风格，制作时将运用到图框精确裁剪、对齐、排列等知识，制作完成后的效果如图5-65所示（效果参见：光盘:\效果文件\项目五\实训二\结婚请柬）。

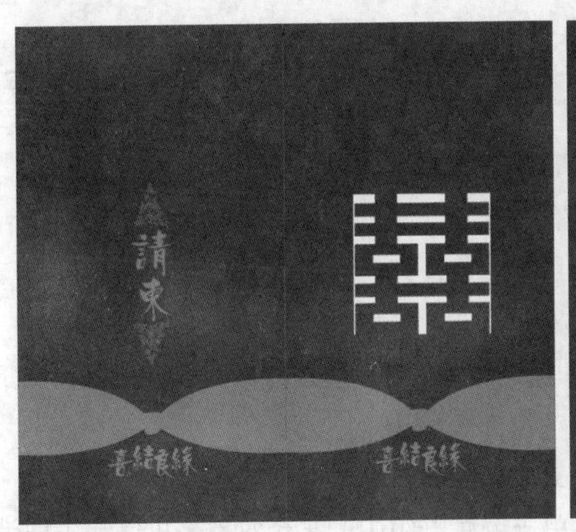

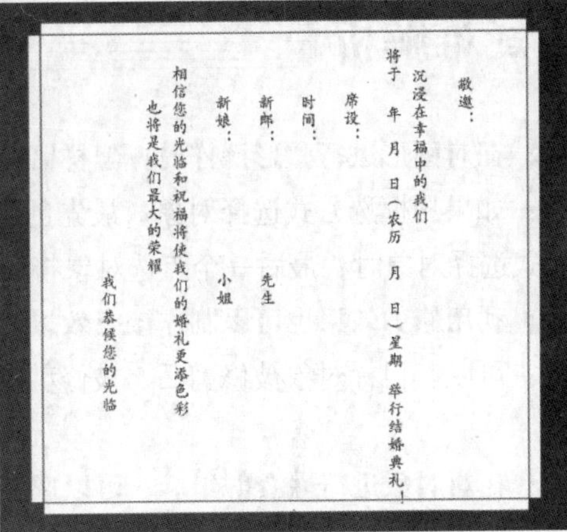

图5-65 请柬效果

【步骤提示】

STEP 1 新建图形文件，将其保存为“结婚请柬.cdr”，然后在页面中绘制大小为180mm×100mm的两个矩形，作为封面和封底，并设置矩形的填充颜色为红色（C:30 M:100 Y:100）。

STEP 2 使用矩形工具和修剪图形绘制一个“囍”的图形，然后将其与右边的矩形水平垂直居中对齐。

STEP 3 使用基本形状工具绘制心形图形，填充为红色（C:29 M:96 Y:98 K:1），并复制多个，注意各个心形图形的大小层次。群组图形，选择【效果】/【图框精确裁剪】/【放置到容器中】菜单命令，单击矩形将封面上和封底上的图形放置到矩形中。

STEP 4 使用贝塞尔工具绘制图形，填充颜色为调色板中的金色，取消轮廓线。输入“喜结良缘”文本，在属性栏中设置字体为“汉鼎繁中变”，字号为36pt，颜色为金色。按【Ctrl+K】组合键打散文本，然后再进行排列。

STEP 5 输入“请柬”文本，在属性栏中设置字体和字号。按【Ctrl+K】组合键打散文本，排列文本后设置颜色为金色。

STEP 6 导入“图案.cdr”文件（素材参见：光盘:\素材文件\项目五\实训二\图案.cdr），将其放置在相应位置，然后群组文本和图形，将其对齐矩形。

STEP 7 复制封底的矩形图形，然后绘制白色的矩形，输入正文文本，设置字体后，将其等距离分布在矩形上。

STEP 8 绘制装饰矩形，然后设置其轮廓和填充颜色，完成制作。

在制作请柬时，要注意结婚请帖姓名用全称（不能用任何小名昵称或姓名的缩写）；家庭成员的顺序要写清；日期、星期、时间要写清；年份不必出现在请帖上；在请帖一角附上婚宴的信息（地点、时间顺序等或在卡里另附一页加以说明）。

常见疑难解析

问：在对图形进行整形操作时，怎样区分目标对象和来源对象呢?

答：如果用框选方式选择对象，最先创建的对象为目标对象，其他的均是来源对象；用点选方式选择对象时，最后一个点选对象将为目标对象，其他的则是来源对象。

问：利用修剪效果也可以制作镂空效果吗?

答：可以。目标对象被修剪后，被修剪的区域变为空心，透过被修剪区域可以看到下面的图形。

问：在对对象进行嵌套群组后，可以选择其中的某个对象吗?

答：可以。按住【Ctrl】键使用挑选工具单击嵌套群组中的某个对象，可以在不取消群组的情况下选择该对象。

问：使用涂抹笔刷工具可以修饰未转曲的图形吗?

答：不能。使用涂抹笔刷修饰的图形应为手绘的图形或转曲后的基本图形，如果是没有转曲的基本图形，在使用涂抹笔刷编辑对象时将会弹出“转换为曲线”对话框，提示涂抹笔刷只适用于曲线对象。此时单击【确定】按钮，将对象转为曲线后就可以用涂抹笔刷编辑对象了。

拓展知识

1. 使用符号

CorelDRAW中提供了创建符号的功能，如果在一个文件中需要重复使用同一个对象，可以将该对象转换为符号以便操作。

符号实际就是可以重复使用的对象，当某个符号被修改后，应用了该符号的文件也将做相应的修改。因此如果一个文件中需要大量使用某个对象，可将该对象转换为符号，大大地提高工作效率。

- 创建符号：选择需要转换为符号的对象，选择【编辑】/【符号】/【新建符号】菜单命令，打开“创建新符号”对话框，在“名称”文本框中输入符号的名称，然后单击确定按钮即可。创建了符号后，选择【编辑】/【符号】/【符号管理器】菜单命令，在打开的“符号管理器”泊坞窗中可以看到所创建的符号。
- 插入举例：创建好符号后，便可以使用符号插入举例。其方法为选择【编辑】/【符号】/【符号管理器】菜单命令，打开“符号管理器”泊坞窗，在该泊坞窗中的列表中选择需要插入举例的符号对象，然后单击泊坞窗左下角的“插入符号”按钮。

操作提示

举例是指符号在文件中的具体应用，如将创建的花朵符号插入到绘图页面中，这个插入的符号即是符号的举例。

- 编辑符号：在“符号管理器”泊坞窗中可对符号进行修改。其方法为在泊坞窗中选择需要编辑的符号，单击“编辑符号”按钮或选择【编辑】/【符号】/【编辑符号】菜单命令即可根据需要对符号进行编辑。对符号编辑完成后，选择【编辑】/【符号】/【完成编辑符号】菜单命令，完成符号的编辑操作。
- 中断举例：中断举例即切断举例和符号之间的连接。中断举例后，如果用户对符号进行了修改，但不会影响到其他文件中插入该符号的举例。这样即使修改了符号，被中断的举例也不会受到影响。其方法为选择需要中断举例的符号，选择【编辑】/【符号】/【还原到对象】菜单命令，将应用的符号与源符号中断。
- 删除符号：在“符号管理器”泊坞窗中选择需要删除的符号对象，然后单击“删除符号”按钮，根据提示进行操作即可删除符号。

2. 创建边界

CorelDRAW 提供了创建边界功能，通过创建边界功能可以快速地对所选择的单个、多个或是群组对象创建外轮廓。此功能仅对封闭的路径有效。与焊接对象的区别在于，该功能能够自动将所有图形的外部轮廓扫描一遍，然后复制生成新的边界路径，而不会修改或破坏原始的对象。

创建边界的方法为选择要创建边界的图形，包括单个或多个，选择【效果】/【创建边界】菜单命令，使用选择工具选择创建后的边界即可，如图5-66所示。

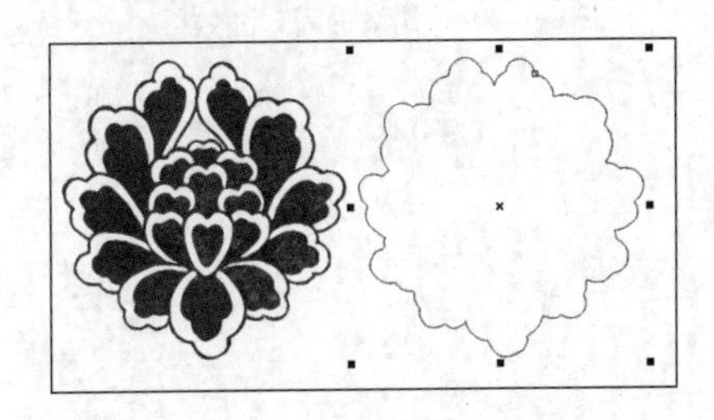

图5-66 创建的边界

课后练习

（1）运用图形的整形、对齐、排列操作，绘制一个装饰纹样，其效果如图5-67所示（效果参见：光盘:\效果文件\项目五\课后练习\装饰纹样.cdr）。

图5-67　装饰纹样效果

（2）根据提供素材图片“小女孩.psd”（素材参见：光盘:\素材文件\项目五\课后练习\小女孩.psd），利用图形对象的相关知识，制作如图5-68所示的儿童书籍封面效果（效果参见：光盘:\效果文件\项目五\课后练习\儿童书籍封面.cdr）。

图5-68　儿童书籍封面效果

PART 6

项目六 处理文本

情景导入

阿秀：小白，任何一项设计制作都少不了文本的参与，下面我们来学习文本的相关知识。

小白：文本？可是前面我们不是已经练习过了吗？

阿秀：你说的也没错，不过你仔细回忆一下，在之前对文本的操作，是不是只是设置了字体、字号、颜色呢？

小白：果真是这样，那文本还有哪些操作？

阿秀：小白，在CorelDRAW中文本的类型有多种，而且还可对文本设置字距、行距等。

小白：原来是这样，那我们赶快来学习吧。

阿秀：不要着急，要循序渐进才能掌握更多的知识。

学习目标

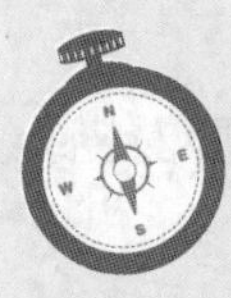

- 掌握输入文本的基本操作
- 掌握设置文本属性的方法
- 熟练掌握文本的格式设置
- 掌握导入文本的方法
- 熟练掌握文本的高级排版设置

技能目标

- 掌握“月饼券”的制作方法
- 掌握“杂志内页”的排版方法
- 掌握“折页宣传单”的制作方法

任务一　制作“月饼券”

本例制作的月饼券是礼品券中的一种，需要标明领取时间、地点等相关信息。在CorelDRAW中制作月饼券比较简单，通常只需输入内容并加以修改便可。下面具体介绍其制作方法。

一、 任务目标

本例将练习在CorelDRAW中制作“月饼券”。在制作时需要先新建文档，然后制作券的背景效果，最后输入文本，并根据需要编辑文本的属性即可。通过本例的学习，读者可以掌握在CorelDRAW中创建文本和设置文本属性的相关操作。本例制作完成后的最终效果如图6-1所示。

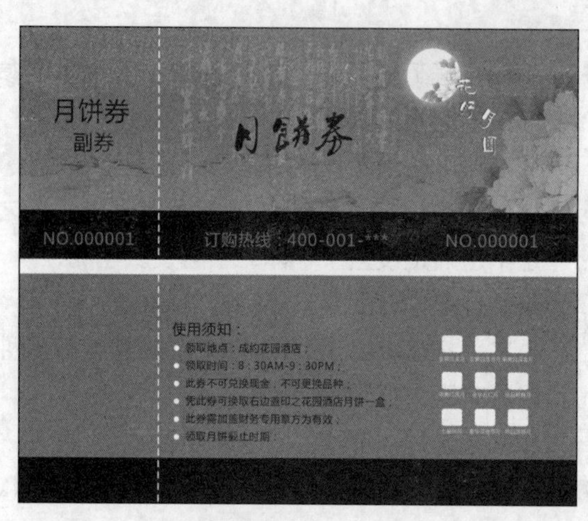

图6-1　月饼券效果

二、相关知识

在练习文本的输入和设置之前，需要对CorelDRAW的文本有所了解。下面主要对在Windows XP中安装字体和CorelDRAW的文本类型进行介绍。

（一）安装字体

在平面设计中，只用Windows系统自带的字体很难满足设计需要，因此还需要安装系统外的字体，其方法有以下两种。

- 准备好需要安装的字体文件夹，选择【开始】/【控制面板】/【字体】菜单命令，打开“字体”文件夹窗口，选择【文件】/【安装新字体】菜单命令，在打开的“添加字体”对话框中选择准备好的字体文件夹，然后单击全选(S)按钮全选字体，最后单击确定按钮即可安装字体，如图6-2所示。

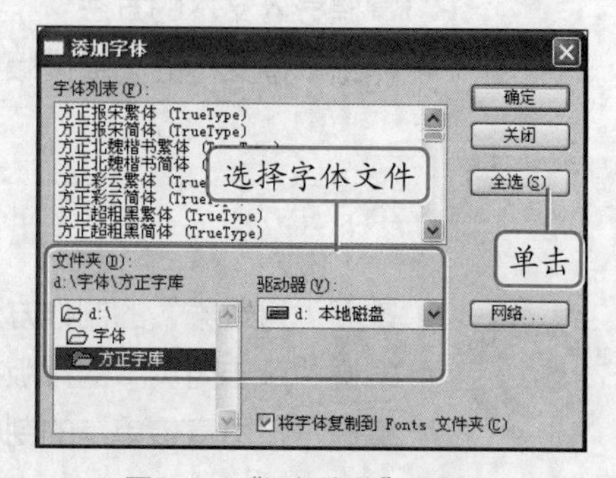

图6-2　“添加字体”文件夹

- 在需要安装的字体上单击鼠标右键，在弹出的快捷菜单中选择“复制”命令，然后选择【开始】/【控制面板】/【字体】菜单命令，打开“字体”文件夹窗口，在空白处单击鼠标右键，在弹出的快捷菜单中选择“粘贴”命令，可直接将字体安装到系统中。

（二）文本的类型

在CorelDRAW中，文本的类型分为美术字文本、段落文本、沿路径输入文本等几种类型，下面分别进行介绍。

1. 美术文本

输入美术文本时，每行文本都是独立的，行的长度随着文本的编辑而添加或缩短，但不能自动换行。使用美术文本的好处是可以自由地设置文本，在间距和换行上不受文本框的限制。

选择工具箱中的文本工具字（或按【F8】键），在绘图窗口中的任意位置单击，插入文本定位点，然后输入需要的文本即可，按【Enter】键可换行。

2. 段落文本

输入段落文本时，系统会将输入的所有文本作为一个对象进行处理，行的长度由文本框的大小和形状决定，即当输入的文本到达文本框的右边界时，文本将自动换行。使用段落文本的好处是文本能够自动换行，且能够迅速为文本添加制表位、项目符号等。

选择工具箱中的文本工具字，将鼠标指针移动到需要输入文本的位置，按住鼠标左键不放拖动可绘制一个文本框，在绘制的文本框中即可输入文本。

3. 沿路径文本

沿路径输入文本时，系统会根据路径的形状自动排列文本，使用的路径可以是闭合的图形或未闭合的曲线。其优点是文本可以按任意形状排列，且可以轻松制作各种文本排列的艺术效果。

首先利用绘图工具或线形工具绘制图形或曲线作为路径，然后选择工具箱中的文本工具字，将鼠标指针移到路径的外轮廓上，当指针变为形状时单击可插入文本指针，依次输入需要的文本，此时输入的文本即可沿图形或曲线进行排列，如图6-3所示。若将鼠标指针移动到闭合的图形内部，当其指针变为形状时，单击后图形内部将根据闭合图形的形状出现虚线框，并显示插入的文本指针，依次输入文本，输入的文本便以图形外轮廓的形状进行排列，如图6-4所示。

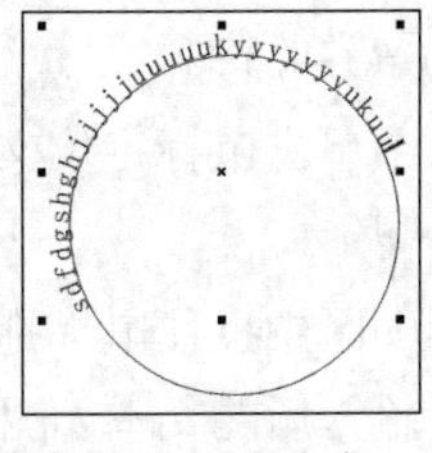

图6-3 路径文本1

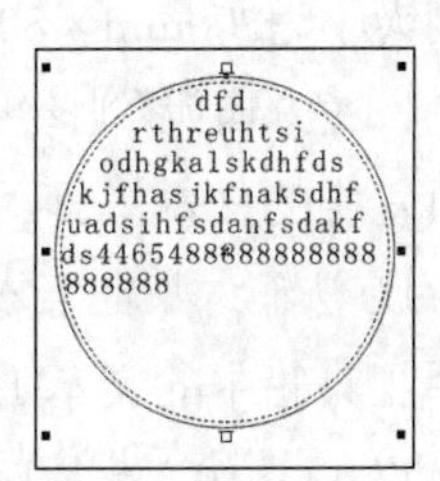

图6-4 路径文本2

三、任务实施

（一）创建文本

下面先制作月饼券的基本结构，其具体操作如下。

STEP 1 新建图形文件，绘制大小为200mm×80mm的矩形，并填充颜色为黄色（M:20 Y:60 K:20），取消轮廓线，如图6-5所示。

STEP 2 导入“背景.psd”素材文件（素材参见：光盘:\素材文件\项目六\任务一\背景.psd），将其缩放至合适大小后放置在相应位置，然后选择【效果】/【图框精确裁剪】/【放置到容器中】菜单命令，单击矩形，将图形放置在其中，如图6-6所示。

图6-5 绘制矩形

图6-6 导入素材

STEP 3 在矩形下方绘制一个矩形，设置其颜色为红色（C:45 M:100 Y:100），取消轮廓线，如图6-7所示。

STEP 4 在矩形向左侧50mm处绘制一条竖线，设置轮廓颜色为白色，粗细为0.5mm，样式为虚线。

STEP 5 导入“文本.ai”素材文件（素材参见：光盘:\素材文件\项目六\任务一\文本.ai），将其缩放至合适大小后放置在相应位置，如图6-8所示。

图6-7 绘制矩形

图6-8 导入文本素材

STEP 6 继续绘制大小为200mm×80mm的矩形，填充颜色为黄色（M:20 Y:60 K:20），取消轮廓线，然后复制红色的矩形到该矩形上，作为票券的背面。

STEP 7 选择工具箱中的文本工具字，在绘图区中单击鼠标定位文本插入点，输入“副券”文本，使用相同的方法输入其他美术字，如图6-9所示。

STEP 8 再次选择工具箱中的文本工具字，在绘图区中按住鼠标拖动绘制文本输入框，在其中单击鼠标定位插入点，输入相应的文本即可，输入后的文本如图6-10所示。

图6-9 输入美术字

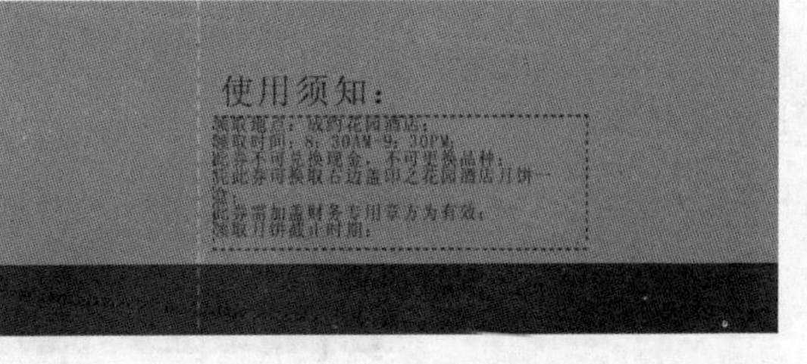

图6-10 输入段落文本

（二）设置美术文本属性

完成文本的输入后，下面为输入的文本设置相关的属性。其具体操作如下。

STEP 1 选择输入的“副券”文本，在右侧的“对象属性”泊坞窗中单击“文本”选项卡A，并在其中设置字体为“微软雅黑”，大小为38pt，颜色为红色（C:45 M:100 Y:100）。

在CorelDRAW中若没有打开“对象属性”泊坞窗，可选择【窗口】/【泊坞窗】/【属性】菜单命令，或按【Alt+Enter】组合键，也可在任意对象上单击鼠标右键，在弹出的快捷菜单中选择“属性”命令。

STEP 2 复制字体属性至“副券”文本上方的文本上，将字体大小更改为25pt，然后调整其文本位置，如图6-11所示。

STEP 3 选择右边的“月饼券”文本，设置字体为“叶根友行书繁”，大小可根据需要按照图形的缩放方法进行调整，颜色为红色（C:45 M:100 Y:100）。

STEP 4 选择“花好月圆”文本，设置其字体为“汉仪柏青体简”，然后按【Ctrl+K】组合键打散文本，分别调整各个文本的大小，并排列文本。

STEP 5 框选“花好月圆”文本，按【Ctrl+G】组合键群组，设置颜色为红色。按【+】键复制一个，并设置颜色为淡黄，然后调整文本位置，使其错位显示，如图6-12所示。

图6-11 设置文本属性

图6-12 错位显示文本

STEP 6 选择红色矩形上的美术字文本，设置字体为“微软雅黑”，字号大小可根据需要按照图形的缩放方法进行调整，颜色都为红色（C:45 M:100 Y:100），完成月饼券正面的制作，如图6-13所示。

图6-13　完成月饼券正面的制作

（三）设置段落文本属性

下面为输入的段落文本设置相关的属性。其具体操作如下。

STEP 1 选择带有文本框的段落文本，在属性栏中设置月饼券背面的字体为“微软雅黑”，字号为10pt，颜色为红色（C:45 M:100 Y:100）。

STEP 2 选择该文本框，将鼠标移至文本框周围的节点处，当其变为双向箭头时拖动，调整文本框的大小，如图6-14所示。

STEP 3 保持段落文本的选择状态，按【F10】键切换到形状工具，将鼠标移动到左下角的■箭头处，按住鼠标左键不放并拖动，调整段落文本的行距到一定距离后释放鼠标即可，如图6-15所示。

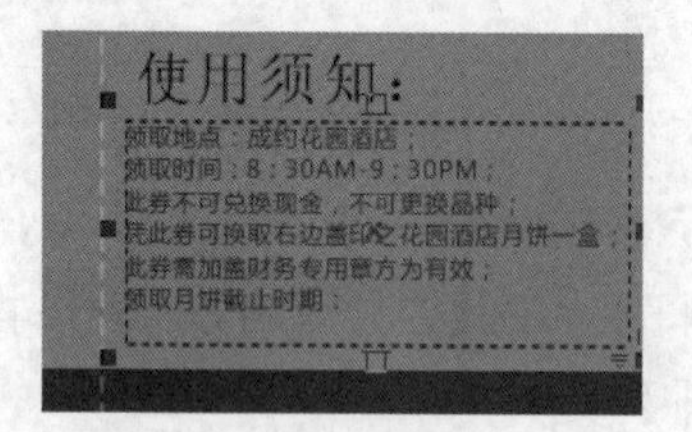

图6-14　设置字体和字号大小

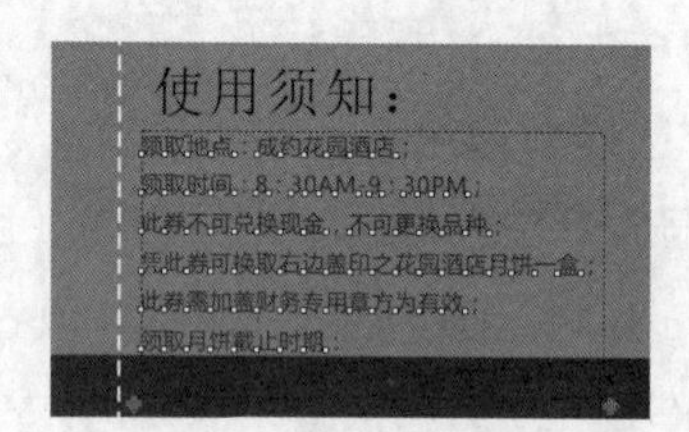

图6-15　设置行距

STEP 4 选择工具箱中的挑选工具，选择“使用须知：”文本，设置字体为“微软雅黑”，字号大小为14pt，颜色为红色。

STEP 5 在段落文本前绘制圆形，颜色为白色，取消轮廓线，注意等距离分布图形，调整位置后的效果如图6-16所示。

在文本工具状态下不能按空格键切换为挑选工具，这样的结果只能是输入一个空格，因此只能单击工具箱中的挑选工具来进行切换。

STEP 6 绘制圆角的矩形，复制多个并调整其位置，然后将其对齐与分布排列。

STEP 7 输入相关文字，设置其字体为“微软雅黑”，字号为6pt，然后分别将文本与圆角矩形垂直居中对齐，完成后群组图形。将其放置在票券的相应位置，颜色都为白色，完成月饼券的制作，如图6-17所示（效果参见：光盘:\效果文件\项目六\任务一\月饼券.cdr）。

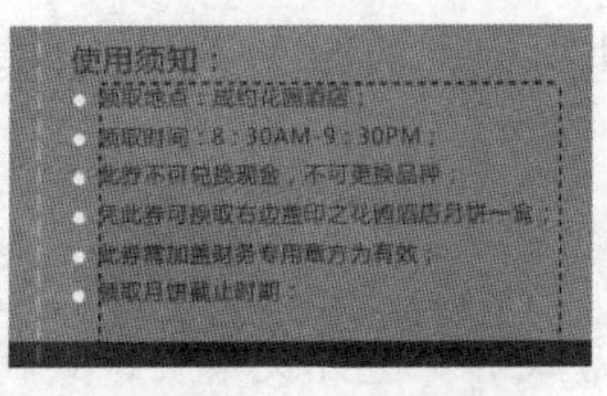

图6-16 绘制圆形

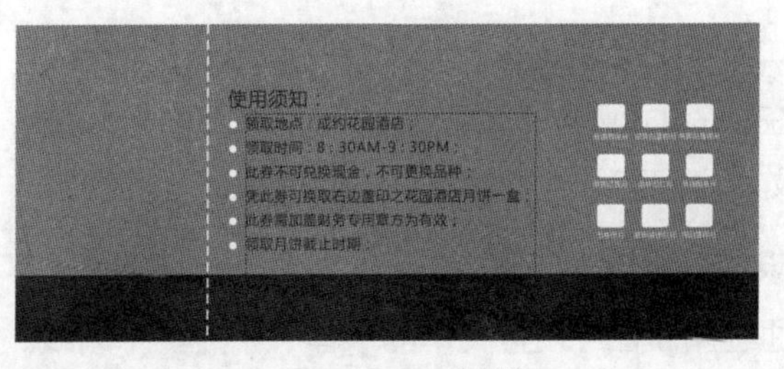

图6-17 完成制作

美术字文本和段落文本虽然有区别，但都可以称为文本对象，都能够通过下面两种方法将其全部选中。

①使用挑选工具单击可选择需要的文本对象，包括美术字文本和段落文本。

②在工具箱中选择文本工具，如果是选择美术字文本，将鼠标移到文字范围内，当鼠标指针变为I形状时，按下鼠标左键从文本的起始位置拖动到终止文字或从终止文字位置拖动到起始位置处，即可选中全部美术字文本；如果是选择段落文本，只需使用文本工具单击段落文本框即可。

任务二 制作“杂志内页”

杂志是指有固定刊名，以期、卷、号或年、月为序，定期或不定期连续出版的印刷读物，它根据一定的编辑方针，将众多作者的作品汇集成册出版。在CorelDRAW中制作杂志的内页设计时，可以通过设置文本的相关属性，使其更具阅读性。

一、 任务目标

本例将练习用CorelDRAW制作“杂志内页”效果。制作时首先新建图形文件，然后设计页面版面，并导入文本，为其设置文本格式即可。通过本例的学习，读者可以掌握导入文本和段落文本的格式设置等相关知识。本例制作完成后的最终效果如图6-18所示。

图6-18 杂志内页效果

二、相关知识

在CorelDRAW中可以通过属性栏设置文本的格式，也可使用泊坞窗设置，且美术字和段落文本之间还可相互转换。下面分别进行讲解。

（一）通过属性栏设置文本格式

通过属性栏可设置文本的字体、字号、下划线、对齐方式等。选择文本后，其属性栏如图6-19所示。

图6-19 文本工具属性栏

文本工具属性栏中的各按钮的作用如下。

- 下拉列表框：单击其右侧的按钮，在弹出的下拉列表中可为选中的文本设置字体样式。
- 下拉列表框：单击其右侧的按钮，在弹出的下拉列表中可以为选中的文本设置字体大小。
- 按钮：单击该按钮可将选中的文本设置为加粗字形（适用于段落文本）。
- 按钮：单击该按钮可将选中的文本设置为倾斜字形（适用于段落文本）。
- 按钮：单击该按钮可为选中的文本添加下划线。
- 按钮：单击该按钮可为选中的文本设置对齐方式，其中包括左对齐、居中对齐、右对齐、全部调整、强制调整5种对齐方式。
- 按钮：单击该按钮可为选中的段落文本设置项目符号，快捷键为【Ctrl+M】。
- 按钮：单击该按钮可为选中的段落文本设置首字下沉效果。
- 按钮：单击该按钮可打开“字符格式化”泊坞窗，快捷键为【Ctrl+T】。
- 按钮：单击该按钮可打开“编辑文本”对话框，在其中可为输入的文本设置相关属性，快捷键为【Shift+Ctrl+T】。
- 按钮：单击该按钮可更改选中文本的方向，CorelDRAW默认输入的文本方向为水平方向，快捷键为【Ctrl+.】。

（二）通过“字符格式化”泊坞窗设置

在CorelDRAW X4中可以为文本设置很多种效果，包括为文本设置上划线、下划线、删除线、改变文字的位置，将其设置为上标或下标等。

选择【文本】/【字符格式化】菜单命令，打开“字符格式化”泊坞窗，在其中可对美术文本进行设置，如图6-20所示。

（三）格式化段落

要对段落文本进行格式化操作，可以在“段落格式化”泊坞窗中进行。选择【文本】/【段落格式化】菜单命令，打开“段落格式化” 泊坞窗，其中包括设置文本对齐、设置间距、设置缩进、设置文本方向等。下面分别对其进行讲解。

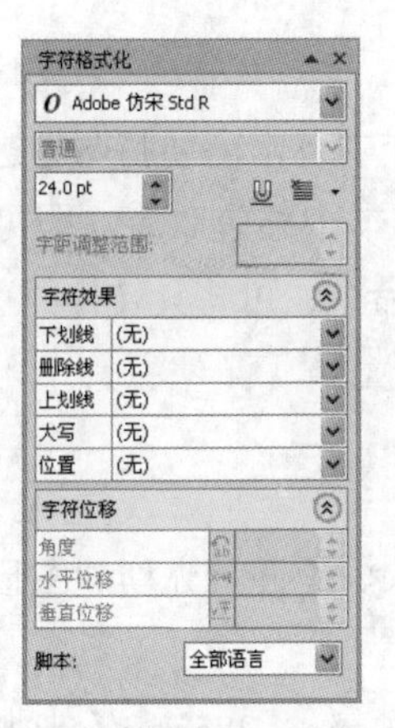

图6-20 “字符格式化”泊坞窗

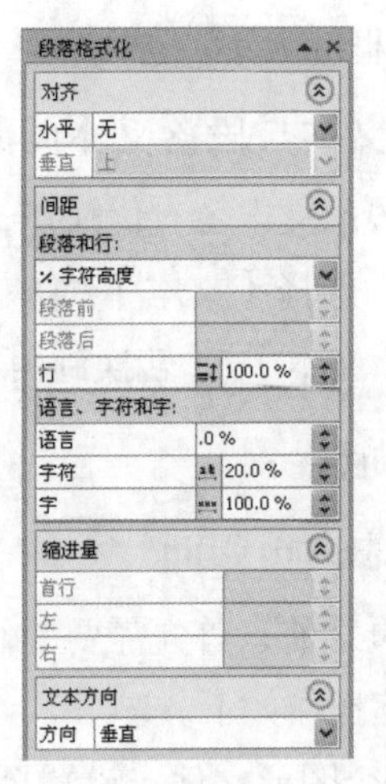

图6-21 “段落格式化”泊坞窗

- 设置对齐方式：在“段落格式化”泊坞窗中单击“对齐”效果栏的按钮展开其选项，在“水平”和“垂直”下拉列表中选择对齐方式即可。
- 设置文本间距：通过形状工具只能大概调整字距和行距，而通过“段落格式化”泊坞窗的“间距”栏可对文本的行距和字距进行精确调整。
- 设置文本缩进：有时为了排版的需要，要求将某些文字进行缩进，其中包括首行缩进、左缩进、右缩进。缩进的方法很简单，即直接通过“段落格式化”泊坞窗中的“缩进量”栏完成。
- 设置文本方向：在“段落格式化”泊坞窗中的“文本方向”栏中，单击“方向”后的下拉列表框，在该列表框中可以设置文本的方向。
- 添加项目符号：选择需要添加项目符号的段落文本，选择【文本】/【项目符号】菜单命令，打开如图6-22所示的“项目符号”对话框，在其中可以设置项目符号的字体、符号、大小、基线位移等，在“间距”栏中可以设置文本图文框到项目符号间的距离等。

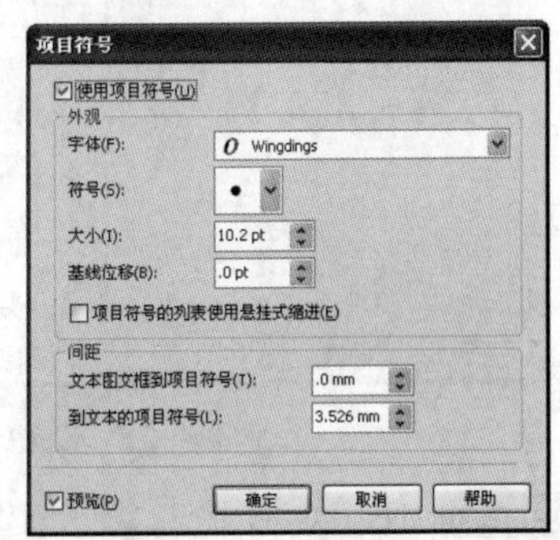

图6-22 “项目符号”对话框

- 设置首字下沉：首字下沉功能可以将一段文字中的第一个字放大，这样可在视觉上形成强烈的对比，在画面版式上也可以将文本装饰得错落有致。将鼠标指针定位到需要制作首字下沉效果的段落文本中，选择【文本】/【首字下沉】菜单命令，打开“首字下沉”对话框，在其中可设置下沉字数及首字下沉后的空格。
- 文本适合框架：在CorelDRAW 中，通过文本适合框架功能可以根据段落文本框的大小来调整文字的大小，使其与段落文本框的大小相适应。选择需要进行调整的文本，选择【文本】/【段落文本框】/【按文本框显示文本】菜单命令，即可让文本适合于文本框的大小。

（四）美术字文本与段落文本间的转换

美术字文本和段落文本各有优缺点，在实际操作中经常需要将两者进行转换。选择需要转换的美术字文本，选择【文本】/【转换到段落文本】菜单命令，即可将美术字文本转换为段落文本；选择【文本】/【转换到美术字】菜单命令，可将其转换回美术字文本。

三、任务实施

（一）制作杂志内页版面

在制作杂志内页之前，首先需要制作其版面效果。下面首先新建图形文件，然后对其进行板式设计。其具体操作如下。

STEP 1 新建一个图形文件，设置页面大小为420mm×285mm（未加出血线），然后将其保存为“杂志内页.cdr”。

STEP 2 在页面中设置辅助线，注意设置贴齐辅助线，如图6-23所示。

STEP 3 使用矩形工具□在页面中绘制两个矩形，并填充为白色，取消轮廓线。

STEP 4 导入“1.jpg”素材文件（素材参见：光盘:\素材文件\项目六\任务二\1.jpg），缩放其大小后将其放置在左边的页面上，然后选择【效果】/【图框精确裁剪】/【放置到容器中】菜单命令，单击矩形，放置到其中，如图6-24所示。

图6-23 设置辅助线

图6-24 导入图片

STEP 5 使用矩形工具□在右边页面上绘制矩形，并将其填充为酒绿，取消轮廓线。

（二）导入文本

下面将提供的素材文本导入到文件中。其具体操作如下。

STEP 1 选择【文件】/【导入】菜单命令，在打开的“导入”对话框中选择需要导入的外部文本文件“文本.txt”（素材参见：光盘:\素材文件\项目六\任务二\文本.txt），然后单击[导入]按钮。

STEP 2 此时将打开“导入/粘贴文本”对话框，在对话框中选择好选项，单击[确定(O)]按钮即可，如图6-25所示。

STEP 3 此时鼠标指针变为形状，在页面中单击即可将文本导入进CorelDRAW中，导入后的文本自动为段落文本，如图6-26所示。

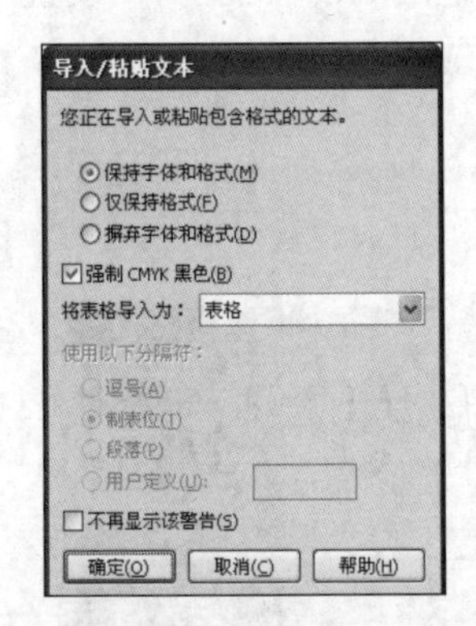

图6-25 “导入/粘贴文本”对话框

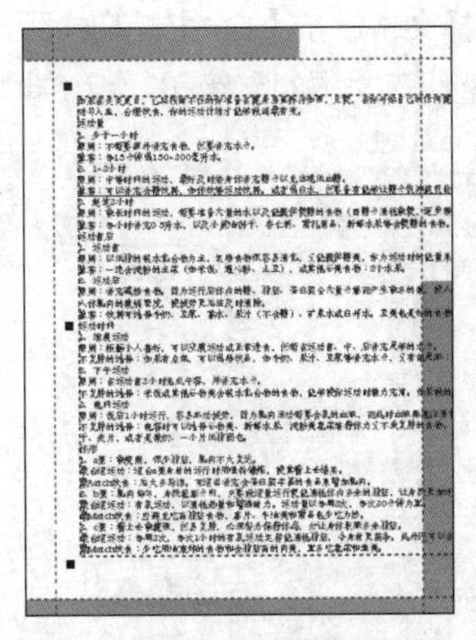

图6-26 导入文本后的效果

操作提示

当出现导入标志后，使用鼠标左键在页面中拖动可以控制段落文本框的大小，该大小将会根据鼠标拖动范围而定。

知识补充

选择【文本】/【编辑文本】菜单命令，在打开的“编辑文本”对话框中单击导入(I)...按钮，也可以导入外部文本。

（三）设置文本格式

下面为导入的文本设置相关属性。其具体操作如下。

STEP 1 在左边页面上绘制两个酒绿色的矩形，然后输入文本，在属性栏中设置字体为“方正大标宋简体”，颜色为白色，如图6-27所示。

STEP 2 保持文本的选择状态，按【F10】键切换到形状工具，向左拖动右边的字距调整箭头缩小字符间距，然后放大文本，如图6-28所示。

图6-27 设置字体

图6-28 缩放字距

STEP 3 剪切文本框中的前提文本，然后在左边页面上绘制一个段落文本框，将其粘贴到其中。

STEP 4 选择该文本框，在属性栏中设置字体为“方正小标宋简体”，字号为12pt，然后在“段落格式化”泊坞窗中设置水平对齐方式为“全部调整”，首行缩进为9mm，如图6-29所示。

STEP 5 选择文本，按【F10】键切换到形状工具，然后拖动出现的字距调整箭头和行距调整箭头，调整段落文本的字距和行距（也可在“段落格式化”泊坞窗中设置），如图6-30所示。

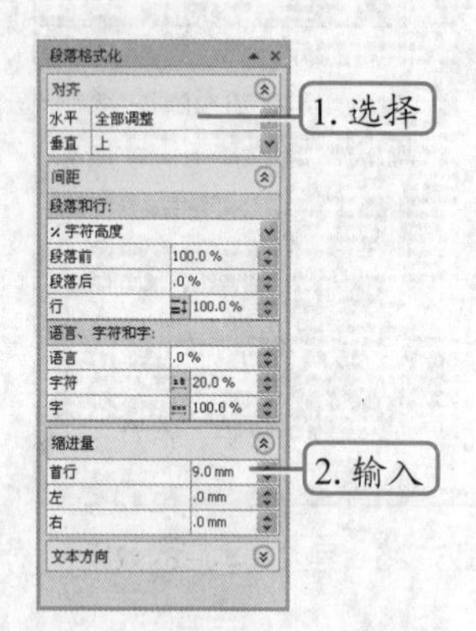

图6-29 “段落格式化”泊坞窗

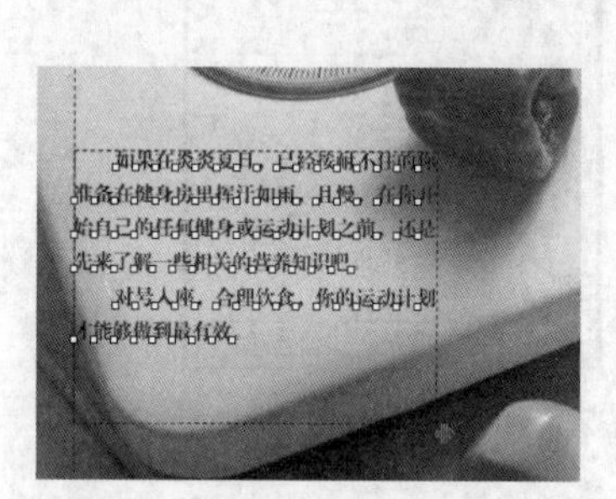

图6-30 调整行距和字距

使用形状工具选择需要调整的文本，这时文本中每个字符左下角都将出现字符节点，选中字符下的节点时，还可以移动文本的位置。并且在整个文本的左下角出现行距调整箭头，右下角出现字距调整箭头。左右拖动字距调整箭头，可以增加或减少字符之间的距离。上下拖动行距调整箭头，可以减少或增加每行之间的距离。

STEP 6 选择左边页面上的文本框，右键拖动到右边页面的文本框上，释放鼠标后，在弹出的快捷菜单中选择“复制所有属性”命令，为其应用相同的文本格式，然后在属性栏中更改字号为9pt。

STEP 7 将文本框中的每一段介绍都剪切出来重新粘贴到绘制的段落文本框中，并调整文本框的大小。

（四）设置分栏

下面为各个文本框设置分栏效果。其具体操作如下。

STEP 1 选择任意一个文本框，选择【文本】/【栏】菜单命令，打开“栏设置”对话框，在“栏数”数值框中输入数值2，设置栏间宽度为15mm，如图6-31所示。

STEP 2 单击 确定 按钮后的效果如图6-32所示。

单击选中“保持当前图文框宽度”单选项，在增加或删除分栏的情况下，仍然保持文本框的宽度不变；单击选中“自动调整图文框宽度”单选项，当增加或删除分栏时将自动调整文本框的宽度，而栏宽保持不变。

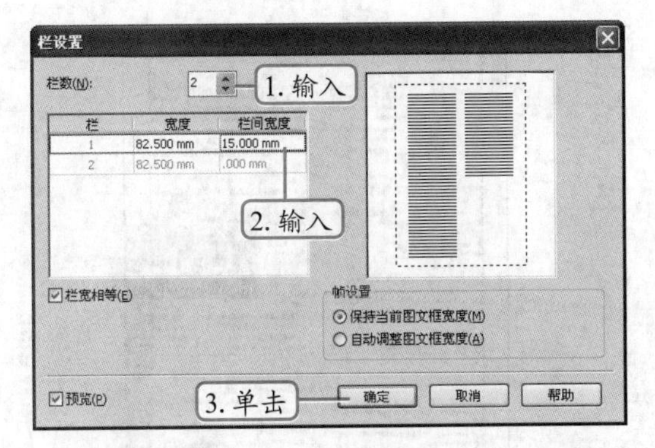

图6-31 “栏设置”对话框

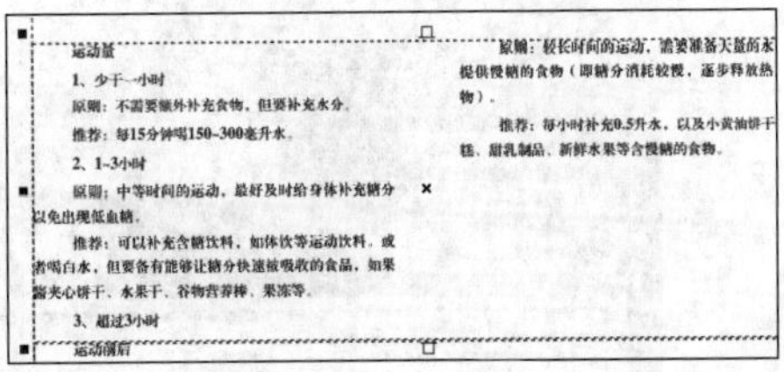

图6-32 分栏后的效果

STEP 3 为其他的文本框应用相同的设置。

（五）设置文本绕图

下面导入素材文件，并为其设置文本绕图效果。其具体操作如下。

STEP 1 导入“2.jpg”素材图片（素材参见：光盘:\素材文件\项目六\任务二\2.jpg），选择图片，缩放至合适大小后，单击属性栏中的“段落文本换行”按钮，在打开的面板中选择“跨式文本”选择，设置“文本换行偏移”为5mm，如图6-33所示。

STEP 2 导入“3.jpg”、“4.jpg”素材图片（素材参见：光盘:\素材文件\项目六\任务二\3.jpg、4.jpg），利用相同的方法设置文本绕图，并分别调整各个文本框，其效果如图6-34所示。

图6-33 设置文本饶图

图6-34 导入其他图片

STEP 3 此时的文本超出页面，因此，将第一个文本框放置在左边的页面上，在文本上绘制一个白色的矩形，注意调整其排列顺序。

STEP 4 选择该文本框和矩形，按【C】键居中对齐，然后调整文本框的大小，如图6-35所示。

STEP 5 同样对右边页面上的文本框进行调整，使其等距离分布在页面上，如图6-36所示。

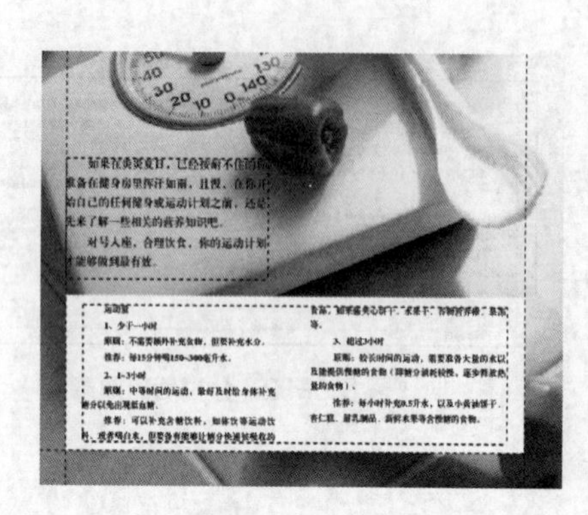

图6-35 对齐矩形

图6-36 调整后的页面效果

（六）插入字符

下面使用插入字符操作，为页面设置页码效果。其具体操作如下。

STEP 1 选择【文本】/【插入符号字符】菜单命令，或按【Ctrl+F11】组合键打开“插入字符”泊坞窗，在“字体”下拉列表中选择有图形符号的字体，然后在下面的列表框中选择所需的图形符号，如图6-37所示，单击插入(I)按钮。

STEP 2 将字符图形填充为白色，取消轮廓线，缩放其大小后移动到相应位置，如图6-38所示。

STEP 3 镜像复制该图形，并移动一定距离，然后输入文本，设置字体为“BoboBlack”，颜色为白色，调整大小后将其放置在图形的中间位置，如图6-39所示。

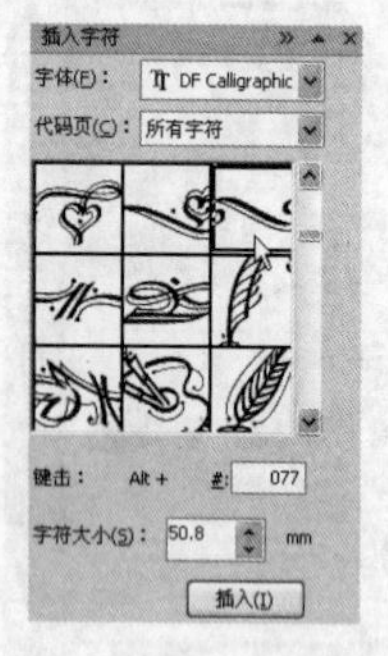

图6-37 “插入字符”泊坞窗

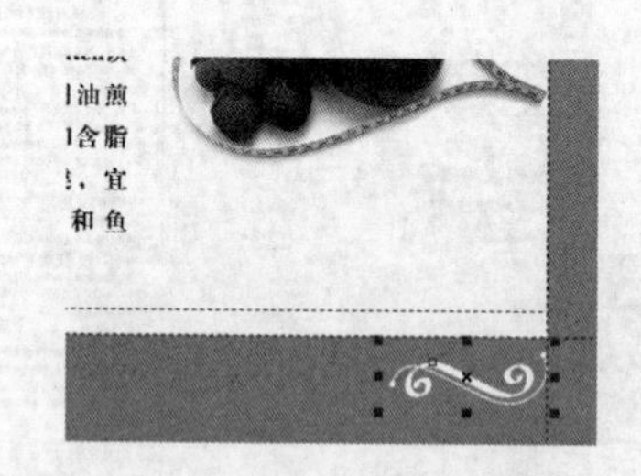

图6-38 设置字符图形颜色

图6-39 输入文本

操作提示

用文本工具在绘图页面中需要插入符号的文本位置单击鼠标左键，此时会出现一个文本插入点，然后选择【文本】/【插入字符】菜单命令，打开“插入符号字符”泊坞窗，在其中选择所需的文本符号，单击插入(I)按钮即可以输入文本的方法插入字符。

STEP 4 在右边页面的中间文本框处绘制一个矩形，设置颜面为月光绿，取消轮廓线，调整其排列顺序后的效果如图6-40所示（效果参见：光盘:\效果文件\项目六\任务二\杂志内页.cdr）。

图6-40 完成制作

任务三 制作“折页宣传单”

本例制作的折页宣传单主要针对旅游景点制作4折页宣传单。在CorelDRAW中制作折页宣传单时，主要为文本进行排版，使其更具阅读性及美观性。

一、任务目标

本例将练习用CorelDRAW制作“折页宣传单”效果。这里由于篇幅原因，只是制作宣传单的一面，制作时首先新建图形文件，然后设计页面版面，并导入文本，为其设置文本格式，最后通过转曲文本设计文本效果。通过本例的学习，读者可以掌握创建路径文本、转曲文本、链接文本等相关知识。本例制作完成后的最终效果如图6-41所示。

图6-41 折页宣传单效果

二、相关知识

除了前面讲解的知识外，在CorelDRAW中还可以对文本进行链接、创建路径、转曲等操作。下面分别进行讲解。

（一）链接文本

在CorelDRAW 中可以将多个段落文本进行链接，并且可以指定文字流动的方向，对链接后的文本进行编辑。

链接文本的优势就是当调整某一个链接文本时，与之链接的其他文本将会自动发生变化，文本内容将不会发生改变。选择输入的段落文本，包括溢出和未溢出的段落文本，用鼠标左键单击文本框下方的图标，将鼠标移至页面中的其他地方，这时指针呈形状，拖动鼠标绘制一个文本框，此时绘制的文本框与开始所选的段落文本即创建了链接，如图6-42所示。

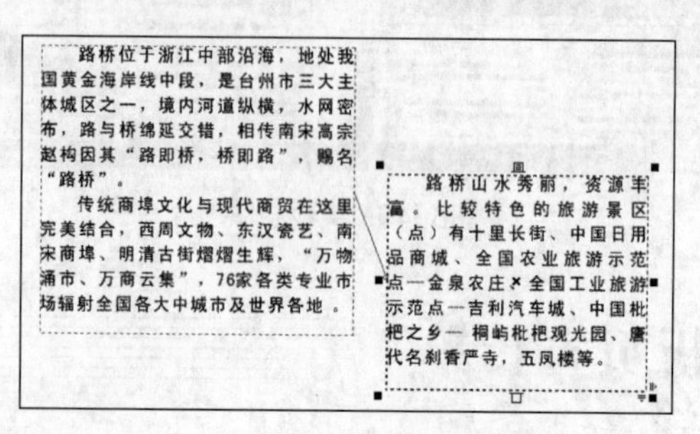

图6-42 链接后的文本效果

（二）使文本适合路径

使用文本适合路径功能可以将文本附着于绘制的曲线或图形上，让文本沿路径进行排列，形成特殊的文字效果。

在使文本适合路径时，用户可以先创建文本对象，然后再将文本对象附着到路径上；也可以先确定路径，再在该路径上输入文本对象。沿路径分布文本后的属性栏如图6-43所示，各按钮的含义如下。

图6-43 使文本适合路径后的属性栏

- 下拉列表框：用于设置文字的排列方向。
- 数值框：用于设置文本与路径的距离。
- 数值框：用于设置文本的水平偏移距离。
- “镜像文本”按钮：用于设置文本是水平还是垂直镜像。
- 按钮：用于设置打开或是关闭贴齐对象提示。

三、任务实施

（一）制作宣传单背景

在制作折页宣传单之前，首先需要制作其版面的背景效果。下面便新建图形文件，然后对其进行板式设计。其具体操作如下。

STEP 1 新建一个图形文件，设置页面大小为480mm×210mm（未添加出血区域），并将其保存为“折页宣传单.cdr”。

STEP 2 选择工具箱中的矩形工具，在绘图区中绘制4个大小相等的矩形，然后创建辅助线，设置页边距，如图6-44所示。

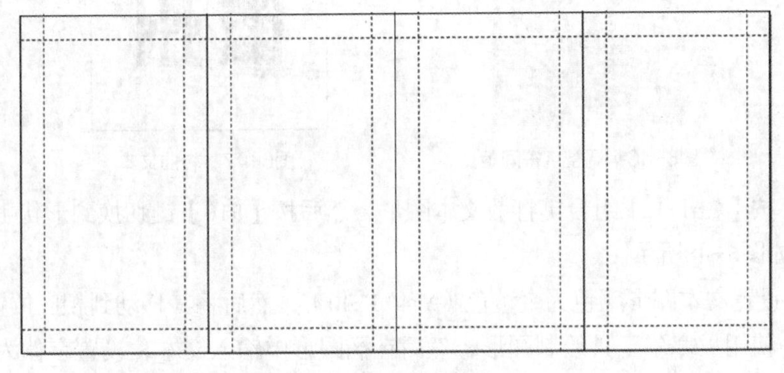

图6-44 设置辅助线

STEP 3 将绘制的矩形填充为白色，取消轮廓线。

STEP 4 选择两边的矩形，将其填充为牙色（C:5 M:10 Y:30），作为宣传单的封面和封底。

STEP 5 选择中间的两个矩形，按【Ctrl+L】组合键将其结合。

STEP 6 导入“1.psd”素材文件（素材参见：光盘:\素材文件\项目六\任务三\1.psd），将图片分别缩放至合适大小，然后选择【效果】/【图框精确裁剪】/【放置到容器中】菜单命令，单击矩形，将其放置在矩形中，如图6-45所示。

图6-45 导入图片

（二）转曲文本

下面输入主题文本，然后将其转曲，设计文本造型。其具体操作如下。

STEP 1 选择工具箱中的文本工具输入“印象”文本，然后在属性栏中设置字体为“汉仪雪君体简”，颜色为金黄色（Y:40 K:40），然后按【Ctrl+.】组合键更改文本方向。

STEP 2 按【F10】键调整文本的间距，然后使用挑选工具选择文本，缩放其大小后的效果如图6-46所示。

STEP 3 继续使用文本工具输入“徽州”文本，设置字体为“汉仪综艺简体”，然后按【Ctrl+Q】组合键将文本转曲，如图6-47所示。

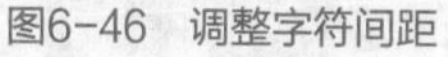
图6-46　调整字符间距

图6-47　转曲文本

STEP 4 按【Ctrl+K】组合键打散文本图形，然后按【F10】键切换到形状工具，对节点进行调整，如图6-48所示。

STEP 5 设置文本图形颜色为金黄色（Y:40 K:40），然后将其移动到相应位置。

STEP 6 使用贝塞尔工具绘制图形，然后在椭圆形中输入文本，设置字体为“汉鼎繁古印”，并对齐椭圆，群组所有文本和图形，将其颜色设置为金黄色（Y:40 K:40），如图6-49所示。

图6-48　调整节点

图6-49　群组图形

（三）链接文本

下面导入文本，然后使用链接文本操作对文本进行设置。其具体操作如下。

STEP 1 在右边矩形上使用文本工具字绘制一个文本框，然后再其中输入相关文本，设置字体为“汉仪长宋简”，字号为10pt，对齐方式为全部调整，首行缩进为9mm，然后按【F10】键调整其行距和字距，如图6-50所示。

STEP 2 使用贝塞尔工具绘制图形，设置颜色为金黄色（Y:40 K:40），将其放置在相应位置，如图6-51所示。

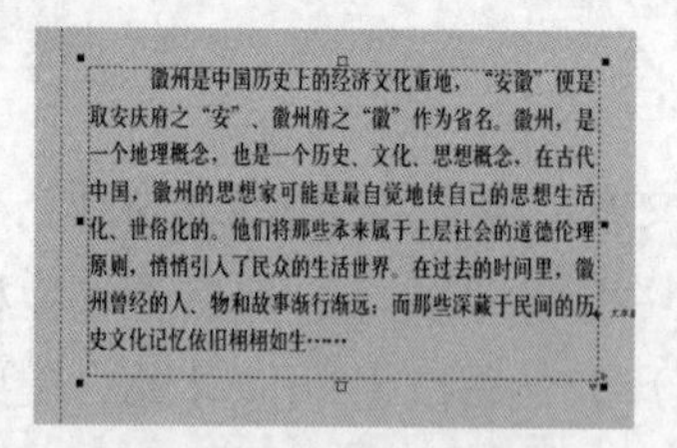

徽州是中国历史上的经济文化重地，“安徽”便是取安庆府之“安”、徽州府之“徽”作为省名。徽州，是一个地理概念，也是一个历史、文化、思想概念。在古代中国，徽州的思想家可能是最自觉地使自己的思想生活化、世俗化的。他们将那些本来属于上层社会的道德伦理原则，悄悄引入了民众的生活世界。在过去的时间里，徽州曾经的人、物和故事渐行渐远；而那些深藏于民间的历史文化记忆依旧栩栩如生……

图6-50　输入文本

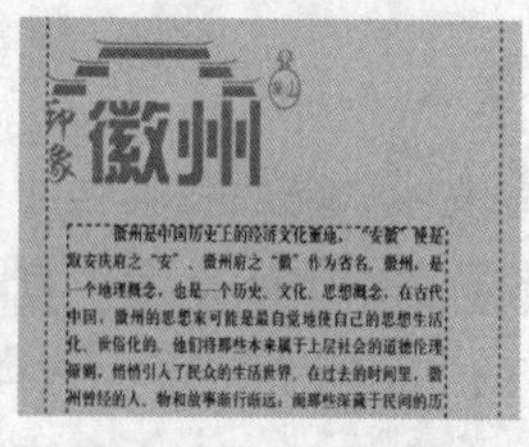

图6-51　绘制图形

STEP 3 在段落文本上绘制一个圆形，设置颜色为金黄色（Y:40 K:40），将其放置在文本下方，然后将文本居中对齐矩形。

STEP 4 按住【Ctrl】键绘制圆形，然后使用圆形去修剪矩形的4个角，并将文本设置为白色，如图6-52所示。

STEP 5 导入“图形.ai”素材文件（素材参见：光盘:\素材文件\项目六\任务三\图形.ai），将其颜色设置为金黄色（C:3 M:6 Y:34 K:14），然后将其放置在矩形中，如图6-53所示。

STEP 6 导入“文本.txt”素材文件（素材参见：光盘:\素材文件\项目六\任务三\文本.txt），然后为其设置为相同的段落属性，按【Ctrl+.】组合键将文本方向更改为竖向，此时文本的字间距较为拥挤，需要加大字距，调整文本框后的效果如图6-54所示。

图6-52 修剪图形

图6-53 导入素材图形

图6-54 调整文本框大小

STEP 7 选择输入的段落文本，用鼠标左键单击文本框下方的▼图标，将鼠标移至页面中的其他地方，拖动鼠标绘制一个文本框，此时绘制的文本框与开始所选的段落文本即创建了链接，如图6-55所示。

STEP 8 选择文本，将其颜色设置为金黄色（Y:40 K:40），然后绘制一个同样颜色的矩形，设置文本绕图方式为跨式文本，如图6-56所示。

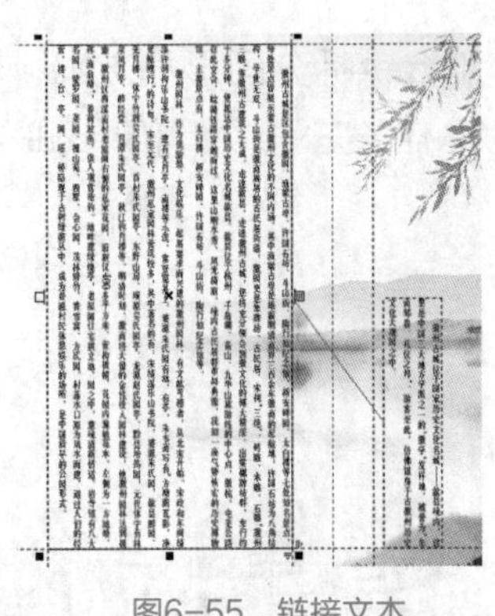

图6-55 链接文本

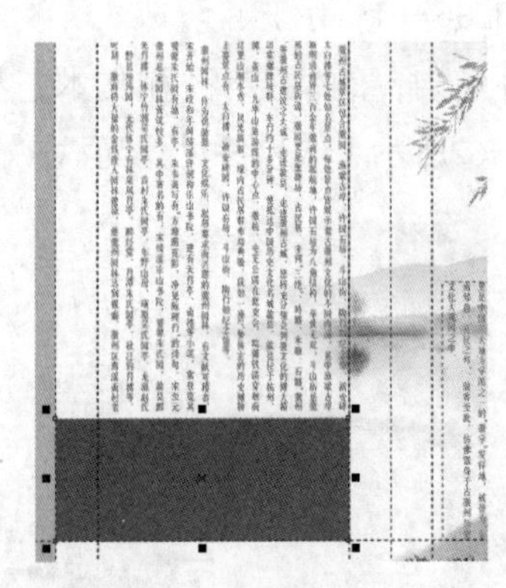

图6-56 设置文本饶图

操作提示

当创建链接文本时，缩小其中的某个文本框，溢出的文本将流向与之链接的另一个文本框。如果将其中的某一个链接文本框删除，文字将自动流向另一个链接文本框。

STEP 9 导入“图1.jpg”和“图2.jpg”素材文件（素材参见：光盘:\素材文件\项目六\任务三\图1.jpg、图2.jpg），将其缩放至合适大小后放置在矩形上，并设置水平居中对齐矩形，如图6-57所示。

STEP 10 此时段落文本框中的文本有溢出，这时选择第一段文本，设置文本的字号为10pt，颜色为黑色，然后选择后面的文本，设置字号为9pt，如图6-58所示。

图6-57 导入图片

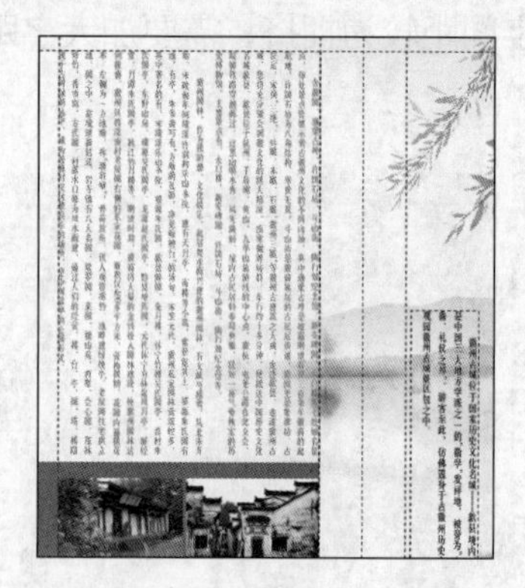

图6-58 设置字号大小

（四）创建路径文本

下面使用文本适合路径操作为宣传单制作封底效果。其具体操作如下。

STEP 1 复制封面上的主题图形，将其放置在封底，并设置为水平垂直居中对齐矩形，缩放大小后设置颜色为黑色，如图6-59所示。

STEP 2 按住【Ctrl】键绘制一个圆形，然后输入文本，设置字体为“汉仪中隶书简体”。选择文本，选择【文本】/【使文本适合路径】菜单命令，将鼠标指针移到圆上单击，即可将文字附着到圆形上，如图6-60所示。

STEP 3 使用挑选工具选择文本，用鼠标左键拖动文本旁边的红色小方块，可对文本进行调整，如图6-61所示。

STEP 4 选择整体的路径和文本，按【Ctrl+K】组合键拆分图形和文本，然后删除圆形，如图6-62所示（效果参见：光盘:\效果文件\项目六\任务三\折页宣传单.cdr）。

图6-59 复制图形

图6-60 使文本合适路径

图6-61 调整路径文本

图6-62 删除图形

操作提示

选择文本，使用鼠标右键拖动文本到需要的路径上，在弹出的快捷菜单中选择“使文本适合路径”命令也可创建路径文本。

知识补充

用鼠标右键选择已输入的文本，将其拖动到封闭路径中后释放鼠标，在弹出的快捷菜单中选择“内置文本”命令即可将文本置于封闭路径中。

实训一 制作“产品宣传单”

【实训要求】

本实训主要是制作一张产品的宣传单。要求产品醒目，在颜色搭配上具有夏日的气氛。

【实训思路】

本实训在制作之前可先对宣传单需要的信息进行整理。在CorelDRAW中新建图形文件，然后导入需要的产品素材图片，并输入相关的产品文本，进行适当格式化设置，主题文本可以使用较为醒目类的字体，使其突出，最后对文本进行校对和修改便可。本实训的参考效果如图6-63所示（效果参见：光盘:\效果文件\项目六\实训一\产品宣传单.cdr）。

图6-63 产品宣传单

【步骤提示】

STEP 1 新建一个图形文件，设置页面大小为210mm×285mm，然后将其保存为“产品宣传单.cdr”。

STEP 2 使用各种绘图工具绘制宣传单背景，并导入“素材.psd”素材文件（素材参见：光盘:\素材文件\项目六\实训一\素材.psd），缩放其大小后将其放置在相应位置。

STEP 3 导入“产品1.psd”和“产品2.psd”（素材参见：光盘:\素材文件\项目六\实训一\产品1.psd、产品2.psd），缩放其大小后将其放置在相应位置。

STEP 4 使用文本工具输入主题文本，设置字体为“方正琥珀简”，并设置相应的颜色。

STEP 5 继续使用文本工具输入产品介绍文本，设置相应的字体和颜色。

STEP 6 在相应的位置插入字符，并设置相应的颜色。

实训二　制作“会员卡”

【实训要求】

要求为一家名为“天才宝宝”的母婴用品店制作一个VIP会员卡效果，店名要突出，体现卡片的类别为积分卡，要有“VIP”字样。

【实训思路】

本实训可综合运用前面所学知识对文本进行处理。在制作时，主要是针对文本进行设计，主要运用的知识有转曲文本、设置段落文本的字符属性等。本实训的参考效果如图6-64所示（效果参见：光盘:\效果文件\项目六\实训二\会员卡.cdr）。

图6-64　会员卡效果

【步骤提示】

STEP 1 新建图形文件，将其保存为“会员卡.cdr”，然后绘制两个圆角为10、大小为85mm×55mm的矩形。

STEP 2 绘制矩形，并填充相应的颜色，然后将其放置在矩形中，作为会员卡的背景。

STEP 3 使用贝塞尔工具绘制曲线，填充颜色后复制一个，完成后同样放置在矩形中。

STEP 4 输入“天才宝宝”文本，设置相应的字体，然后按【Ctrl+Q】组合键转曲，按【F10】键调整节点，完成后设置轮廓线。

STEP 5 在“天才宝宝”文本右侧输入“母婴店”文本，设置其相应属性后，在下方绘制3个圆形，并填充颜色。

STEP 6 在会员卡背面填充相应的颜色后绘制黑色矩形，然后在下方输入段落文本，设置文本的相应属性，注意设置行距和间距。

STEP 7 在段落文本前绘制心形图形，填充为紫色，取消轮廓线，然后复制多个。

STEP 8 输入其他相关文本，并设置相关的文本格式。

STEP 9 导入“卡通.ai”素材文件（素材参见：光盘:\素材文件\项目六\实训二\卡通.ai），将其设置颜色后放置在相应的位置即可。

常见疑难解析

问：在CorelDRAW中，段落文本可以设置为沿路径排列吗？

答：可以。在CorelDRAW中段落文本和美术字文本都可以沿路径进行排列，其设置方法都一样。

问：在页面中输入了几行美术字文本，为什么不能设置其缩进呢？

答：缩进只针对段落文本，美术字文本不能设置缩进。

问：直接从字符列表中拖动需要的字符，也能将其添加到页面，这种方法添加的字符和插入的字符有区别吗？

答：有区别。直接从字符列表中拖动需要的字符将其添加到页面中后，字符将成为一个图形，没有文字的属性，不能在属性栏中设置其字体和字号；而通过本章讲解的方法插入的字符则具有文字的属性。

问：为什么我在CoreldRAW中没有找到可以插入的字符符号？

答：在CorelDRAW中的“插入字符”泊坞窗中没有找到字符图形，可到网上下载图形的字体，使用安装字体的方法将其安装到系统中，然后在“插入字符”泊坞窗中即可找到更加丰富的字符图形。

问：在CorelDRAW中对美术字文本和段落文本的输入有什么限制吗？

答：美术字文本和段落文本都有一定的容量限制，美术字文本允许创建不多于32 000字的文本对象；段落文本允许创建不多于32 000段，每段不多于32 000字的文本对象。

拓展知识

1. 应用文本样式

在CorelDRAW中为用户提供了一些默认的文本样式，通过这些文本样式可以快速地创建具有一定格式的文本。为文本创建样式的方法主要有以下两种。

- 选择需要设置样式的文本，选择【窗口】/【泊坞窗】/【图形和文本样式】菜单命令，在打开的“图形和文本”泊坞窗中双击需要应用的样式即可。
- 用鼠标右键单击需要设置样式的文本，在弹出的快捷菜单中选择【样式】/【应用】

菜单命令，在弹出的子菜单中选择所需的命令也可以为文本应用样式。选择“其他样式”命令时，将打开“应用样式”对话框，在对话框中选择一种样式即可，如图6-65所示。

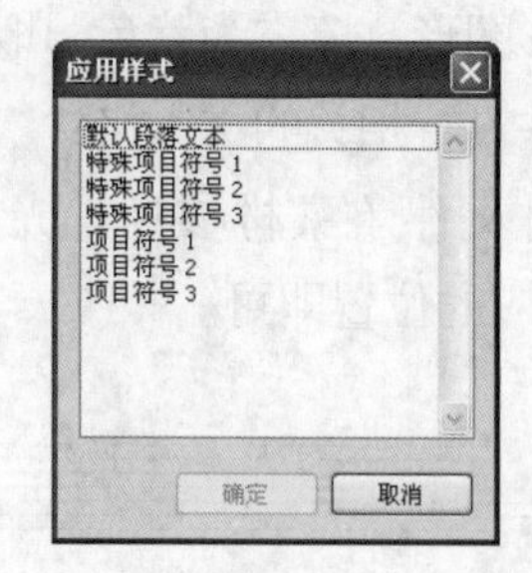

图6-65 “应用样式”对话框

除了可以应用CorelDRAW中已经存在的样式，用户也可在定义好文本样式后，将其保存在应用预设的文本样式中，方便以后调用。

自定义文本样式的方法为用鼠标右键单击创建了样式的文本，在弹出的快捷菜单中选择【样式】/【保存样式属性】菜单命令，在打开的“保存样式为”对话框中的“名称”文本框中为样式命名，在下方的列表框中可以对样式进行更详细的设置。

2. 插入条形码

在制作包装或者书籍封面的时候，需要为其插入条形码。CorelDRAW X4中内置有多种条形码样式，用户可以根据需要选择不同的样式。

插入条形码的方法为选择【编辑】/【插入条形码】菜单命令，打开如图6-66所示的“条码向导”对话框。在对话框的“从下列行业标准格式中选择一个”下拉列表中根据需要选择一种行业标准格式，然后在下面的文本框中输入相关数字，根据提示依次单击下一步按钮即可。

插入后的条形码不能进行编辑，此时可按【Ctrl+C】组合键复制条形码，然后选择【编辑】/【选择性粘贴】菜单命令，在打开的如图6-67所示的“选择性粘贴”对话框中选择“图片”选项，单击确定按钮后即可将条形码转换为图形，并可对其进行更改颜色等操作。

图6-66 “条码向导”对话框

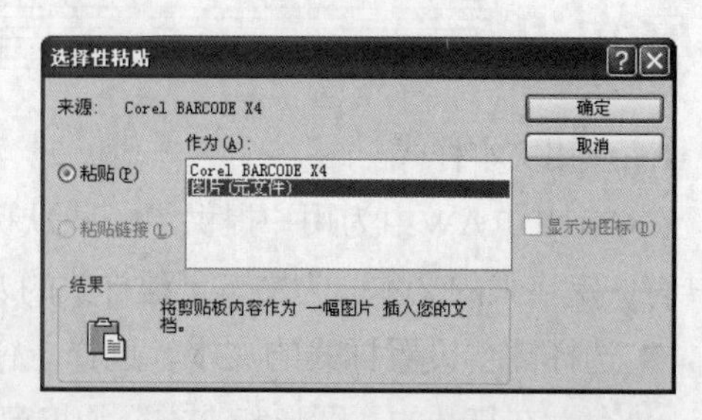

图6-67 “选择性粘贴”对话框

3. **字体设计原则**

在设计工作中，字体的设计是必不可少的，如标志设计、标题设计等，下面便对字体的设计原则进行介绍。

- **文字的适合性**：文字设计重要的一点在于要服从表述主题的要求，要与其内容吻合一致，不能相互脱离，更不能相互冲突，破坏了文字的诉求效果。
- **文本的可读性**：文字的主要功能是在视觉传达中向消费大众传达信息，而要达到此目的，必须考虑文字的整体诉求效果，给人以清晰的视觉印象。
- **文字的视觉美感**：文字在视觉传达中，作为画面的形象要素之一，具有传达感情的功能，因而它必须具有视觉上的美感，能够给人以美的感受。
- **文字设计的个性**：根据主题的要求，突出文字设计的个性色彩，创造与众不同的独具特色的字体，给人以别开生面的视觉感受，将有利于企业和产品良好形象的建立。

课后练习

（1）根据前面学习的知识和提供的素材文件（素材参见：光盘:\素材文件\项目六\课后练习\宣传单素材），制作关于茶的三折页宣传单效果，效果如图6-68所示（效果参见：光盘:\效果文件\项目六\课后练习\宣传单.cdr）。

图6-68 宣传单效果

（2）本练习将根据提供的素材文件（素材参见：光盘:\素材文件\项目六\课后练习\灯笼1.psd、灯笼2.psd、祥云.ai）使用文本工具输入文本，然后再选取输入的文本，设置文本格式等。完成后的最终效果如图6-69所示（效果参见：光盘:\效果文件\项目六\课后练习\门票.cdr）。

图6-69 门票效果

（3）本练习根据本项目所学的知识制作学校宣传单。首先使用文本工具输入文本，设置相关属性后转曲文本，然后对文本图形进行编辑，并插入各种字符，完成后的最终效果如图6-70所示（效果参见：光盘:\效果文件\项目六\课后练习\教育宣传单.cdr）。

图6-70 教育宣传单效果

PART 7

项目七 添加特殊效果

情景导入

小白：阿秀，我想问一问这个设计效果在CorelDRAW中是怎么做出来的?

阿秀：这个是以前公司做过的设计，小白你刚好已经结束上一阶段的学习，那我们就继续学习特殊效果的添加吧。

小白：好啊。那在CorelDRAW中可以制作很多的特殊效果吗？都有哪些呢?

阿秀：小白，不要着急，在CorelDRAW中制作矢量图的特殊效果主要是利用交互式工具组中的工具来制作的，包括调和效果、轮廓图效果、立体化效果等。

小白：是这样呀，那你赶快教我为图形添加这些特殊效果的方法吧。

学习目标

- 掌握图框精确裁剪的操作方法
- 掌握交互式调和工具的使用方法
- 掌握交互式立体化工具的使用方法
- 掌握交互式轮廓图工具的使用方法
- 掌握交互式封套工具的使用方法
- 掌握交互式变形工具的使用方法
- 熟悉透视和透镜效果的添加方法

技能目标

- 掌握“促销海报”的制作方法
- 掌握“食品包装袋”的制作方法
- 掌握“挂历”的制作方法
- 了解其他效果的制作方法

任务一 制作“促销海报”

促销海报多用于商场内的活动介绍或新品上市的一些详情。在CorelDRAW中制作促销海报时，要写清具体活动内容和相关提示等信息。下面具体介绍其制作方法。

一、任务目标

本例将练习用CorelDRAW制作“促销海报”。在制作时可以先新建文档，然后使用相关工具制作海报的背景效果，最后为海报制作相关图形效果等。通过本例的学习，读者可以掌握图框精确裁剪、调和效果、立体化效果、透视、透镜效果的制作方法。本例制作完成后的最终效果如图7-1所示。

图7-1 促销海报效果

二、相关知识

在制作图形之前，首先需要对相关的操作知识有所了解，下面主要对交互式调和工具、交互式立体化工具、透视效果、透镜效果的类型进行介绍。

（一）调和工具

调和又称渐变或融合，是把图形通过一定方式变成另外一种图形的平滑过渡效果，在两个图形对象之间会生成一系列的中间过渡对象。调和效果只针对矢量图，对于位图是不能产生效果的，其中包括形状调和和颜色轮廓的调和。

选择工具箱中的交互式调和工具后，其属性栏如图7-2所示。在属性栏中用户可以根据需要设置调和方向、自定义调和方式、修改调和步数、加速、路径、偏移量、路径等属性。

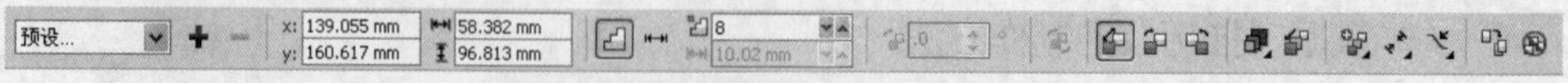

图7-2 交互式调和工具的属性栏

在CorelDRAW中的调和方式包括直线调和、手绘调和、路径调和、复合调和等，在实际运用中可以根据需要来确定调和的类型。

- **直线调和**：指变形的图形对象沿直线变化。它是使用调和工具在图形之间拖动而成的调和方式，可以使用交互式调和工具和“调和”泊坞窗来实现，如图7-3所示。
- **手绘调和**：指图形对象之间沿鼠标拖动时绘制的轨迹来进行调和。选择两个不同颜色的图形，选择交互式调和工具，按住【Alt】键不放，将鼠标指针移到其中的一个图形上，当其变为形状时按住鼠标左键并随意拖动，绘制调和图形的路径到第二个图形上后释放鼠标，即可完成手绘调和的操作，如图7-4所示。
- **路径调和**：指图形对象沿着指定的路径进行调和，包括沿手绘线调和和沿路径调和，其中路径可以是图形、文本、符号、线条等。方法是任意绘制一条路径，然后选择已经创建好的调和对象，单击属性栏中的“路径属性”按钮，在弹出的菜单中选择“新路径”命令，将鼠标指针移到绘图区中，指针变为形状后单击绘制的路径即可完成路径调和（也可将调和对象右键拖至路径上，释放鼠标在弹出的快捷菜单中选择“使调和合适路径”命令），如图7-5所示。
- **复合调和**：指两个以上的图形相互创建的调和，这样可以生成链状的系列调和。方法是创建两个图形对象之间的调和后，再选择其中一个原始图的对象与任意其他图形对象创建调和，即可形成复合调和，如图7-6所示。

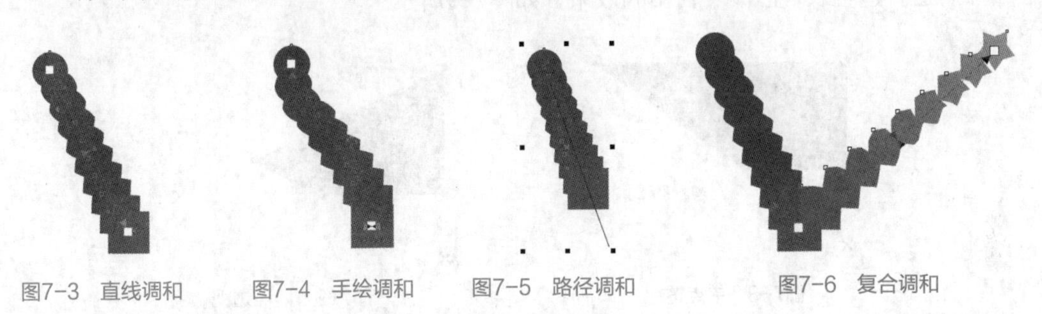

图7-3　直线调和　　图7-4　手绘调和　　图7-5　路径调和　　图7-6　复合调和

（二）立体化工具

选择工具箱中的交互式立体化工具可以通过图形的形状向设置的消失点延伸，从而使二维图形产生逼真的三维立体效果。

选择工具箱中的交互式立体化工具，在需要添加交互式立体化效果的图形上单击将其选择，然后拖曳鼠标指针即可为图形添加立体化效果。为图形对象创建立体化效果后，可以根据需要在如图7-7所示的属性栏中设置立体化的类型、深度、灭点、旋转、斜角、颜色、照明等。下面以具体的实例来讲解怎样编辑立体化效果。

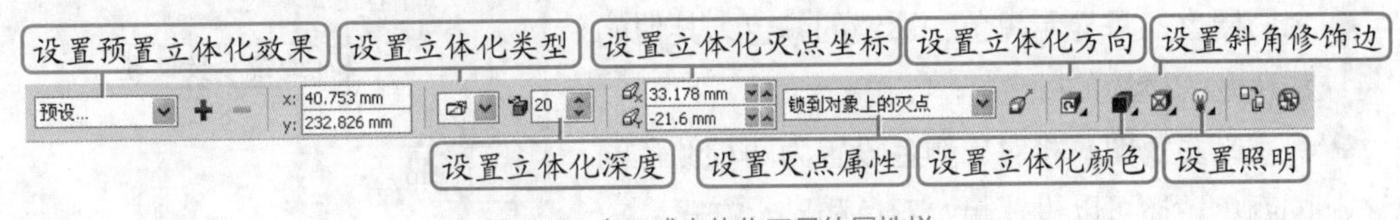

图7-7　交互式立体化工具的属性栏

图形立体化的灭点是指图形立体效果的透视消失点，创建的立体化图形中都有立体化灭点图标 。在属性栏中“灭点属性”下拉列表中有几个选项，其中各选项的含义如下。

- **锁到对象上的灭点**：可将立体化对象的灭点锁定到物体上。
- **锁到页面上的灭点**：可将灭点锁定到页面上，灭点不会随物体位置的移动而移动，物体移动，立体效果也起相应变化。
- **复制灭点，自…**：可在多个立体化对象之间复制灭点。
- **共享灭点**：可使多个立体化对象共用一个灭点，即所有立体化对象只有一个灭点。

（三）透视效果

透视效果是一种将二维空间的形体转换成具有立体感的三维空间画面的绘图效果，常用于包装设计，效果图制作等。选择需要创建透视效果的图形，选择【效果】/【添加透视】菜单命令，图形周围出现具有4个节点的红色虚线网格框。按住【Ctrl】键不放，向水平或垂直方向拖动其中的某个节点，创建单点透视效果；使用鼠标向除水平或垂直方向拖动任意一个节点，图形将出现两个灭点，此时即创建了两点透视效果。

- **单点透视**：只改变对象的一条边的长度，使对象看起来是沿着视图的一个方向后退，适合表现严肃、庄重的空间效果，如图7-8所示。
- **两点透视**：可以改变对象的两条边的长度，从而使对象看起来沿着视图的两个方向后退，适合表现活泼、自由的效果，如图7-9所示。

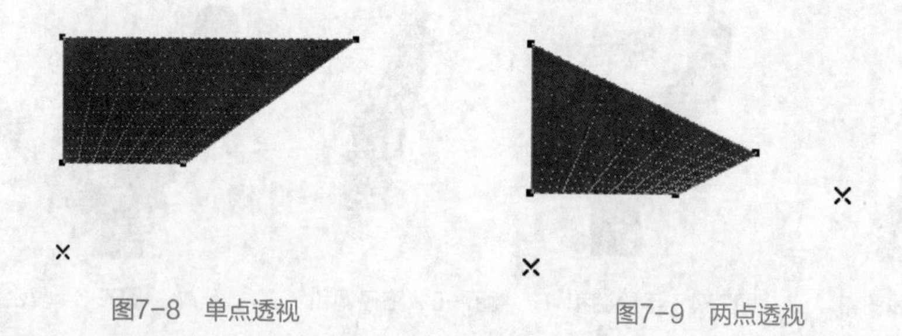

图7-8 单点透视　　图7-9 两点透视

（四）透镜效果的类型

CorelDRAW中提供的透镜类型有很多种，当选择一个图形对象后，选择【效果】/【透镜】菜单命令，将打开“透镜”泊坞窗，选择需要创建透镜效果的图形对象，即可在泊坞窗中直接选择所需的透镜效果，如图7-10所示。在泊坞窗的下拉列表中提供了11种透镜效果。

- **使明亮**：将对象的颜色变亮或变暗。
- **颜色添加**：使对象的颜色添加至透镜的颜色中，使其于透镜的颜色相混合。
- **色彩限度**：只显示黑色和透镜的颜色，其他的浅色则为透镜的颜色。
- **自定义彩色图**：将对象颜色设置为两种颜色间的颜色，还可以设置起始颜色和显示方式。

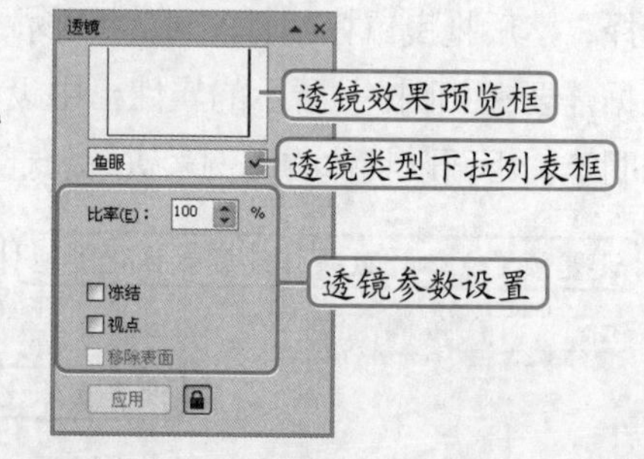

图7-10 “透镜”泊坞窗

- 鱼眼：使透镜下面的对象显示凸透镜效果，与摄影中的鱼眼镜头类似。
- 热图：使对象显示类似红外线的效果，在泊坞窗的“调色板旋转”数值框中可以调节颜色从冷色到暖色的过程。
- 反显：使对象以其颜色的补色来显示，类似摄影中的负片效果。
- 放大：使对象产生类似于放大镜的效果。
- 灰度浓淡：使对象以接近原色一半的颜色值显示。
- 透明度：使透镜下面对象的透明度增强，呈现透明的效果。
- 线框：对象将会显示透镜的填充颜色和轮廓颜色。

三、任务实施

（一）添加调和效果

下面通过添加调和效果为海报制作背景。其具体操作如下。

STEP 1 新建一个图形文件，设置其页面大小为210mm×285mm（未添加出现区域），然后将其保存为“海报.cdr”。

STEP 2 双击工具箱中的矩形工具，绘制一个页面同等大小的矩形，然后将其填充为蓝色（C:80 M:20），取消轮廓线。

STEP 3 在页面的左上角绘制一个圆角矩形，将其填充为淡蓝（C:40 M:10），取消轮廓线后按住【Ctrl】键向下方拖动复制圆角矩形，如图7-11所示。

STEP 4 选中其中的一个圆角矩形，选择工具箱中的交互式调和工具，在图形上按住【Ctrl】键和鼠标左键不放并向下拖至圆角矩形上进行调和，并在属性栏中的5数值框中输入5，设置步长，效果如图7-12所示。

图7-11 绘制圆角矩形

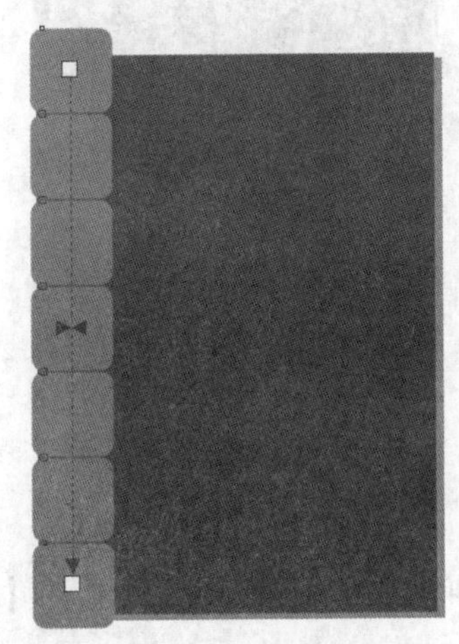

图7-12 添加调和效果

在创建直线调和时，如果对象的填充颜色不同，则中间生成的图形对象的填充由系统自动选择介于两个对象间的光谱颜色。

知识补充

① 只要对图形应用了交互式工具组中的特殊效果，单击其属性栏中的⊗按钮都可清除。

② 使用交互式调和工具选中调和图形，选择【排列】/【打散调和图形】菜单命令可打散图形，然后选择中间的图形，按【Ctrl+U】组合键解散群组，即可对每个图形进行独立的编辑操作。

（二）图框精确裁剪

下面通过图框精确裁剪将绘制的图形放置在矩形中。其具体操作如下。

STEP 1 使用挑选工具选择调和的图形，然后用鼠标右键拖动图形到容器的矩形对象上释放鼠标，将弹出快捷菜单，在快捷菜单中选择“图框精确剪裁内部”命令，即可创建精确剪裁效果，如图7-13所示。

操作提示

在前面已经对通过菜单命令创建图框精确裁剪进行了相关介绍，并设置不居中图框精确裁剪内容。但CorelDRAW默认的是居中显示图框精确裁剪内容（该设置在“选项”对话框中的“工作区”选项的“编辑”选项下）。

STEP 2 图框精确裁剪内容并没有居中显示在矩形中，选择已经放置了内容的容器，选择【效果】/【图框精确剪裁】/【编辑内容】菜单命令进入容器内部，移动图形到合适位置，如图7-14所示。

图7-13 绘制圆角矩形

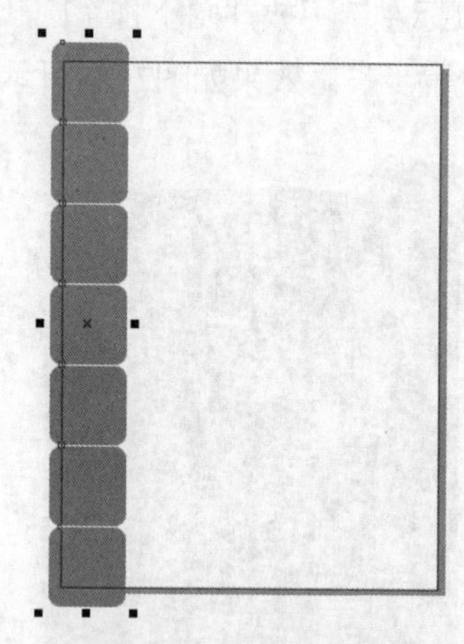
图7-14 添加调和效果

STEP 3 操作完成后，选择【效果】/【图框精确剪裁】/【结束编辑】菜单命令退出编辑状态。

操作提示

通过提取功能可以将精确剪裁的对象提取出来，其方法为选择已经放置了内容的容器后，选择【效果】/【图框精确剪裁】/【提取内容】菜单命令，或使用鼠标右键的方法都可将对象从容器中提取出来。

①按【Ctrl】键单击容器可进入容器中编辑内容，再次按【Ctrl】键单击容器可退出编辑。

②在放置了内容的容器上单击鼠标右键，在弹出的快捷菜单也可以选择"编辑内容"和"提取内容"命令进行相关操作，完成编辑后，也可单击鼠标右键选择命令完成，也可在状态栏左侧单击完成编辑对象按钮退出编辑状态。

STEP 4 使用贝塞尔工具绘制图形，并将其分别填充为红色、橙色、橘色、黄色、酒绿、绿色、青色、蓝色、紫色，取消轮廓线，如图7-15所示。

STEP 5 选择绘制的图形，按【Ctrl+G】组合键将其群组，然后选择【效果】/【图框精确剪裁】/【放置到容器中】菜单命令，单击矩形，将其放置在其中，如图7-16所示。

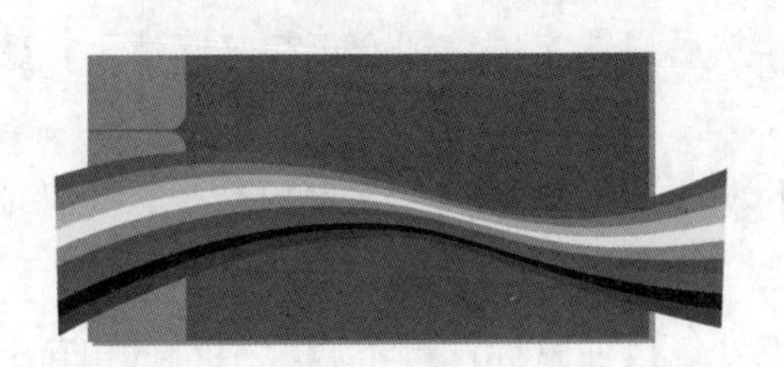
图7-15 绘制图形

图7-16 放置在矩形中

（三）添加立体化效果

下面绘制图形，然后为其添加立体化效果。其具体操作如下。

STEP 1 绘制一个圆角矩形，将颜色设置为红色（C:3 M:98 Y:20）到紫红色（C:42 M:95 Y:6）的渐变，如图7-17所示。

STEP 2 选择图形，然后选择工具箱中的交互式立体化工具，此时鼠标指针变为形状，将其移至图形中心，按住鼠标左键不放并向右下方拖动，在合适位置处松开鼠标，效果如图7-18所示。

STEP 3 在属性栏中的"立体化类型"下拉列表中选择第5种立体化类型，如图7-19所示。

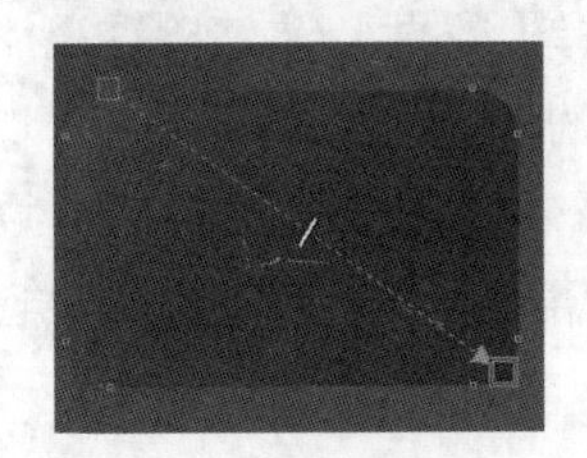
图7-17 绘制矩形

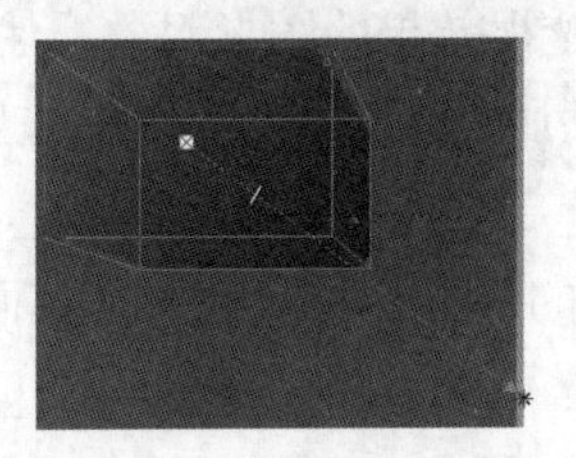
图7-18 添加立体化效果

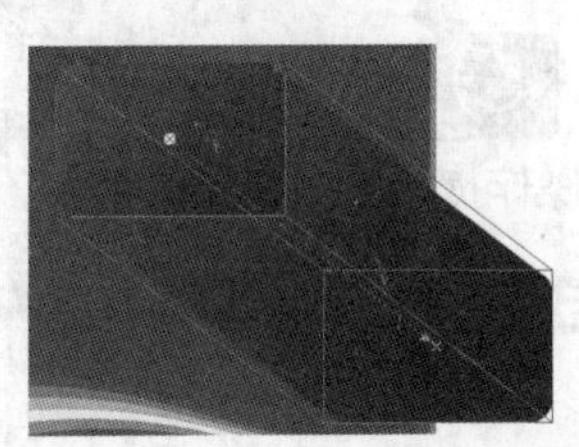
图7-19 更改立体化类型

STEP 4 将鼠标指针移至立体化图形的✕处，按住鼠标左键不放向左上方移动，拖动后的效果如图7-20所示。

STEP 5 使用挑选工具选择圆角矩形，按【+】键原位复制一个，然后将其填充颜色的位置变换一下，如图7-21所示。

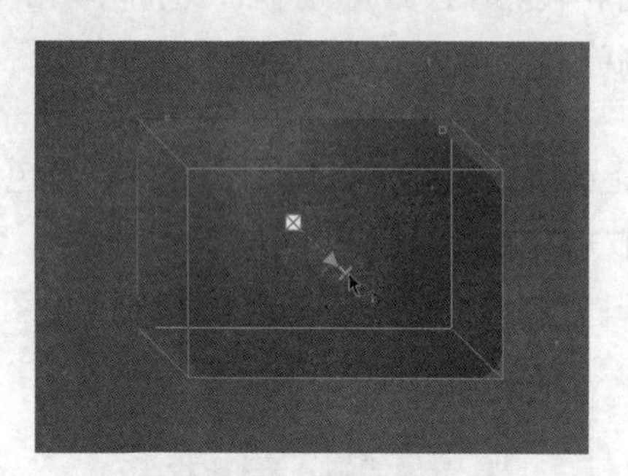
图7-20 调整立体化效果

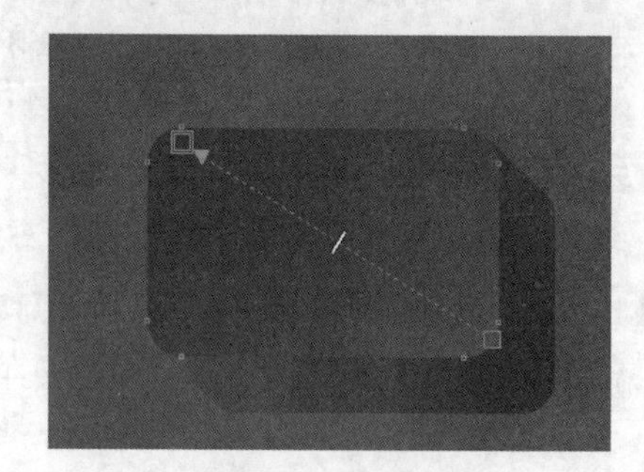
图7-21 更改颜色

（四）添加透视效果

下面输入文本，然后为图形和文本添加透视效果。其具体操作如下。

STEP 1 在立体化图形上输入相关文本，然后设置字体为“方正综艺简体”，颜色为黄色，并将其缩放至合适大小，如图7-22所示。

STEP 2 将文本和图形群组，然后选择【效果】/【添加透视】菜单命令，此时顶部图形上出现一个透视框和控制点，如图7-23所示。

STEP 3 移动鼠标指针至左上角的控制点处，按住鼠标左键不放分别向右和向下拖动进行变形，再用相同方法拖动其他角的控制点，调整透视框后的效果如图7-24所示。

图7-22 输入文本

图7-23 添加透视点

图7-24 拖动控制点

选择已经创建的透视效果的图形对象，然后选择【效果】/【清除透视点】菜单命令即可将添加的透视效果清除恢复为原来的状态。

STEP 4 选择添加透视效果后的图形，将其放置在页面中的合适位置，并合适旋转图形，如图7-25所示。

STEP 5 使用文本工具和矩形工具在页面左上角绘制矩形和输入文本，设置文本的字体为“方正综艺简体”，颜色为白色，矩形的颜色为紫红色（C:42 M:95 Y:6），如图7-26所示。

图7-25 旋转图形

图7-26 输入文本和绘制矩形

①在创建了透视效果后，也可以对透视效果进行复制。方法是先选择需要创建透视效果的图形，然后选择【效果】/【复制效果】/【建立透视点自】菜单命令，当鼠标指针变为➡形状时单击已经创建了透视效果的图形即可。

②创建透视效果时，按住【Ctrl+Shift】组合键的同时拖动节点，可以创建对称单点透视效果。

（五）添加透镜效果

下面输入其他相关文本，然后在相应位置添加透镜效果。其具体操作如下。

STEP 1 在页面中输入相关文本，设置字体为“方正综艺简体”，填充颜色为白色，轮廓颜色为紫色，轮廓宽度为3mm。注意在“轮廓笔”对话框中设置相关参数，分别对文本进行缩放，效果如图7-27所示。

STEP 2 导入“书籍.psd”素材文件（素材参见：光盘:\素材文件\项目七\任务一\书籍.psd），将其图框精确裁剪放置在矩形中，如图7-28所示。

图7-27 输入文本

图7-28 导入素材

STEP 3 使用椭圆形工具绘制一个简易的放大镜图形，在填充时错位填充即可得到立体效果。

STEP 4 选择中间的圆形，然后选择【效果】/【透镜】菜单命令，在打开的“透镜”泊坞窗中选择“放大”的透镜效果，并进行如图7-29所示的设置。

STEP 5 此时，放大镜图形下的文本出现放大的显示效果，如图7-30所示。

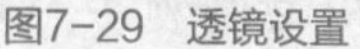

图7-29　透镜设置　　图7-30　添加透镜后的效果

STEP 6 使用矩形工具和贝塞尔工具绘制图形，设置填充颜色为紫色和白色，然后整体旋转15°，如图7-31所示。

STEP 7 在图形中输入文本，设置字体为“微软雅黑”，对齐方式为全部调整，然后调整文本大小，整体旋转文本后的效果如图7-32所示。

图7-31　绘制图形

图7-32　输入文本

知识补充

无论选择哪种透镜类型，其“透镜”泊坞窗中都包括“冻结”、“视点”和“移除表面”3个复选框，其含义分别如下。

① “冻结”复选框：选中该复选框，可将透镜中的当前效果锁定，使其不受其他操作的影响。

② “视点”复选框：选中该复选框后，单击其右侧的编辑按钮，可以在不移动对象或透镜的情况下改变透镜的显示区域。

③ “移除表面”复选框：选中该复选框，只能在透镜下的对象区域中显示执行的效果。

任务二　制作“食品包装袋”

食品包装袋直接与食品接触，用于盛装和保护食品。在CorelDRAW中制作食品的包装袋时，要注意与产品的特征相呼应。下面具体讲解其制作方法。

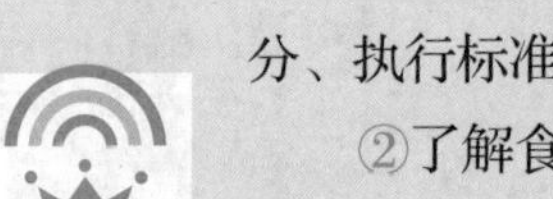
行业提示

在设计时应注意以下几点。

①食品包装袋上应标明的信息包括食品的名称、食品的配料、营养成分、执行标准、保质期、储存方法、食用方法、生产厂家的信息等。

②了解食品包装袋的生产流程，即计划→设计→印刷→复合→熟化→分切→制袋→品检→成品，这也是为什么食品包装袋上背面的生产日期处在设计时是留空白或注明位置，食品的生产日期并不是食品包装袋的设计日期。

③在包装上还必须有QS标志。

一、任务目标

本例将练习用CorelDRAW制作食品的包装袋效果。制作时先新建一个图形文件，然后制作包装袋的背景，最后导入素材图片，并为其制作需要的特殊效果。通过本例的学习，读者可以掌握交互式轮廓图工具、交互式变形工具、交互式封套工具的使用方法。本例制作完成后的最终效果如图7-33所示。

图7-33　包装袋效果

二、相关知识

本例制作的食品包装袋效果，主要使用交互式轮廓图工具、交互式变形工具、交互式封套工具完成。下面便对这些工具进行介绍。

（一）轮廓图工具

使用交互式轮廓图工具可以方便地轮廓化图形对象，即为图形对象添加一层轮廓。选择需要轮廓化的图形，按住工具箱中的交互式调和工具不放，在展开的面板中选择“轮廓图”选项。切换到交互式轮廓图工具，在属性栏中设置好轮廓图的相关属性，此时所选择的图形对象自然被轮廓化。

创建完成后还可以通过如图7-34所示的属性栏对其进行修改，包括轮廓图方向、轮廓图步长、轮廓图偏移、轮廓色等。

图7-34　交互式轮廓图工具属性栏

属性栏中各按钮的含义如下。

- 下拉列表框：可以选择CorelDRAW自带的轮廓化样式。
- 按钮：对于创建的图形的轮廓图效果，单击该按钮，将打开“另存为”对话框，可对创建后的轮廓图效果进行保存。
- 按钮：单击其中的按钮可分别向中心、向内和向外轮廓化图形。
- 数值框：在数值框中输入数值可设置轮廓图的步数。
- 数值框：在数值框中输入数值可设置轮廓图的偏移量。
- 按钮：单击相关按钮，可分别选择线形轮廓图颜色方式、顺时针的颜色方式、逆时针的颜色方式。
- 下拉列表框：设置轮廓图的轮廓色。
- 下拉列表框：设置轮廓图的填充色。
- 按钮：单击该按钮将清除轮廓图效果。
- 按钮：单击该按钮，在弹出的面板中可以设置颜色和对象的加速效果。

（二）变形工具

使用交互式变形工具可以对图形进行扭曲变形，从而形成一些特殊的效果。变形包括推拉变形、拉链变形、扭曲变形3种方式。

- **推拉变形**：通过将图形向不同的方法拖曳，从而将图形边缘推进或拉出。选择图形，选择工具箱中的交互式变形工具，单击属性栏中的“推拉变形”按钮，再将鼠标指针移到选择的图形上，按住鼠标左键不放拖动，到合适位置后释放鼠标即可完成变形操作，如图7-35所示。
- **拉链变形**：拉链变形能够在对象的内侧和外侧产生节点，创建出齿轮状的外形轮廓，包括随机变形、平滑变形、局部变形3种方式。其操作方法同推拉变形的方法一致，效果如图7-36所示。
- **扭曲变形**：扭曲变形可以使图形对象围绕一点旋转，产生类似螺旋形的效果。同样是使用交互式变形工具，单击属性栏中的“扭曲变形”按钮，然后将鼠标指针移到图形上单击确定变形的中心，拖动鼠标指针绕变形中心旋转，到一定效果后释放鼠标即可，如图7-37所示。

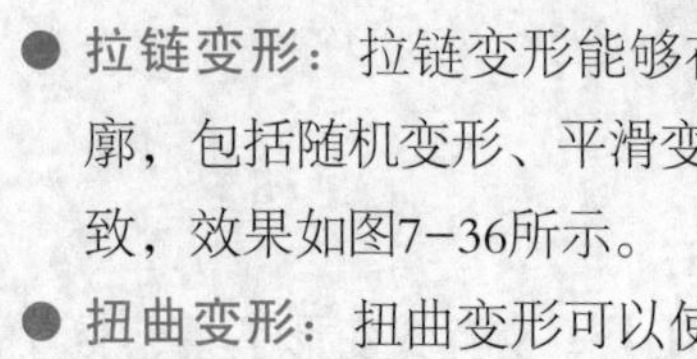

图7-35　推拉变形

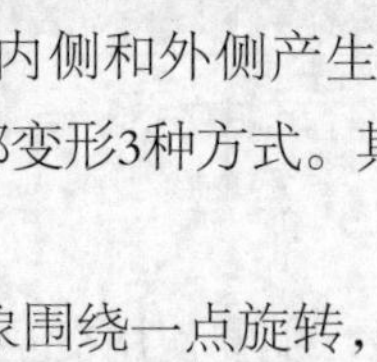

图7-36　拉链变形

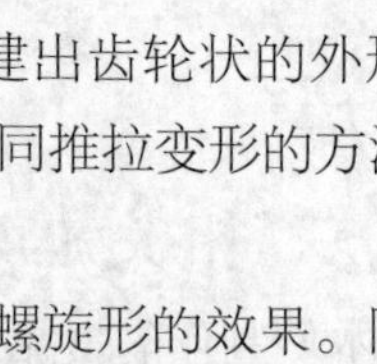

图7-37　扭曲变形

（三）封套工具

封套是通过改变对象节点和控制点来改变图形基本形状的方法，它可以使对象整体形状随着封套外形的变化而变化。使用交互式封套工具单击需要创建封套的图形，然后在如图7-38所示的属性栏中选择需要的封套模式，再用鼠标移动所需的节点即可。封套模式包括直线模式、单弧模式、双弧模式、非强制模式。

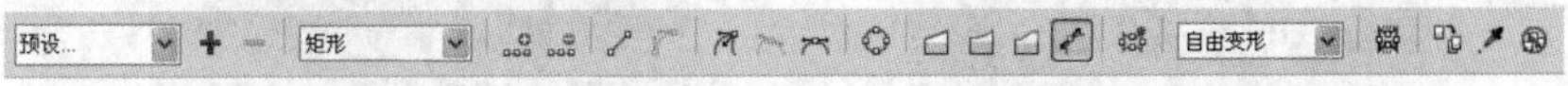

图7-38 交互式封套工具属性栏

- 按钮：单击“封套的直线模式”按钮，移动封套控制点时，可以保持封套的边线为直线段，即每个所选节点都只能水平或垂直移动位置，封套的边缘始终是保持直线状态，如图7-39所示。
- 按钮：单击“封套的单弧模式”按钮，将鼠标指针移到需要移动的节点上按住鼠标左键拖动，即可将图形的一边创建为弧形效果，使对象呈现为凹面结构或凸面结构的外观，如图7-40所示。
- 按钮：单击“封套的双弧模式”按钮，用鼠标移动需要调节的节点，可以将图形创建为一边或多边带S形的封套，同时可为封套添加一个弧形封套，如图7-41所示。
- 按钮：单击“封套的非强制模式”按钮，即可创建非强制封套，使用鼠标可以随意地修改每个节点的性质和类型，如图7-42所示。
- 按钮：单击该按钮后，即可在现有的封套效果上创建新的封套效果。
- 按钮：使用交互式封套工具选择需要复制封套效果的对象，单击该按钮，然后在创建了封套效果的对象上单击，即可将封套效果复制到所选对象上。

图7-39 直线模式

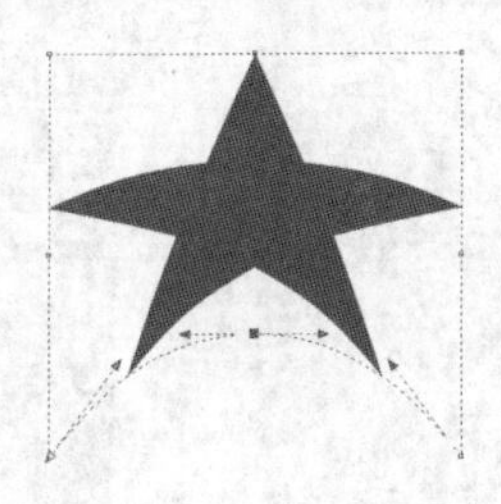
图7-40 单弧模式

图7-41 双弧模式

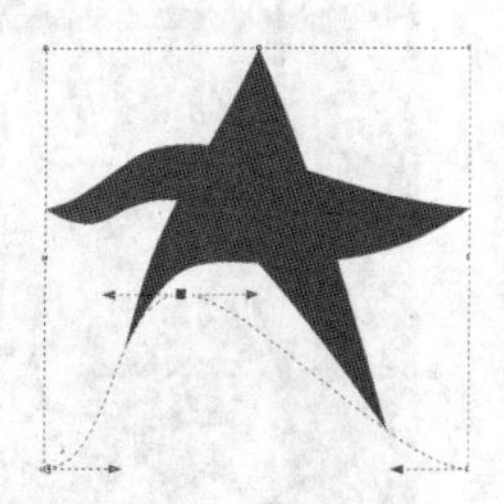
图7-42 非强制模式

三、任务实施

（一）制作包装袋背景

下面新建图形文件，然后倒入需要的素材文件，制作包装袋的背景效果。其具体操作如下。

STEP 1 新建一个图形文件，将其保存为“包装袋.cdr”。

STEP 2 绘制一个大小为80mm×110mm的矩形，将其填充为红色到黄色的渐变，取消轮廓线。

STEP 3 在工具箱中选择多边形工具，在其属性栏中设置边数为3，绘制三角形，然后复制图形并群组，镜像图形，使用该图形去修剪矩形，如图7-43所示。

STEP 4 选择三角形图形，镜像图形，然后选择矩形后按【B】键将其低端对齐（注意图形两端的对齐），修剪矩形的下方，删除三角形后的效果如图7-44所示。

图7-43 修剪图形

图7-44 删除图形后的效果

STEP 5 绘制两个绿色的矩形，取消轮廓线，分别将其对齐矩形的顶端和底端，然后将其放置在矩形中，如图7-45所示。

STEP 6 导入“薯条.psd”素材文件（素材参见：光盘:\素材文件\项目七\任务二\薯条.psd），缩放并旋转图片，然后将其放置在矩形中，如图7-46所示。

STEP 7 导入“番茄.psd”素材文件（素材参见：光盘:\素材文件\项目七\任务二\番茄.psd），打散图片，然后分别对其进行缩放、旋转操作，最后将其放置在矩形中，如图7-47所示。

图7-45 绘制矩形

图7-46 导入薯条图片

图7-47 导入番茄图片

（二）添加变形效果

下面使用交互式变形工具为包装袋制作变形效果。其具体操作如下。

STEP 1 绘制一个矩形，然后按【F10】键将其调整为如图7-48所示的形状。

STEP 2 选择工具箱中的交互式变形工具，单击属性栏中的“扭曲变形”按钮，然后按住鼠标左键在图形上旋转拖动到一定效果后释放鼠标，最后单击属性栏中的“中心变形”按钮，效果如图7-49所示。

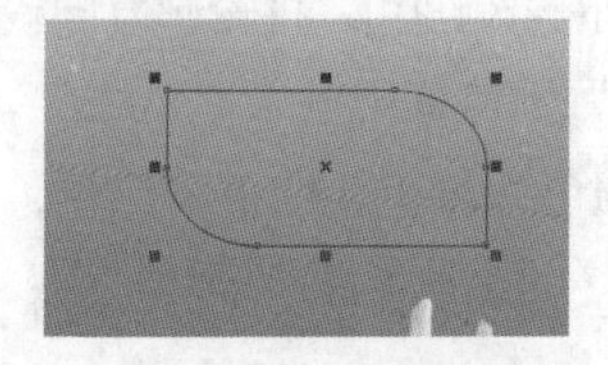
图7-48　绘制矩形

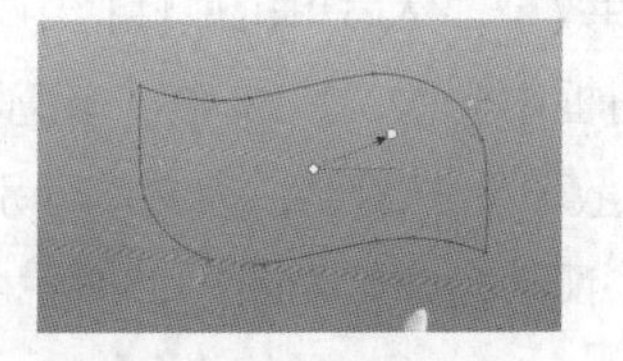
图7-49　变形矩形

在对图形对象执行了变形操作后，单击属性栏中的“添加新的变形”按钮，可以在原来变形的基础上再添加新的变形效果。

STEP 3 使用挑选工具选择图形，按【Ctrl+Q】组合键转曲，然后按【F10】键删除不需要的节点，得到如图7-50所示的图形效果。

STEP 4 选择图形，将其填充为红色、白黄、红色的渐变，如图7-51所示。

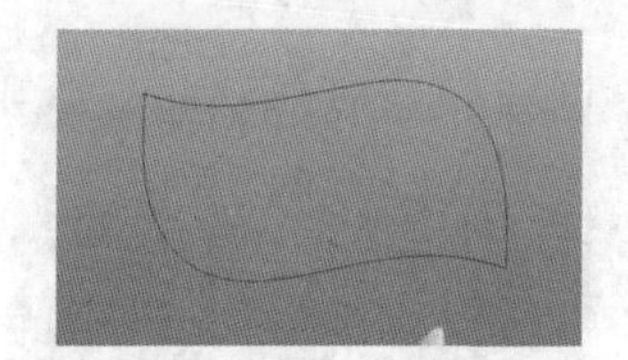
图7-50　删除节点

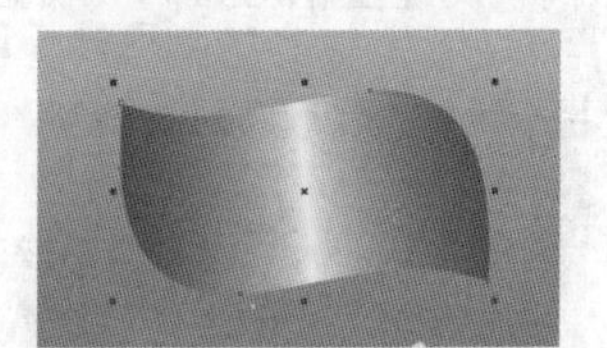
图7-51　填充颜色

（三）添加轮廓图效果

下面使用交互式轮廓工具为包装袋制作轮廓图效果。其具体操作如下。

STEP 1 选择绘制的不规则图形，选择工具箱中的交互式轮廓图工具，使用鼠标在所选图形上拖动创建轮廓图效果，然后单击属性栏中的“向外”按钮，将轮廓方向设为向外，在“轮廓图步长”数值框中输入“1”，在“轮廓图偏移”数值框中输入“0.9”，此时所选择的矩形图形将被轮廓化，如图7-52所示。

STEP 2 选择【排列】/【打散轮廓图群组】菜单命令，将轮廓图效果与原始图形进行拆分，然后使用挑选工具选择外围的图形，设置其颜色为绿色、白色、绿色的渐变，如图7-53所示。

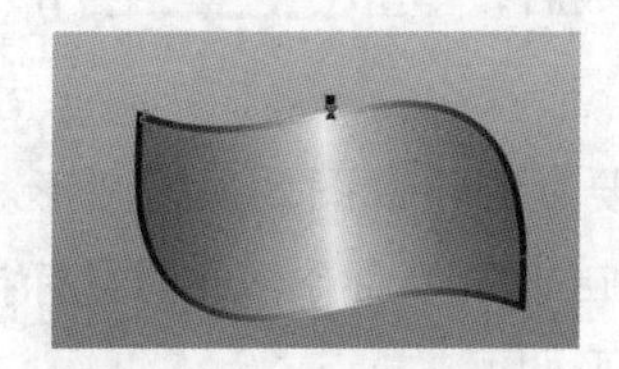
图7-52　添加轮廓图效果

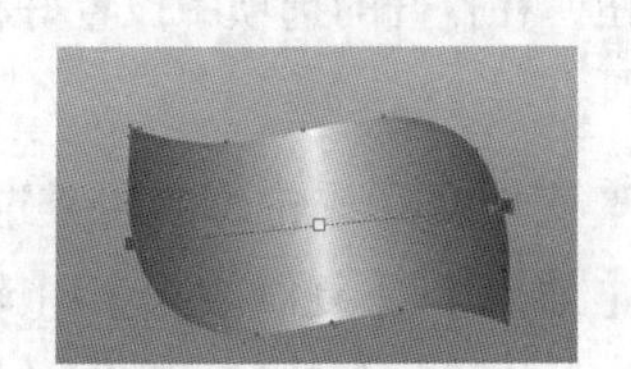
图7-53　设置填充颜色

STEP 3 使用文本工具输入文本，设置字体为“方正毡毛黑简体”，按【Ctrl+Q】组合键转曲，然后按【F10】键调整节点，如图7-54所示。

STEP 4 群组文本图形，选择工具箱中的交互式轮廓图工具，使用鼠标在所选图形上拖动创建轮廓图效果，然后单击属性栏中的“向外”按钮，将轮廓方向设为向外，在“轮廓图步长”数值框中输入“1”，在“轮廓图偏移”数值框中输入“1.025”。

STEP 5 打散轮廓图图形，为文本分别设置颜色为黄色、红色、白色，然后移动黄色文本图形的位置，使其错位，如图7-55所示。

图7-54 调整节点

图7-55 调整位置

STEP 6 使用贝塞尔工具绘制不规则图形，然后填充为红色，使用相同的方法为其添加轮廓图效果，打散图形后将图形填充为白色，然后错位显示图形，如图7-56所示。

STEP 7 使用文本工具输入文本，设置字体为“方正毡毛黑简体”，按【F10】键调整字距后，旋转文本并放置在相应位置，如图7-57所示。

图7-56 绘制不规则图形

图7-57 输入文本

操作提示

在“轮廓图”泊坞窗中也可以修改轮廓图效果，其方法为使用交互式轮廓图工具选择已经执行了轮廓化效果的图形对象，然后分别单击泊坞窗中的按钮，在打开的选项中设置好相关参数后，单击 应用 按钮即可。

知识补充

使用交互式轮廓图工具选择需要复制轮廓图效果的图形对象，然后选择【效果】/【复制效果】/【轮廓图自】菜单命令，此时鼠标指针变为➡形状，单击已经创建了轮廓图效果的图形即可。

（四）添加封套效果

下面使用交互式封套工具为包装袋制作立体的效果。其具体操作如下。

STEP 1 选择包装袋下方的矩形图形，然后选择工具箱中的交互式封套工具，此时图形将出现边缘线和控制点，如图7-58所示。单击选中左侧边缘线中间的控制点，按住鼠标左键不放拖动，此时图形将出现弧形的封套效果，如图7-59所示。

STEP 2 用相同的方法拖动右侧的中间节点，创建如图7-60所示的封套效果。

图7-58 进入封套状态

图7-59 拖动节点

图7-60 完成封套

STEP 3 在上方绘制一个矩形，将其与包装袋的矩形相交得到一个新的矩形，将其填充为黑色到橙色（M:21 Y:100）的渐变，如图7-61所示。

STEP 4 使用贝塞尔工具绘制图形，将其填充为白色，取消轮廓线，如图7-62所示（效果参见：光盘:\效果文件\项目七\任务二\包装袋.cdr）。

图7-61 相交图形

图7-62 绘制不规则图形

操作提示

如果需要清除封套的图形上添加的多次封套，每次只能清除最近一次的封套效果，如果需要全部清除，则需要重复清除封套效果的操作。

任务三 制作“挂历”

挂历是日历的一种表现形式，挂历上的历法通常印在挂历的最下端，一般都是星期。阳历和农历对照，重大节庆和24节气都会用红色文字标明。在CorelDRAW中制作挂历时，要注意文本的排列。下面具体讲解其制作方法。

一、任务目标

本例将练习用CorelDRAW制作挂历效果。制作时先新建一个图形文件，然后通过为其添加特殊效果制作挂历的整体效果，最后输入文本即可。通过本例的学习，读者可以掌握交互式透明工具和交互式阴影工具的使用方法。本例制作完成后的最终效果如图7-63所示。

图7-63 挂历效果

二、相关知识

本例制作的挂历效果，主要使用交互式透明工具、交互式阴影工具制作挂历整体效果，下面便对这些工具进行介绍。

（一）透明工具

使用CorelDRAW X4中的交互式透明工具可以创建图形的透明效果，制作出如同隔着透明物体看其后景象的效果。与填充效果一样，交互式透明效果也有标准透明效果、渐变透明效果、图样透明效果、底纹透明效果等多种类型，如图7-64所示。

- 标准透明：使用这种类型将为图形添加一个均匀的透明效果。
- 渐变透明：渐变透明包括线性、射线、圆锥、方角4种类型，与渐变填充一样，创建的透明效果是从一种颜色到另一种颜色的渐变。
- 图样透明：包括双色图样、全色图样、位图图样3种类型。但是图样透明的效果是使用灰度的效果来显示的，图样透明的颜色取决于图形的填充色和透明效果的混合。
- 底纹透明：底纹透明的效果是使用灰度效果来显示的，图形的底纹透明颜色取决于对象的填充色和透明效果的混合。

图7-64 原图片与应用各种透明效果后的效果

使用交互式透明工具选择图形，在其属性栏中的“透明度类型”下拉列表中选择所需的透明类型，再在图形上拖动鼠标即可创建所需的透明效果。

在创建不同类型的透明效果时，其属性栏中的相关参数也不相同，其中线性、射线、圆锥、方角透明类型的属性栏相似。下面以标准透明效果为例，讲解其属性栏中各参数的含义，用户可以根据各参数的含义调整透明效果，如图7-65所示。

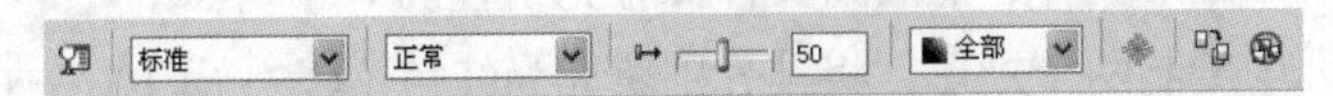

图7-65 交互式透明工具的属性栏

- 标准下拉列表框：在该下拉列表中可选择所创建透明度的类型。
- 正常下拉列表框：在该下拉列表中选择透明度的颜色显示方式，可以给图形应用不同的透明样式。
- “透明度”数值框：在该数值框中输入数值，可以设置透明度中心的位置，也可直接拖动其前面的滑块进行设置。
- 全部下拉列表框：选择该下拉列表中的选项，可以选择将透明度应用于图形的填充、轮廓或全部。
- “冻结”按钮：单击该按钮，可将透明效果冻结，并且透明效果不会随图形的编辑而变化。
- “复制透明度属性”按钮：单击该按钮，可以将一个图形的透明效果复制到另一个图形上。
- “清除透明度”按钮：单击该按钮，可清除图形的透明效果。

（二）阴影工具

使用交互式阴影工具可以为图形添加阴影效果，使图形看起来具有立体感。使用交互式阴影工具选择需要创建阴影的图形，再使用鼠标在图形上合适的位置按住鼠标左键并拖动，到达所需位置后释放鼠标即可。为图形对象添加阴影效果后，可以通过如图7-66所示的属性栏设置阴影的透明度、羽化、明暗程度等，如果对阴影效果不满意，还可将其清除。

图7-66 交互式阴影工具的属性栏

- 预设... 下拉列表框：在该下拉列表中可选择CorelDRAW 中自带的阴影样式。
- “阴影角度”数值框 0：在该数值框中可设置交互式阴影的角度。
- “阴影的不透明”数值框 50：在该数值框中可设置交互式阴影的透明度。
- “阴影羽化”数值框 15：在该数值框中可设置交互式阴影的边缘羽化程度。
- “阴影羽化方向”按钮：单击该按钮，在打开的面板中可设置交互式阴影的羽化方向。
- 乘 下拉列表框：在该下拉列表中可选择阴影透明度的相应操作。
- 拉列表框：可设置交互式阴影的颜色。
- “清除阴影”按钮：单击该按钮，可清除图形的阴影效果。

三、任务实施

（一）制作挂历背景

下面新建图形文件，然后绘制图形，制作挂历的背景效果。其具体操作如下。

STEP 1 新建一个图形文件，然后将文件保存为“挂历.cdr”。

STEP 2 在页面中绘制两个矩形，将其分别填充为红色（C:25 M:100 Y:100）和淡红（C:2 M:5 Y:20），取消轮廓线，如图7-67所示。

STEP 3 导入“1.psd”素材文件（素材参见：光盘:\素材文件\项目七\任务三\1.psd），缩放大小后将其放置在红色的矩形中，如图7-68所示。

图7-67 绘制矩形

图7-68 导入素材

（二）添加阴影效果

下面为图形添加阴影效果，使挂历更加立体化。其具体操作如下。

STEP 1 在红色的矩形上方绘制矩形和圆形（注意垂直居中对齐矩形和圆形），将矩形填充为黑色、白色、黑色的渐变，并取消轮廓线，然后使用圆形去修剪下方的两个矩形，如图7-69所示。

STEP 2 复制矩形和圆形，然后按【Ctrl+D】组合键再制，再使用圆形去修剪下方的两个矩形，删除圆形后的效果如图7-70所示。

图7-69　绘制矩形和圆形

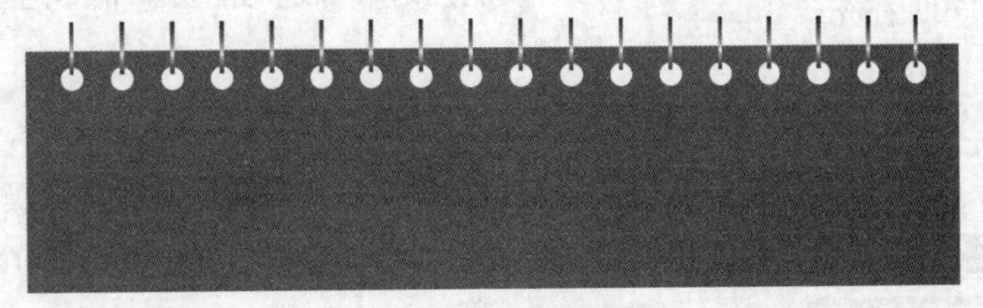

图7-70　修剪图形

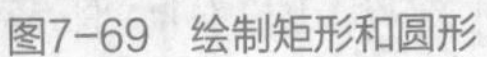

STEP 3　选择红色的矩形，选择工具箱中的交互式阴影工具，按住【Ctrl】键使用鼠标从图形中间位置向下方拖动到一定位置后释放鼠标和按键，即可创建阴影，效果如图7-71所示。

STEP 4　在属性栏中的“阴影不透明度”和“阴影羽化”数值框中分别输入30和10，按【Enter】键应用设置。调整后的效果如图7-72所示。

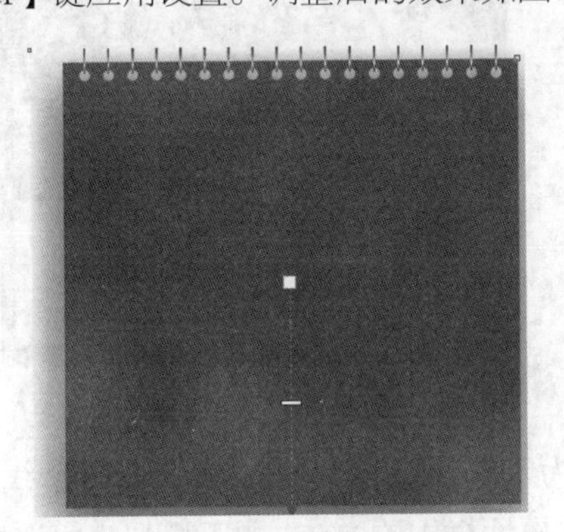

图7-71　创建阴影效果

图7-72　设置阴影透明度和羽化

STEP 5　选择【排列】/【打散阴影群组】菜单命令，打散阴影，然后绘制矩形，使用矩形去修剪超出图形的阴影效果，如图7-73所示。

STEP 6　此时阴影图形还是超出了图形的顶部，直接拖动缩放阴影图形后的效果如图7-74所示。

图7-73　修剪阴影

图7-74　缩放阴影

图形、位图、文字等大多数图形对象都可以添加阴影效果，但是调和图形、轮廓图形、用斜角边修饰过的图形、立体化图形等不可添加阴影效果。

（三）添加透明效果

下面为图形添加阴影效果，使挂历更加立体化。其具体操作如下。

STEP 1 在页面中绘制如图7-75所示的矩形（注意垂直居中对齐），取消轮廓线。

STEP 2 导入“荷.jpg”素材文件（素材参见：光盘:\素材文件\项目七\任务三\荷.jpg），将其放置在上方的矩形容器中，如图7-76所示。

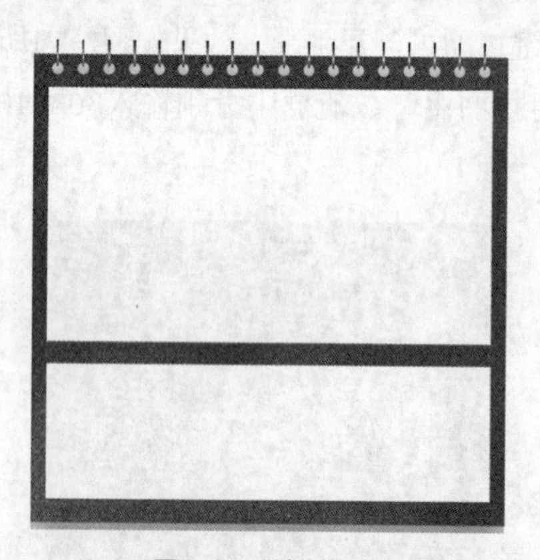

图7-75 绘制矩形

图7-76 导入素材图片

STEP 3 在荷花图案上绘制一个矩形，将其填充为牙黄（C:5 M:10 Y:30），取消轮廓线。

STEP 4 选择工具箱中的交互式透明工具，在属性栏中的“标准”下拉列表中选择“标准”选项，为图形应用透明度效果，如图7-77所示。

STEP 5 在图片上绘制矩形，将其填充为牙黄（C:5 M:10 Y:30），然后导入“1.ai”素材文件（素材参见：光盘:\素材文件\项目七\任务三\1.ai），打散图形后设置花纹图形的颜色为红色，复制图形后设置整体透明度为标准，并将其放置在矩形容器中，如图7-78所示。

图7-77 设置透明效果

图7-78 导入图形

STEP 6 选择之前打散后剩余的图形，将其填充为红色，并放置在相应位置，效果如图7-79所示。

STEP 7 导入“文本.ai”素材文件（素材参见：光盘:\素材文件\项目七\任务三\文本.ai），将其放置在相应位置即可，如图7-80所示（效果参见：光盘:\效果文件\项目七\任务三\挂历.cdr）。

图7-79 设置颜色

图7-80 完成制作

知识补充

使用交互式透明工具直接在图形上拖动可创建线性的渐变透明效果，拖动透明度控制柄中的▭滑块，向黑色节点■移动，图形的透明效果越不明显；向白色节点□移动，图形的透明效果则越明显。

实训一 制作“游乐园海报”

【实训要求】

本实训制作一张关于游乐园的海报效果。要求色彩丰富，具有视觉冲击力，同时要写明相关的文本信息。本实训的参考效果如图7-81所示（效果参见：光盘:\效果文件\项目七\实训一\游乐园海报.cdr）。

图7-81 海报效果

【实训思路】

在CorelDRAW中心新建文件后，使用绘图工具绘制图形，将其放置在矩形中作为海报的背景效果，然后通过为图形添加透视效果等为海报制作特殊的效果。注意主题文本要突出，然后写明其他详细文本即可。

【步骤提示】

STEP 1 在CorelDRAW中新建一个图形文件，然后将其保存为“游乐园海报.cdr”。

STEP 2 在页面中绘制矩形并填充颜色，然后使用相关的绘图工具绘制图形，填充颜色后使用图框精确裁剪将其放置在矩形中作为海报的背景。

STEP 3 导入“卡通.ai”素材文件（素材参见：光盘:\素材文件\项目七\实训一\卡通.ai），将其缩放大小后放置在相应位置。

STEP 4 绘制并输入文本，然后设置文本的字体和颜色，群组后为其添加透视效果。

STEP 5 使用矩形工具和贝塞尔工具绘制图形，然后为其应用交互式轮廓图效果，打散轮廓图，分别为图形填充相应的颜色。

实训二　制作“母亲节海报”

【实训要求】

本实训要制作一张关于母亲节的广告海报效果。在制作时要注意色彩的应用，一定要符合主题，且主题文本明确。本实训的参考效果如图7-82所示（效果参见：光盘:\效果文件\项目七\实训二\母亲节海报.cdr）。

图7-82　海报效果

【实训思路】

本实训可综合运用前面所学习的知识进行制作，在制作的过程中，将运用到交互式调和工具、交互式立体化工具、交互式轮廓图工具、交互式透明工具、交互式阴影工具等知识点。

【步骤提示】

STEP 1 在CorelDRAW中新建一个图形文件，然后将其保存为"母亲节海报.cdr"。

STEP 2 双击矩形工具绘制一个矩形，然后将其填充为淡黄和紫红的射线渐变，取消轮廓线。

STEP 3 使用贝塞尔工具绘制线条，将其颜色设置为浅棕色，轮廓线宽度为0.5mm，然后使用交互式调和工具调整线条，完成后将其放置在矩形中。

STEP 4 输入文本，设置字体后转曲文本，然后按【F10】键对文本图形的节点进行调整，完成后为其填充为淡黄到橘色的渐变。

STEP 5 使用挑选工具双击文本图形，对象的4条边中间将出现倾斜控制柄↔和↕，将鼠标指针移到碎片的倾斜控制柄上，指针变为⇌形状时，按住鼠标左键和【Ctrl】键不放并拖动对文本图形进行倾斜15°。

STEP 6 完成倾斜操作后使用交互式轮廓图工具向外添加一层轮廓效果，填充颜色后为其添加立体化效果。

STEP 7 继续输入文本，设置颜色后为其添加阴影效果，并设置阴影的颜色。

STEP 8 绘制圆形，为其设置射线的渐变效果，然后复制多个圆形，分别调整其大小和位置。

STEP 9 最后绘制圆形，填充颜色后，为其应用标准和透明效果。

常见疑难解析

问：为什么在容器中单击鼠标右键，在弹出的快捷菜单中没有"结束编辑"命令呢？

答：在完成对容器中的图形编辑时，必须在图形对象上单击鼠标右键，在弹出的快捷菜单中才有"结束编辑"命令。

问：在CorelDRAW X4中可以对位图直接添加透镜效果吗？

答：不能。由于透镜效果不改变对象本身，只改变下面图形对象的视觉效果，所以必须要有一个矢量图形作为透镜才能为位图添加透镜效果。

问：在给图形对象添加透镜效果时，怎样实时预览所选透镜类型的效果？

答：将"透镜"泊坞窗中的按钮按下，在选择不同的透镜类型时便可实时进行预览。

问："放大"透镜与"鱼眼"透镜的效果有区别吗？

答：有区别。"放大"透镜只对图形对象产生放大效果，不会使图形对象产生变形效果，而"鱼眼"透镜将对图形对象产生变形效果。

问：渐变透明与渐变填充的效果比较类似，它们之间有区别吗？

答：有区别。渐变透明是由一种颜色向透明渐变，而渐变填充是由一种颜色向另一种颜色渐变。

问：在CorelDRAW中运用图框精确裁剪后，是否可以将容器中的图形复制到另一个容器中？

答：可以。在创建了精确剪裁后，可以将容器中的对象复制到另一个容器中。其方法是选择一个新容器后，选择【效果】/【复制效果】/【图框精确剪裁自】菜单命令，当鼠标指针变为➡形状时单击已经置于容器中的对象即可。

问：在CorelDRAW中创建圆形路径调和效果后，为什么图形没有包围整个圆形图形呢？

答：在创建圆形的路径调和后，若要使调和效果布满整个圆形，可以手动拖动调和图形的首尾图形，如图7-83所示。

图7-83　更改调和效果

拓展知识

1. 添加角效果

在CorelDRAW中提供了添加角效果功能，通过该新功能，可以非常方便地为图形添加圆角、扇形切角、倒角等效果。

选择需要添加角效果的图形，然后选择【窗口】/【泊坞窗】/【圆角/扇形切角/倒角】菜单命令，打开“圆角/扇形切角/倒角”泊坞窗，在泊坞窗中的“操作”下拉列表中可选择需要添加的角效果，在“半径”数值框中可输入数值设置半径的大小，如图7-84所示。

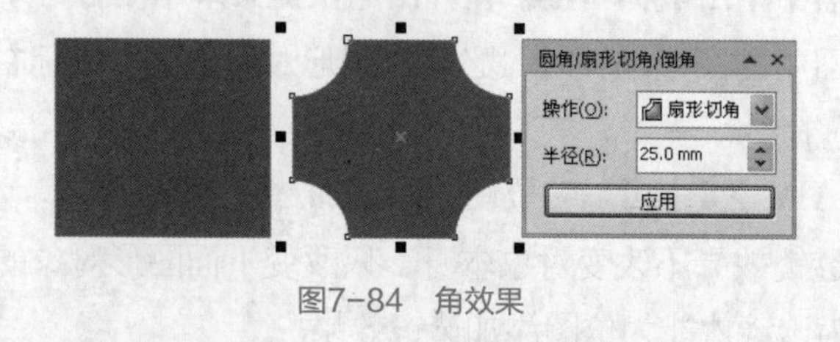

图7-84　角效果

添加角效果只能针对曲线图形，如果对还没转为曲线的图形添加角效果，系统将打开询问对话框。

2. 添加斜角

CorelDRAW还可以为图形添加斜角效果。斜角包括了两种样式，即柔和边缘和浮雕。在“斜角”泊坞窗中还可以进行斜角偏移、阴影颜色、光源颜色等参数的设置。

选择需要添加斜角的图形，然后选择【效果】/【斜角】菜单命令，打开“斜角”泊坞窗，在泊坞窗的“样式”下拉列表框中可选择样式，然后再设置其他参数，添加后的效果如图7-85所示。

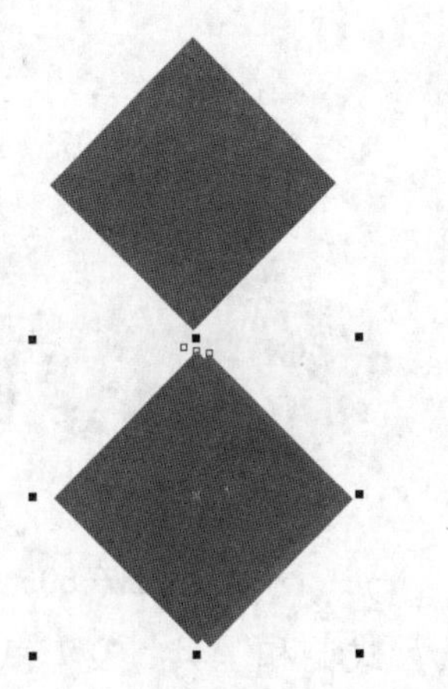
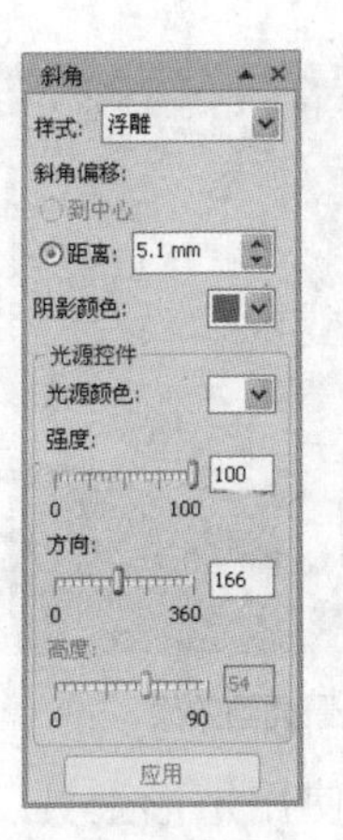

图7-85 斜角效果

3. 倾斜图形

在前面项目二中对图形的操作进行了讲解，在CorelDRAW中还可以对选择的对象进行倾斜变形，倾斜操作常用于文本图形等。倾斜对象可以通过挑选工具和“变化”泊坞窗来实现。

- 使用挑选工具双击需要倾斜的对象，对象的4条边中间将出现倾斜控制柄↔和↕，将鼠标指针移到倾斜控制柄上，指针变为⇌或⇅形状时，按住鼠标左键不放并拖动即可倾斜对象，如图7-86所示。
- 在“变换”泊坞窗中可指定需要水平或垂直倾斜的度数，如图7-87所示。

图7-86 使用挑选工具倾斜图形

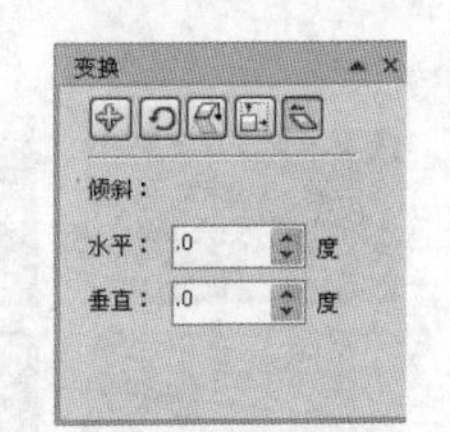

图7-87 “变换”泊坞窗

在CorelDRAW中只能对填充了颜色的图形添加斜角效果，而添加角效果时，没有填充颜色和填充了颜色的图形都能被添加，且同样可以对斜角进行打散。

课后练习

（1）本练习将利用交互式变形工具、交互式透明工具、透视效果等绘制如图7-88所示的风景画效果（效果参见：光盘:\效果文件\项目七\课后练习\风景插画.cdr）。

（2）本练习要求通过操作掌握交互式立体化工具和交互式透明制作如图7-89所示的立体字效果（效果参见：光盘:\效果文件\项目七\课后练习\立体字.cdr）。

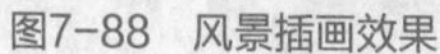

图7-88　风景插画效果

图7-89　立体字

（3）本练习要求使用矩形工具、交互式调和工具、交互式阴影工具制作一组水晶按钮，最终效果如图7-90所示（效果参见：光盘:\效果文件\项目七\课后练习\水晶按钮.cdr）。

（4）本练习要求运用前面所学知识制作如7-91所示的消费卷效果（效果参见：光盘:\效果文件\项目七\课后练习\消费券.cdr）。

图7-90　水晶按钮效果

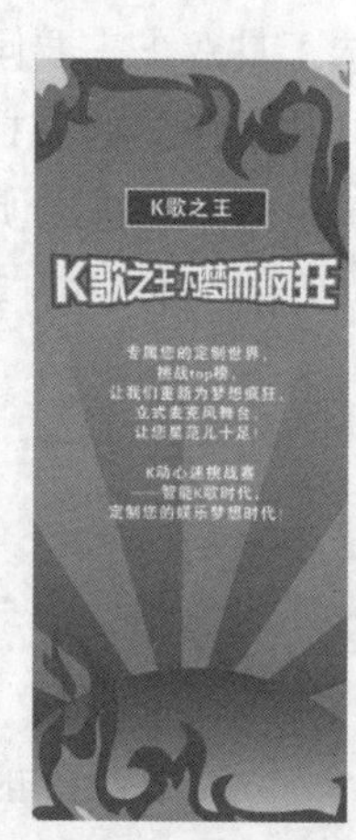

图7-91　消费券效果

PART 8

项目八 编辑位图

情景导入

阿秀：小白，经过前面的学习，在CorelDRAW中编辑矢量图的操作你已经基本掌握了，那接下来便是掌握一些在CorelDRAW中编辑位图的相关操作。

小白：咦？在CorelDRAW中也可以编辑位图吗？不是说CorelDRAW是一个矢量图的编辑软件吗？

阿秀：虽然CorelDRAW是编辑矢量图的软件，但是为了便于工作方便，同样也可以对位图进行一定的操作。

小白：是这样呀。那也可以像Photoshop那样对位图进行编辑吗？

阿秀：小白，CorelDRAW只能对位图进行一些相对简单的操作，若是对位图进行处理，还是需要借助专业的位图编辑软件才行，接下来我们学习在CorelDRAW中编辑位图你就会明白了。

小白：原来是这样，那快来学习吧。

学习目标

- 掌握转换位图的基本操作
- 掌握裁剪位图和调整位图颜色等操作
- 掌握使用位图颜色遮罩的方法
- 掌握特效滤镜效果的应用
- 了解链接位图的操作

技能目标

- 掌握“相机广告”的制作方法
- 掌握“点餐牌”的制作方法
- 了解工作中对位图的常用编辑方法

任务一 制作“相机广告”

广告的种类繁多，旨在宣传产品，促进消费。在CorelDRAW中制作相机广告时，主要是通过导入的素材图片来表现。下面具体介绍其制作方法。

一、任务目标

本例将练习用CorelDRAW制作相机的宣传广告。在制作时需要先新建图形文件，然后导入素材图片，并对导入的图片进行编辑。通过本例的学习，读者可以掌握在CorelDRAW中编辑位图、调整位图颜色、转换位图的操作。本例制作完成后的最终效果如图8-1所示。

图8-1 相关广告效果

二、相关知识

在CorelDRAW中可以对位图的颜色进行调整，还可变换与校正位图。下面便对这些操作进行介绍。

（一）调整位图的相关命令

调整位图颜色包括调整图像的色度、亮度、对比度、饱和度等。选择【效果】/【调整】菜单命令，将打开如图8-2所示的子菜单，其中提供了多种用于调整位图颜色效果的命令，在子菜单中选择需要的命令，然后设置相关参数，单击确定按钮即可。下面分别对各个子菜单命令进行讲解。

图8-2 菜单命令

- **高反差**：“高反差”命令是通过移动滑块来调整暗部和亮部的细节，效果如图8-3所示。
- **局部平衡**：局部平衡是指通过改变图像各颜色边缘的对比度来调整图像的暗部和亮部细节，效果如图8-4所示。
- **取样\目标平衡**：使用“取样/目标平衡”命令调整图像是通过直接从图像中提取颜

色样品来调整图像，效果如图8–5所示。

图8–3　原图与高反差效果

图8–4　局部平衡效果

图8–5　取样/目标平衡效果

- 调和曲线：通过“调和曲线”命令控制单个像素值可以精确地校正颜色，通过改变像素亮度值，可以改变阴影、中间色调、高光，效果如图8–6所示。
- 亮度/对比度/强度：使用“亮度/对比度/强度”命令可以对位图的亮度、对比度、强度进行调整。“亮度”是指图形的明亮程度，“对比度”指图形中白色和黑色部分的反差，“强度”则指图形中的色彩强度，效果如图8–7所示。
- 颜色平衡：调整色彩通道可以在RGB和CMYK之间转换颜色模式，颜色平衡是对每一个控制量进行设置，从而矫正图片颜色，效果如图8–8所示。

图8–6　调和曲线效果

图8–7　亮度/对比度/强度效果

图8–8　颜色平衡效果

- 伽玛值：伽玛值是一种校色方法，其原理是人眼因相邻区域的色值不同而产生的视觉印象，用于在不影响阴影感高光的情况下强化较低对比度区域的细节，效果如图8–9所示。
- 色度/饱和度/亮度：通过对色度、饱和度、亮度的调整可以改变图片的颜色深浅，效果如图8–10所示。
- 所选颜色：通过增加或减少图像中的CMYK值来控制设置图像颜色，效果如图8–11所示。

图8–9　伽玛值效果

图8–10　色度/饱和度/亮度效果

图8–11　所选颜色效果

- 替换颜色：从图像中选取一种颜色，在所选区域上创建一个屏蔽，在这个屏蔽中进行颜色调整，效果如图8–12所示。
- 取消饱和：取消饱和是将图片的颜色模式改变成灰度方式，选中需要调整的位图，选择【效果】/【调整】/【取消饱和】菜单命令即可，效果如图8-13所示。

- 通道混合器：使用“通道混合器”命令可以通过改变不同颜色通道的数值来改变图像的色调，效果如图8-14所示。

图8-12　替换颜色效果

图8-13　取消饱和效果

图8-14　通道混合器效果

除使用“调整”菜单命令下的子菜单进行调整颜色外，还可通过【位图】/【自动调整】菜单命令和【位图】/【图像调整实验室】菜单命令对位图的颜色进行调整。

- 自动调整：“自动调整”命令可以对导入或转换生成的位图颜色对比度等进行自动调整。选择【位图】/【自动调整】菜单命令，CorelDRAW X4将自动对位图进行调整，没有设置参数的过程，效果如图8-15所示。
- 图像调整实验室：“图像调整实验室”命令可以手动调整位图的色调、饱和度、亮度、对比度等，而且还可以分别对高光、暗部、中间调等部分进行调整（“图像调整实验室”对话框上面有一排按钮，通过那些按钮可以选择原始图像和调整后效果的预览方式，并且可以将预览窗口进行放大、缩小、旋转和移动），效果如图8-16所示。

图8-15　自动调整效果

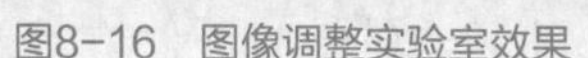

图8-16　图像调整实验室效果

（二）变换与校正位图的相关命令

变换与校正位图同样是对位图图像的色彩进行调整，下面分别进行讲解。

- 去交错：选择【效果】/【变换】/【去交错】菜单命令，可以把利用扫描仪在扫描图像过程中产生的网点消除，从而使图像更加清晰。
- 反显：选择【效果】/【变换】/【反显】菜单命令，可以把图像的颜色转换为与其相对的颜色，从而生成图像的负片效果，如图8-17所示。
- 极色化：选择【效果】/【变换】/【极色化】菜单命令，可以把图像颜色简单化处理，得到色块化的效果，如图8-18所示。
- 尘埃与刮痕：选择【效果】/【校正】/【尘埃与刮痕】菜单命令，可以通过更改图像中相异像素的差异来减少杂色，效果如图8-19所示。

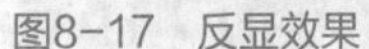
图8-17 反显效果

图8-18 极色化效果

图8-19 尘埃与刮痕效果

三、任务实施

（一）导入与裁剪位图

在CorelDRAW中新建一个图形文件，然后导入需要的背景素材图片，裁剪图片后对其进行编辑。其具体操作如下。

STEP 1 新建一个图形文件，将页面方向设置为横向，然后将其保存为“相机广告.cdr”。

STEP 2 按【Ctrl+I】组合键或选择【文件】/【导入】菜单命令，导入“1.jpg”素材文件（素材参见：光盘:\素材文件\项目八\任务一\1.jpg），在打开的“导入”对话框中“预览”复选框的左侧下拉列表框中选择“裁剪”选项，单击 导入 按钮，然后在打开的“裁剪图像”对话框中拖动节点调整裁剪区域，如图8-20所示。

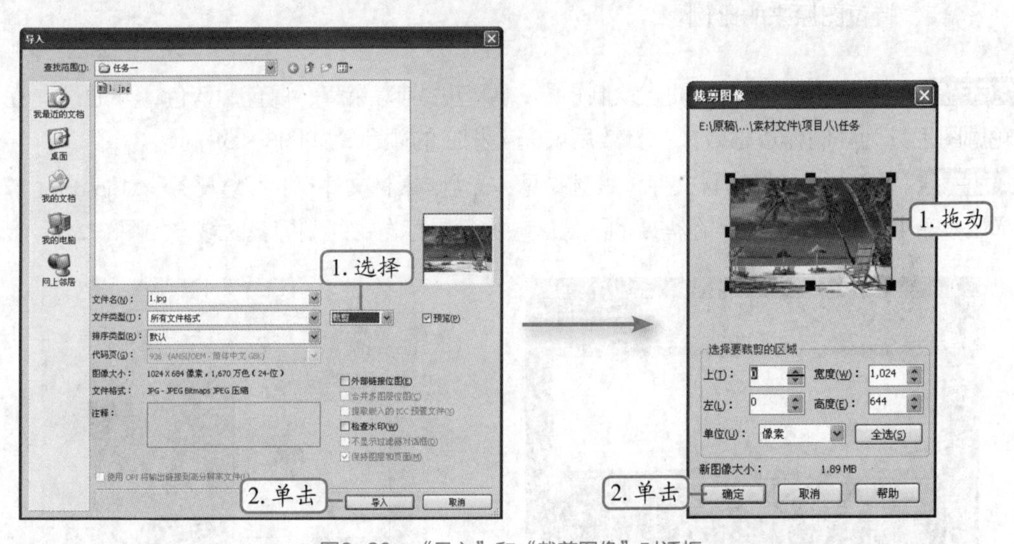

图8-20 “导入”和“裁剪图像”对话框

STEP 3 单击 确定 按钮后单击页面，即可导入裁剪后的图像效果。选择位图，选择【位图】/【重新取样】菜单命令，打开如图8-21所示 “重新取样”对话框，在“分辨率”栏中设置分辨率大小，在“图像大小”栏中可设置位图的图像大小，单击 确定 按钮即可。

操作提示

在导入位图时，在“预览”复选框的左侧下拉列表框中选择“重新取样”选项，单击 导入 按钮后，也可打开“重新取样”对话框设置图片的分辨率大小。

STEP 4 双击矩形工具绘制矩形，取消轮廓线后将更改大小后的图片放置在矩形中，如图8-22所示。

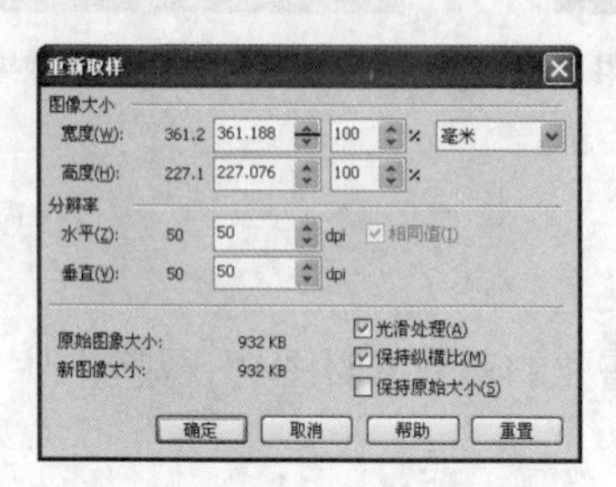

图8-21 “重新取样”对话框

图8-22 放置到容器中

重新取样位图是指通过绝对数值或百分比改变位图的图形大小和分辨率，以使修改后的位图重新回到原来的状态。其中，“保持原始大小”复选框表示在不改变位图大小的情况下修改位图的分辨率和印刷质量；“光滑处理”复选框表示去除原始图像中的锯齿边缘；“保持纵横比”复选框表示保持位图原来的比例。

STEP 5 使用矩形工具在页面上绘制矩形，颜色分别为深黄、白色、蓝色，并通过交互式轮廓图工具为其制作边框效果，打散后填充上相应的颜色，如图8-23所示。

STEP 6 导入“1.psd”素材文件（素材参见：光盘:\素材文件\项目八\任务一\1.jpsd），选择工具箱中的裁剪工具，在需要的图像区域拖动鼠标左键绘制剪裁区域，如图8-24所示。

图8-23 绘制矩形

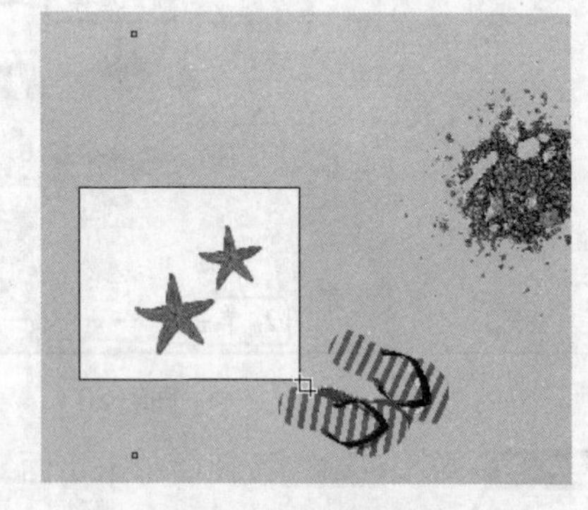

图8-24 裁剪图片

STEP 7 通过拖动节点调整好要保留的区域后，双击白色区域，得到剪裁后的效果。

如果要对多个对象进行剪裁，必须先将这些对象进行群组，然后对画面的混合对象进行一次性剪裁，包括多边形、位图、段落文本等多种对象。

STEP 8 使用挑选工具选择裁剪后的图片，缩放其大小后将其放置在相应位置，并复制图片调整其旋转角度。

STEP 9 导入“相机.psd”（素材参见：光盘:\素材文件\项目八\任务一\相机.jpsd），按【F10】键切换到形状工具，选择角点后按住【Ctrl】键进行拖动，裁剪掉不需要的图像部分，效果如图8-25所示。

STEP 10 完成调整后缩放大小，并将其放置在相应位置，如图8-26所示。

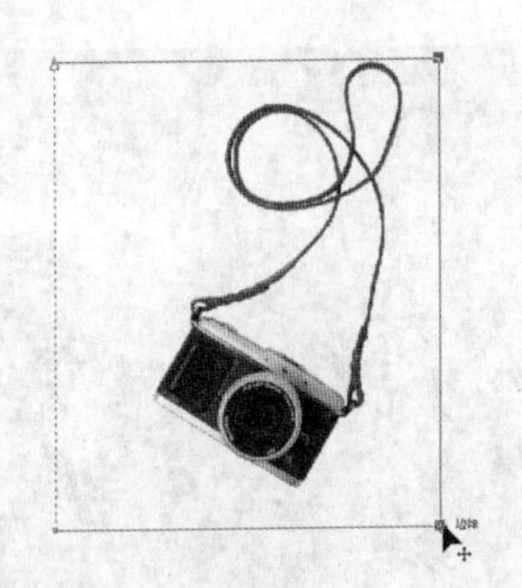

图8-25 使用形状工具裁剪图片

图8-26 放置在相应位置

操作提示

使用形状工具裁剪图像后，再选择挑选工具即可完成修剪。再次按【F10】键拖动图形上的角点可显示之前裁剪的图像。

STEP 11 使用贝塞尔工具绘制一条曲线，设置轮廓宽度为0.5mm，然后将其放置在背后的矩形中。

STEP 12 导入“夹子.psd”（素材参见：光盘:\素材文件\项目八\任务一\夹子.jpsd），缩放其大小后将其放置在相应位置，并复制多个图像到不同的位置，如图8-27所示。

STEP 13 使用矩形工具绘制矩形，填充为灰色和白色，然后复制矩形到不同的位置，并调整图形的角度，注意图形的排列顺序，如图8-28所示。

图8-27 复制图像

图8-28 绘制需要的矩形

STEP 14 根据前面的方法依次导入“2.jpg”、“3.jpg”、“4.jpg”、“5.jpg”、“6.jpg”素材文件（素材参见：光盘:\素材文件\项目八\任务一\2.jpg、3.jpg、4.jpg、5.jpg、6.jpg），然后缩放图片。

（二）调整位图颜色

下面为导入的图片调整颜色，然后将其分别放置在相应位置。其具体操作如下。

STEP 1 选择任意位图，选择【效果】/【调整】/【调和曲线】菜单命令，打开“调和曲线”对话框，如图8-29左图所示。

STEP 2 在打开的对话框中直接向上方拖动方框中的直线，然后单击[预览]按钮查看调整过后的效果，单击[确定]按钮后的效果如图8-29右图所示。

图8-29　调整图片亮度

STEP 3 完成调整后将其放置在矩形中，如图8-30所示。

STEP 4 选择位图，选择【效果】/【调整】/【通道混合器】菜单命令，在打开“通道混合器”对话框中调整色彩，完成后同样将其放置在矩形中，效果如图8-31所示。

图8-30　放置到容器中

图8-31　调整图片

在“通道混合器”对话框中选中“仅预览输出通道”复选框，将在预览窗中只查看“输入通道”下拉列表中所选通道的变化情况。

STEP 5 选择图片，选择【位图】/【图像调整实验室】菜单命令，打开“图像调整实验室”对话框，在其中对图片的色彩进行调整，如图8-32所示。

STEP 6 完成图片颜色的调整后，单击[确定]按钮，然后根据同样的方法将图片放置到容器中，如图8-33所示。

图8-32 “通道混合器”对话框

图8-33 放置图片

STEP 7 选择剩余的图片，使用相关的菜单命令对色彩进行调整，然后将图片分别放置到容器中，如图8-34所示。

图8-34 完成调整

（三）转换位图

下面将导入的所有图片的颜色模式转换为CMYK，分辨率设置为200，并输入相关文本。其具体操作如下。

STEP 1 选择相机的图片，选择【位图】/【转换为位图】菜单命令，在打开的对话框中设置分辨率为200dpi，颜色模式为“CMYK颜色（32位）”，如图8-35所示。

STEP 2 完成后单击确定按钮即可，根据相同的方法将所有图片的颜色模式都转换为CMYK颜色，分辨率都为200dpi。

STEP 3 在页面上输入相应的文本信息，设置字体为“方正综艺简体”和“书体坊硬笔行书”，按【F10】键调整字距，然后将其放置在相应的位置上，并设置颜色为蓝色和白色，调整大小后的效果如图8-36所示。

在平面设计的过程中，有时要对矢量图形调整颜色或应用特殊滤镜效果，便需要将绘制的矢量图转换为位图。选择需要转换为位图的矢量图，选择【位图】/【转换为位图】菜单命令，在打开的“转换为位图”对话框中设置好分辨率和颜色等参数，单击确定按钮即可。

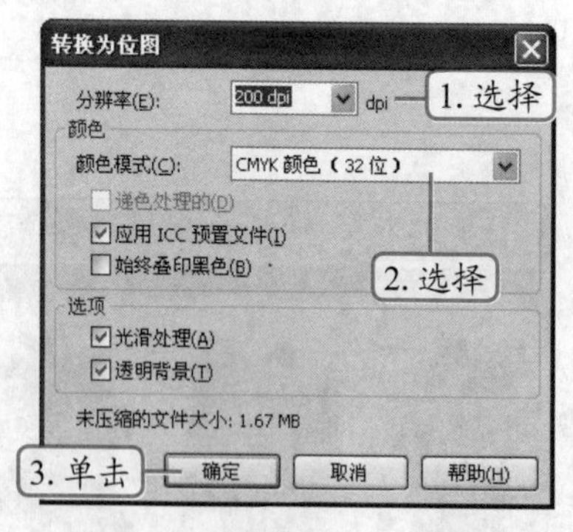

图8-35 “转换位图”对话框

图8-36 输入文本

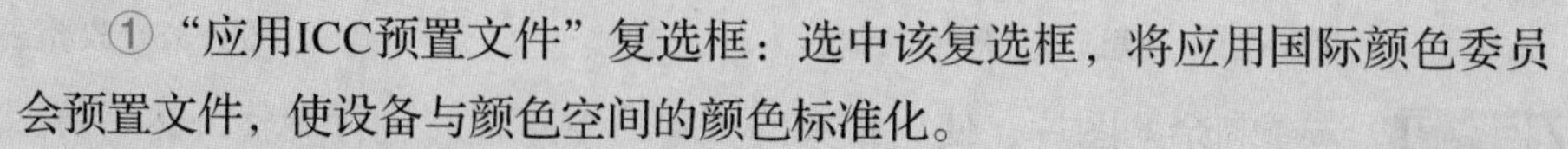

在“转换为位图”对话框中的各选项的含义如下。

①“应用ICC预置文件”复选框：选中该复选框，将应用国际颜色委员会预置文件，使设备与颜色空间的颜色标准化。

②“光滑处理”复选框：选中该复选框，将在位图中去除在低分辨率显示下参差不齐的边缘。

③“透明背景”复选框：选中该复选框，将设置位图的背景为透明色。

任务二 制作“点餐牌”

点餐牌即餐厅中的菜谱，在CorelDRAW中制作点餐牌时，要注意对文本的校对，且在设计时的字体不宜使用过多，要便于阅读。

一、任务目标

本例将练习用CorelDRAW制作点餐牌。首先需要新建文档，然后对导入的位图进行编辑，最后输入文本即可。通过本例的学习，读者可以掌握位图颜色遮罩和位图滤镜效果等知识。本例制作完成后的最终效果如图8-37所示。

图8-37 点餐牌效果

二、相关知识

（一）位图颜色遮罩

使用位图颜色遮罩可以隐藏或更改选择的颜色，而不改变图像中的其他颜色，常用于删除某些不需要的背景颜色。下面便对几种颜色遮罩的方法进行讲解。

- **为单色位图着色**：如果导入的位图是黑白两色的单色位图，可以通过CorelDRAW为位图着色，改变位图的颜色外观。选择黑白模式的单色位图，使用鼠标左键单击调色板中的颜色，修改位图的背景颜色，即白色区域；使用鼠标右键单击调色板中的颜色，修改位图的前景色，即黑色区域，如图8-38所示。
- **隐藏位图颜色**：选择需要进行颜色遮罩的位图，选择【位图】/【位图颜色遮罩】菜单命令，将打开“位图颜色遮罩”泊坞窗，默认选中“隐藏颜色”单选项，单击“颜色选择”按钮，再单击“颜色选择”按钮，在位图中单击需要隐藏的颜色即可，如图8-39所示。

图8-38　为单色位图着色

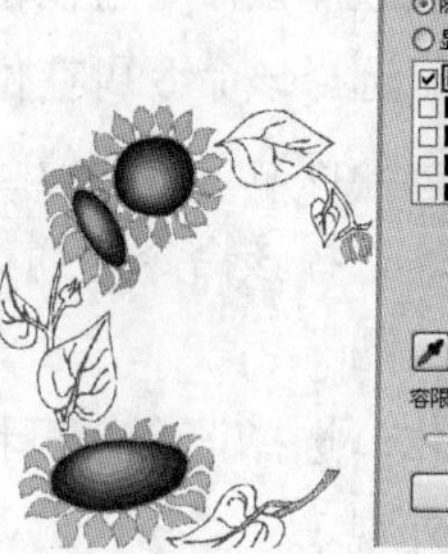
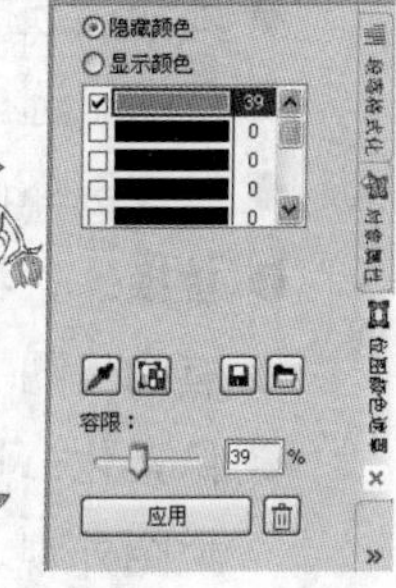

图8-39　隐藏位图颜色效果

- **显示位图颜色**：同样在“位图颜色遮罩”泊坞窗中单击选中“显示颜色”单选项，然后在颜色列表框中单击选中需要显示颜色的复选框，单击“颜色选择”按钮，单击位图上需要显示的颜色区域即可，拖动“容限”的滑块，可设置要显示颜色的容限值。

（二）描摹位图

在CorelDRAW X4中可以利用描摹位图功能将位图转换为矢量图，通过该功能可以自动描绘位图，而且能够得到多种描绘方式的效果。

描摹位图的方法为先选择需要描摹的位图，然后选择“位图”菜单，在弹出的命令中包括“快速描摹”、“中心线描摹”、“轮廓描摹”3个命令，选择相应命令即可用所选的方式对位图进行描摹。图8-40所示为使用“快速描摹”命令后的效果。

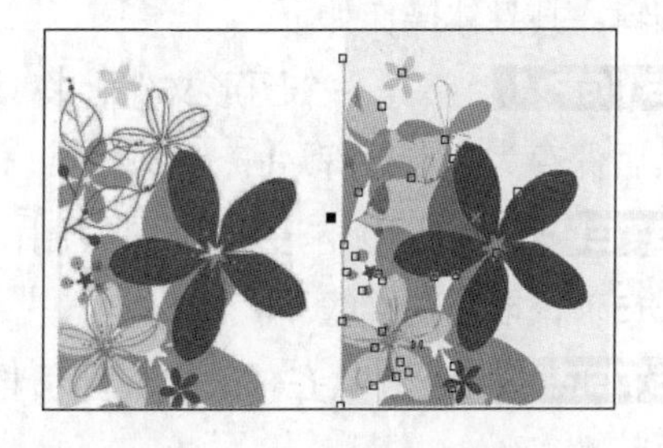

图8-40　快速描摹位图

（三）位图滤镜效果

在CorelDRAW X4中提供了10种73个滤镜特效，选择“位图”命令，在弹出的下拉菜单底部包括有三维效果、艺术笔触、颜色转换、轮廓图、创造性等，选择其下相应的子菜单命令即可得到位图的特殊效果。下面分别对几种常用滤镜进行简单介绍。

- 三维旋转：选择该命令可得到立体的旋转效果。
- 浮雕：选择该命令可得到浮雕效果。用户可以控制其浮雕的深度和角度。
- 卷页：选择该命令可使图片的一角或多角出现卷页效果。
- 素描盘：选择该命令可将图像转换为铅笔素描。
- 高斯模糊：选择该命令可使位图按照高斯分配产生朦胧的效果。
- 动态模糊：选择该命令可产生图像运动的幻像。
- 曝光：选择该命令可将位图转为底片，并能调节曝光的效果。
- 查找边缘：选择该命令可将对象边缘搜索出来并将其转换成软或硬的轮廓线。
- 描绘轮廓：选择该命令可增强位图对象的边缘。
- 框架：选择该命令可用预设图框或其他图像框化位图。
- 马赛克：选择该命令可使位图像产生不规则的椭圆小片拼成的马赛克画效果。
- 虚光：选择该命令可使位图像被一个像框围绕着，从而产生古典镜框的效果。
- 气候：选择该命令可在位图中添加大气环境，如雪、雨等。
- 风：选择该命令可使位图产生一种风刮过图像的效果。
- 替换：选择该命令可通过在两幅图像间赋颜色值，然后按照置换图像的值来改变现有的位图。
- 像素化：选择该命令可将一幅位图分成方形、矩形等像素单元，从而创建出夸张的位图外观。
- 平铺：选择该命令可产生一系列图像。

三、任务实施

（一）编辑位图

新建一个图形文件，制作点餐牌的背景效果，然后导入位图，并对位图进行裁剪等相应编辑。其具体操作如下。

STEP 1 新建一个图形文件，将其页面大小设置为420mm×285mm（未加出血区域），然后保存为“点餐牌.cdr”。

STEP 2 使用矩形工具绘制两个大小相同的矩形，然后将其填充为淡粉（M:10 Y:15），取消轮廓线。

STEP 3 设置贴齐辅助线，然后拖动出多条辅助线，为点餐牌设置上下左右各方向的页边距离。

STEP 4 导入“花纹.ai”素材文件（素材参见：光盘:\素材文件\项目八\任务二\花纹.ai），然后将其填充为淡粉（M:5 Y:10），并将其放置在矩形中，效果如图8-41所示。

STEP 5 选择工具箱中的矩形工具，在页面的两则绘制矩形，然后填充为棕黄（C:40 M:60 Y:100），取消轮廓线，如图8-42所示。

图8-41 导入花纹素材

图8-42 绘制矩形

STEP 6 导入“1.psd”素材文件（素材参见：光盘:\素材文件\项目八\任务二\1.psd），对其进行缩放，然后按【F10】键对超出页面的部分进行裁剪。

STEP 7 将裁减后的图片放置在右侧的矩形中，如图8-43所示。

STEP 8 导入“1.jpg”、“2.jpg”、“3.jpg”、“4.jpg”素材文件（素材参见：光盘:\素材文件\项目八\任务二\1.jpg、2.jpg、3.jpg、4.jpg），分别对其进行缩放，然后按【F10】键裁剪图片，完成后将图片放置在相应位置（点餐牌中需要的图片较多，这里未提供较多的图片，因此为了效果需要可复制图片），如图8-44所示。

图8-43 放置在矩形中

图8-44 放置图片的位置

（二）添加滤镜效果

导入需要的素材图片后，下面为图片添加相应的滤镜效果作为图片的边框。其具体操作如下。

STEP 1 选择图片，选择【位图】/【创造性】/【框架】菜单命令，打开“框架”对话框的“选择”选项卡，在左侧的下拉列表中选择框架样式，然后单击预览按钮可查看效果，如图8-45所示。

STEP 2 选择“修改”选项卡，切换到修改选项卡，在其中单击“颜色”下拉列表中设置颜色为棕黄（C:40 M:60 Y:100），并设置“不透明度”为80，在“缩放”栏中设置相应数值，如图8-46所示。

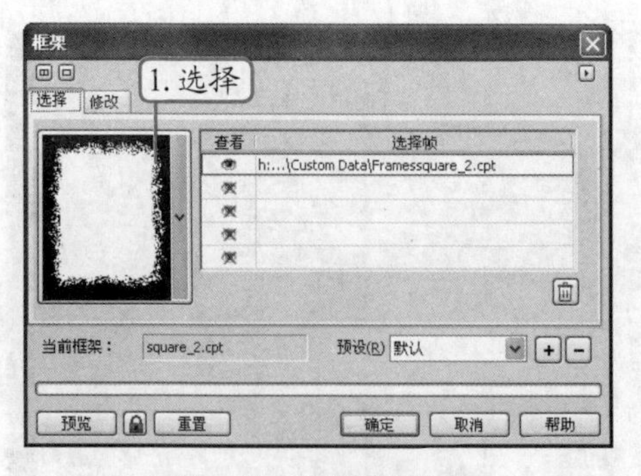

图8-45 设置框架样式

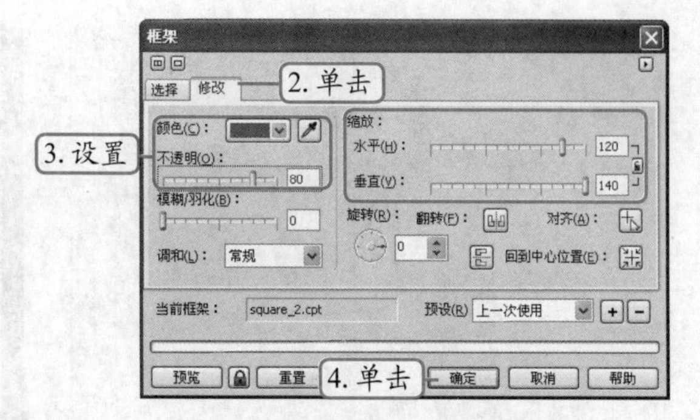

图8-46 修改框架

操作提示

若对设置的效果不满意，可单击[重置]按钮重新对对话框中的各参数进行设置。

STEP 3 设置完成后单击[确定]按钮，效果如图8-47所示。

STEP 4 根据相同的方法为其余的素材图片添加相同的滤镜效果，如图8-48所示。

图8-47 应用滤镜后的效果

图8-48 为其余位图应用滤镜

（三）添加文本

完成图片的制作后，下面为点餐牌添加文本。其具体操作如下。

STEP 1 使用椭圆工具绘制圆形，分别填充为棕黄（C:40 M:60 Y:100）和白色，并取消轮廓线。

STEP 2 输入文本，设置字体为“方正大黑简体”，颜色为宝石红，按【Ctrl+Q】组合键转曲，将文本图形放大至合适大小，然后分别对其圆形，如图8-49所示。

STEP 3 继续输入文本，设置字体为“汉仪雪君体简”，颜色为棕黄（C:40 M:60 Y:100），按【Ctrl+K】组合键打散文本，转曲后对文本的大小进行调整，放置在相应位置后的效果如图8-50所示。

STEP 4 输入英文文本，设置字体为“方正大黑简体”，颜色为棕黄（C:40 M:60 Y:100），然后将其放置在相应位置。

STEP 5 输入文本，设置字体为“微软雅黑”，颜色为棕黄（C:40 M:60 Y:100），并按

【F10】键调整字符间距，然后将其放置在合适位置后，群组输入的文本，将其放置在单页的居中位置，如图8-51所示。

图8-49 对齐图形

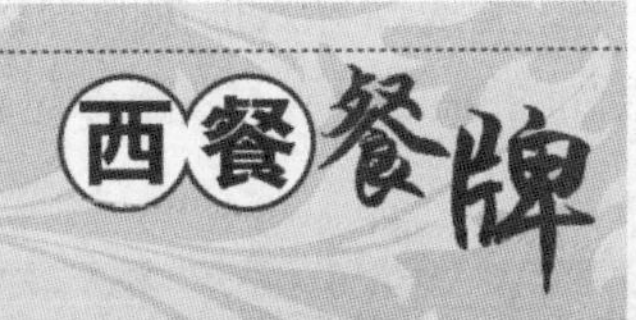

图8-50 排列文本

图8-51 群组文本图形

STEP 6 复制群组的文本图形到另一个页面上，并设置垂直居中对齐页面。

STEP 7 输入其余的菜名文本，设置标题字体为“方正大标宋简体”，正文字体为“微软雅黑”，注意标题文本和正文文本的字体大小要有所区别。按【F10】键调整字距，然后设置颜色为棕黄（C:40 M:60 Y:100），排列文本后的效果如图8-52所示。

图8-52 输入其余文本

为了提高工作效率，在后期设置文本属性时，可复制之前设置的文本属性，然后再进行更改，这样就不用重复地对文本进行设置，也保持了图形文件文本的统一性。设计人员在设计图形时，不宜用过多的字体和不同的文本属性。

实训一 制作“开业DM单”

【实训要求】

本实训要求利用编辑和处理位图的相关知识制作一份餐馆的宣传DM单。要求尺寸为210mm×285mm（这里未加出血），制作时要充分利用图片来表现效果。要求颜色鲜明，主题突出。

【实训思路】

本实训主要运用到的知识点包括裁剪位图、为位图添加滤镜等，在CorelDRAW中新建图形文件后，制作DM单的背景效果，完成后导入提供的素材文件，对位图进行编辑，最后添加文本即可。本实训的参考效果如图8-53所示（效果参见：光盘:\效果文件\项目八\实训一\开业DM单.cdr）。

图8-53　DM单效果

【步骤提示】

STEP 1 新建一个图形文件，设置页面大小为210mm×285mm，并将其保存为“开业DM单.cdr”。

STEP 2 绘制矩形，并填充颜色为红色到暗红（C30 M100 Y100 K0）的渐变背景，取消轮廓线。

STEP 3 导入“1.jpg”素材文件（素材参见：光盘:\素材文件\项目八\实训一\1.jpg），将其放置到合适位置，选择图片，按【F10】键切换到形状工具，选择下方的两个角点后按住【Ctrl】键进行拖动，裁剪掉不需要的图像部分。

STEP 4 选择图片，选择【效果】/【调整】/【调和曲线】菜单命令，对图片的颜色进行调整。

STEP 5 导入“1.psd”素材文件（素材参见：光盘:\素材文件\项目八\实训一\1.psd），缩放其大小后将其放置到合适位置，选择该图片，打开“亮度\对比度\强度”对话框，调整其亮度等。

STEP 6 导入“2.jpg”和“3.jpg”素材图片（素材参见：光盘:\素材文件\项目八\实训一\2.jpg、3.jpg），裁剪调整图片的大小。然后选择图片，选择【位图】/【创造性】/【框架】菜单命令，为图片设置边框效果。

STEP 7 输入文本，设置字体和字号后转曲文本，为其填充颜色和设置轮廓，作为主体文本。

STEP 8 继续输入文本，设置相关的字符属性。

STEP 9 导入“2.psd”素材文件（素材参见：光盘:\素材文件\项目八\实训一\2.psd），缩放其大小后将其放置到合适位置，完成制作。

实训二 制作“商场海报”

【实训要求】

本实训要求利用编辑和处理位图的相关知识制作一份商场海报。在制作的过程中注意对文本进行处理，然后将绘制的矢量图形转换为位图。本实训的参考效果如图8-54所示（效果参见：光盘:\效果文件\项目八\实训二\商场海报.cdr）。

图8-54 商场海报效果

【实训思路】

本实训可综合运用前面所学知识对位图进行处理，处理时将运用到裁剪位图和调整位图颜色等知识点。

【步骤提示】

STEP 1 新建一个图形文件，将其保存为“商场海报.cdr”。

STEP 2 导入“背景.jpg”素材文件（素材参见：光盘:\素材文件\项目八\实训二\背景.jpg），将其放置到合适位置，选择图片，按【F10】键切换到形状工具，裁剪掉不需要的图像部分。

STEP 3 选择图片，选择【效果】/【调整】/【通道混合器】菜单命令，打开“通道混合器”对话框，在其中对图片的颜色进行调整。

STEP 4 使用文本工具输入文本，设置相关的字符属性后，按【Ctrl+Q】组合键转曲，按【F10】键对节点进行调整。

STEP 5 将文本图形分别放置相应的位置，然后将其填充为绿色和粉色。

STEP 6 使用贝塞尔工具绘制蝴蝶形状，然后为其填充绿色到酒绿的渐变，选择整体图形，将其转换为位图，设置分辨率为300dpi，颜色模式为CMYK。

STEP 7 继续绘制花朵图形，填充相应的渐变颜色，然后按【Ctrl+L】组合键组合图形，并复制多个图形，分别调整花朵图形的大小和位置。

STEP 8 输入文本，设置相关的字符属性，颜色设置为绿色，并将其垂直居中对齐，完成本实训的制作。

常见疑难解析

问：在导入图片后需要重新进行取样，怎样让图片不成比例？

答：在打开的“重新取样”对话框中不选中“保持纵横比”复选框，然后在“宽度”和“高度”数值框中分别输入数值就可以了。

问：在CorelDRAW中将位图转换为灰度模式，再将其转换为RGB模式，为什么不能恢复成原位图的颜色呢？

答：在CorelDRAW X4中，当位图转换为灰度模式后，如果再将其转换为RGB或CMYK模式，原位图的颜色将不能被恢复。

问：在对位图执行“滤镜”命令时，感觉计算机运行速度很慢，稍微改变一下参数需要很久才会显示出效果，能够解决这个问题吗？

答：在效果设置对话框中，调动参数后再单击预览按钮，如果预览按钮旁的按钮被按下，每调动一次参数都会发生变化，所以速度会比较慢。为了避免这种情况，一般都取消选中按钮。

问：既然在CorelDRAW中可以对位图进行处理，那么是不是就可以直接在其中为位图制作相应效果？

答：CorelDRAW毕竟为矢量图的编辑软件，只能对位图进行简单的编辑，若需要对图片进行图像合成等复杂的操作编辑，还是需要在Photoshop等专业位图编辑软件中进行操作。

问：在CorelDRAW中编辑图片时，怎么才能使图片的背景透明？

答：要使图片的背景为透明效果，需要在Photoshop中对图片进行抠图处理，然后保存为.psd或.png格式后，再导入CorelDRAW中图片的背景才能透明；若是需要在CorelDRAW中导出为透明背景，需要在导入图片时在“转换为位图”对话框中单击选中“透明背景”复选框。

拓展知识

1. 链接位图

为减小导入文件的大小，提高屏幕刷新速度，可在导入位图时使用链接导入，这样在绘图区中的图像只是导入位图的缩略图，与原位图保持一种链接的关系。当文件中需要大量使用位图时，建议使用链接位图功能，以提高操作速度。

链接位图的方法为选择【文件】/【导入】菜单命令，打开“导入”对话框，在“查找范围”下拉列表中选择需导入位图的保存路径，在“文件类型”下拉列表中选择需导入位图的格式，选中“外部链接位图”复选框，如图8-55所示，然后选择一个位图文件并单击 导入 按钮即可将位图链接。

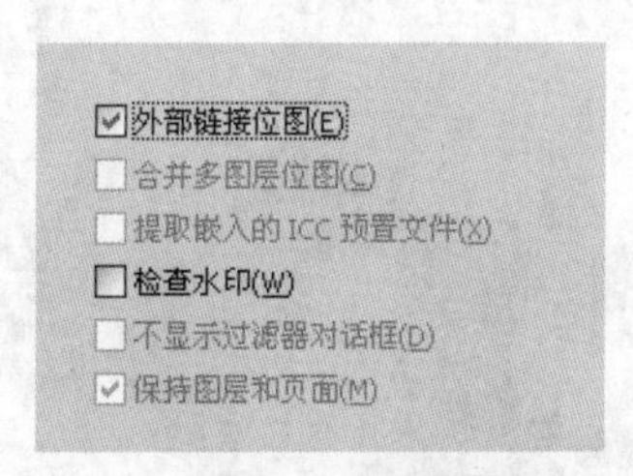

图8-55 链接位图

2. 转换为位图的作用

在平面设计的工作中时，若客户已经定稿，需要将文件发出打样，除了将文件中的文本全部转曲外，还需要对文件中运用的透明效果、位图的颜色模式进行转换。

课后练习

（1）根据提供的素材文件（素材参见：光盘:\素材文件\项目八\课后练习\婚纱1.jpg、婚纱2.jpg、婚纱3.jpg），利用位图的导入、编辑和为位图添加滤镜特殊效果以及添加艺术字的操作来制作影楼婚纱广告，完成后的效果如图8-56所示（效果参见：光盘:\效果文件\项目八\课后练习\影楼婚纱广告.cdr）。

图8-56 影楼婚纱广告

（2）导入提供的素材文件（素材参见：光盘:\素材文件\项目八\课后练习\1.jpg、1.psd、2.psd、3.psd、4.psd、5.psd），然后对位图进行编辑，包括为位图添加透明效果、裁剪位图、位图颜色遮罩等操作，最后为海报添加文本，并设置相应属性即可，完成后的制作效果如图8-57所示（效果参见：光盘:\效果文件\项目八\课后练习\奶茶海报.cdr）。

图8-57　奶茶海报效果

（3）本练习要求运用“颜色平衡”命令、“天气”命令、“卷叶”命令来为导入的位图（素材参见：光盘:\素材文件\项目八\课后练习\荷花.jpg）添加下雨效果，最终效果如图8-58所示（效果参见：光盘:\效果文件\项目八\课后练习\下雨.cdr）。

图8-58　下雨效果

PART 9

项目九 打印输出图形

情景导入

阿秀：小白，经过这段时间的学习，相信你对CorelDRAW已经较为熟悉了吧。

小白：是啊，我已经能根据要求来绘制图形了。不过在运用上还不是特别熟练。

阿秀：不要着急，后面在工作中接触到的设计工作多了，自然而然就会逐渐熟练这些操作了。

小白：那我一定会继续努力的。

阿秀：不过小白，在CorelDRAW中设计图形时，还需要对打印和输出的知识有所了解，这样在工作上便会更加得心应手。

小白：原来是这样，看来我还需要学习啊。

学习目标

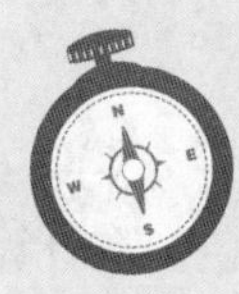

- 掌握打印的一般设置
- 了解设置打印版面
- 了解设置分色打印
- 打印预览和打印输出
- 熟悉CorelDRAW图形印前的准备工作
- 了解彩色印刷输出
- 掌握图形文件格式的交换与输出

技能目标

- 了解工作中打印输出图形的相关知识
- 了解工作中印前设计的一般工作流程
- 了解印前的准备工作

任务一 打印输出图形

CorelDRAW提供了强大的打印功能，可根据装订需要设置不同的打印版面。对于不能在同一张纸上打印完成的的图形，可使用打印拼接功能，将图形平铺打印到几张纸面上，再将它们拼贴起来，形成完整的图形。利用打印预览功能，可及时发现打印作业中存在的错误。

一、任务目标

本例将练习用CorelDRAW打印输出图形的相关操作，下面具体进行讲解。

二、相关知识

将设计完成的作品印刷出品是一个复杂的过程，需要了解印刷输出的相关基础知识，下面分别对这些知识进行讲解。

（一）印前设计工作流程

印前设计的一般工作流程包括以下几个基本过程。

- 询问客户要求并明确设计及印刷要求。
- 进行样稿设计。根据客户的要求进行样稿设计，包括版面设计、文字输入、图像导入、创意和拼版等。
- 出黑白或彩色校稿，让客户修改。
- 根据客户的意见修改样稿。
- 再次出校稿，让客户修改直到定稿。
- 客户签字定稿后出菲林。
- 印前打样。
- 送交印刷打样，如无问题，客户签字；若有问题，需重新修改并输出菲林。至此，印前设计工作全部完成。

（二）分色和打样

下面对分色和打样的相关知识进行介绍。

- **分色**：分色是指将原稿上的各种颜色分解为黄、品红、青、黑4种原色颜色。在计算机印刷设计或平面设计类软件中，分色工作就是将扫描图像或其他来源图像的色彩模式转换为CMYK模式。
- **打样**：打样是模拟印刷，在制版与印刷间起着承上启下的作用，主要用于检验制版阶调与色调能否取得良好的合成再现，并将复制再现的误差及应达到的数据标准提供给制版，作为修正或再次制版的依据。同时，为印刷的墨色、墨层密度、网点扩大数据提供参考样张，并作编辑校对的签字样张。

一般扫描图像和用数码相机拍摄的图像为RGB模式，从网上下载的图片也大多是RGB模式，所以在印刷时必须对这些图片进行分色。

（三）纸张类型

纸张主要分为工业用纸、包装用纸、生活用纸、文化用纸、印刷用纸等，这里主要讲解与平面设计关系密切的印刷用纸。根据纸张的性能和特点可以将印刷用纸大致分为新闻纸、凸版印刷纸、铜版纸、凹版印刷纸、白板纸等。

- 新闻纸：新闻纸一般用于报纸。新闻纸的纸质松软、吸墨能力强，具有一定的机械强度。其缺点是抗水性差，且时间一长易变黄，不适于保存。由于新闻纸有一定的颜色，所以色彩表现程度不是很好。
- 凸版印刷纸：凸版印刷纸适于用凸版印刷，纸张的性能与新闻纸相似，其抗水性、色彩表现程度等都比新闻纸略好一些。
- 铜版纸：铜版纸也称为胶版印刷纸，分为单面铜版纸和双面铜版纸。单面铜版纸的一面平整光滑、色纯度较高，能得到较好的印刷效果，另一面平整却不光滑，纯度较低，不能得到较好的印刷效果。双面铜版纸的两个面都平整光滑，因此适用于两面都需印刷的对象，如商业宣传单、画册等。
- 凹版印刷纸：凹版印刷纸的纸张表面洁白且具有一定的硬度，具有良好的抗水性和耐用性，主要用于印刷邮票、精美画册等印刷要求较高的印刷品。
- 白板纸：白板纸质地均匀，在表面涂有一层涂料，纸张洁白且纯度高，可均匀吸墨，有良好的抗水性和耐用性，常用于商品的包装盒、图片挂图等。

行业提示

在印刷前要向客户了解设计作品的用途及有何特殊工艺，对印刷用纸有何要求等。这样可以在了解纸张性能的同时再来设计作品，以避免设计效果和印刷效果差异的尴尬。

（四）印刷效果

在平面设计中，除了要了解纸张类型外，还需要熟悉各种印刷效果的区别，因为这与印刷成本有直接的关系。如在报纸上打广告，除了全彩印刷外，还可以使用套色来印刷。

- 单色印刷：单色印刷即使用黑色进行印刷，只有一种颜色，成本最低。根据浓度的不同可以显示出黑色或黑色到白色之间的灰色，常用于印刷较简单的宣传单和单色教材等。
- 套色：套色是在单色印刷的基础上再印上CMYK中任意一种颜色，如最常见的报纸广告中的套红就是在单色印刷的基础上套印洋红色，这种印刷方式的成本较低。
- 专色印刷：专色印刷通常指金色或银色，由于打印机等其他输出设备使用的CMYK墨水不能很好地表现出金色或银色的效果，而专门用一种特定的油墨来印刷该颜色。
- 双色印刷：双色印刷即使用两种颜色进行印刷，成本较单色印刷高，通常为CMYK模式中的任意两种颜色进行印刷。
- 四色印刷：四色印刷效果最好，但成本也较高，常用于印刷DM单、全彩杂志等。

不同印刷厂的专色数值有可能不一样，因此要使用专色印刷前，应与印刷厂做好沟通。在设计中自定义的非标准专色，印刷厂不一定能准确地调配出来，而且在屏幕上也不能看到准确的颜色，所以通常情况下，若客户不做特殊要求就尽量不要使用自定义的专色。

（五）控制图像质量

胶印印刷是将连续调的图像分解成不连续的网点，通过这些大小不一的网点传递油墨，复制图像。其中对图像质量的要求是关键，评价图像质量的内容包括以下几个方面。

- **图像的阶调再现**：指原稿中的明暗变化与印刷品的明暗变化之间的对应关系，阶调复制的关键在于对各种内容的原稿作相应处理，以达到最佳复制效果。
- **色彩的复制**：指两种色域空间的转化及颜色数值的对应关系。评价印刷品的色彩复制，不是看屏幕的颜色，而是看原稿中的颜色是用多少的CMYK来表示，看这些数值是否是最佳设置。
- **清晰度的强调处理**：是弥补连续调的原稿经挂网变成不连续的图像时所引起的边缘界线模糊。评价清晰度的复制，就是看对于不同种类的原稿，是否采用了相应的处理，以保证印刷品能达到观看的要求。

三、任务实施

（一）设置打印机属性

不同的打印机其参数设置会有一些差异，因此在打印前需对打印机属性进行设置。其具体操作如下。

STEP 1 打开需要打印的图形文件后，选择【文件】/【打印设置】菜单命令，打开如图9-1所示的“打印设置”对话框，在对话框中单击属性(P)按钮。

STEP 2 在打开的打印机属性对话框中选择不同的选项卡，然后对纸张尺寸、送纸方向、分辨率等进行设置，设置完成后单击确定按钮即可，如图9-2所示。

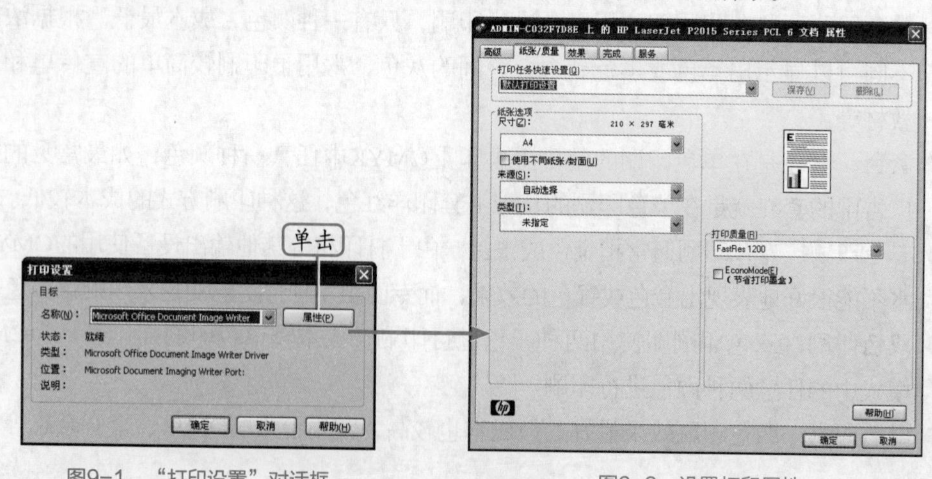

图9-1 “打印设置”对话框

图9-2 设置打印属性

（二）设置打印范围和打印份数

打印参数指打印范围和打印份数等，是打印作品常需设置的内容之一。其具体操作如下。

STEP 1 打开需要打印的图形文件后，选择【文件】/【打印】菜单命令，打开“打印”对话框，默认打开“常规”选项卡，如图9-3所示。

STEP 2 在“打印”对话框的“打印范围”栏中可以设置打印范围，在“副本”栏的“份数”数值框中输入数值可以设置打印的份数，设置完成后单击打印按钮即可。

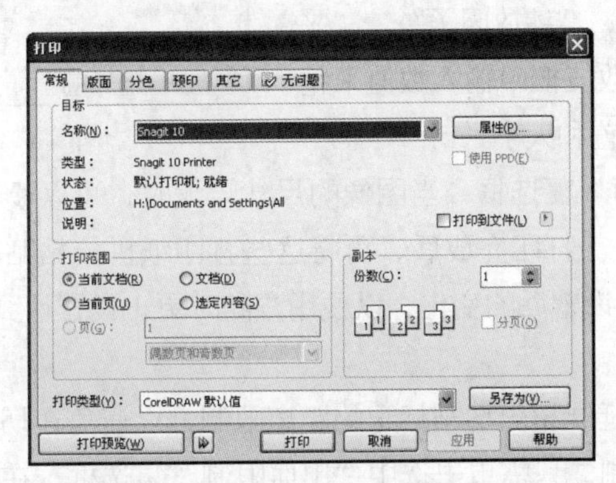

图9-3 “打印”对话框

知识补充

在设置打印范围和打印份数时，其中各选项的功能如下。

①“当前文档”单选项：该单选项为默认选项，表示打印当前页面中的页面框中的图形文件。

②“文档”单选项：选中该单选项，将列出绘图窗口中所有打开的文件，用户可从中选择需要打印的图形文件。

③“当前页”单选项：表示只打印当前页面。

④“选定内容”单选项：当在绘图页面中选择部分图形后该单选项才能成为可选状态，选中后表示只打印选取区域内的图形。

⑤“页”单选项：该单选项只有在创建两个以上的页面时才能被激活。激活后可在其文本框中输入要打印页面的范围，也可在下方的下拉列表框中选择打印单数页或双数页。

（三）设置打印版面

设置打印版面是指调整打印对象在页面中的位置和打印对象的尺寸大小，在“打印选项”对话框的“版面”选项卡中可设置打印版面，如图9-4所示。

1. 设置图形位置和大小

在“图像位置和大小”栏中可以设置图形在页面上的位置和输出的尺寸大小，并可设置拼接打印，其中各部分功能介绍如下。

● “与文档相同”单选项：选中该单选项，表示打印出的图像与在绘图页面中绘制的结果相同。

● “调整到页面大小”单选项：选中该单选项，打印出的图像将被放大或缩小至整个绘图页面。

● “将图像重定位到”单选项：选中该单选项，在其右侧的下拉列表中选择一个选项来设置图像的位置，或在“位置”、“粗细”、“缩放因子”、“平铺层数”等8个数值框中输入数值来精确设置图像的位置和大小。

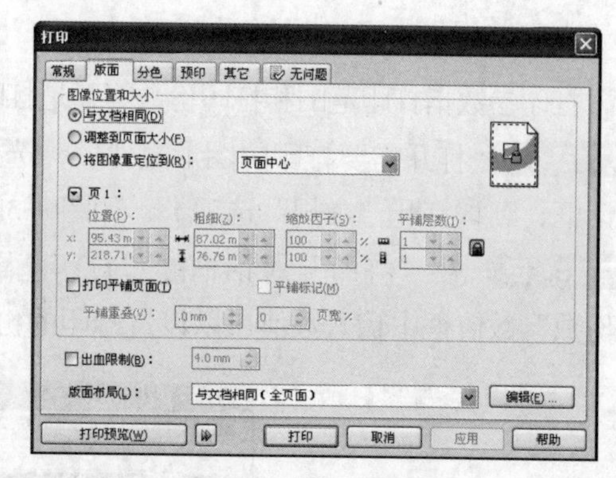

图9-4　“版面”选项卡

● “打印平铺页面”复选框：当图像的尺寸较大时，可以设置为平铺打印，将其平铺到几张打印纸上。打印完成后，再将这些打印纸拼接粘贴起来。用户在从右上角的预览框中可预览设置后的变化，以便用户随时更正设置达到满意的效果。

2. 设置出血限制

出血限制是指图形延展超出切割标记的距离限制，以避免在切割图片时，在图片边缘露出白边。要设置出血限制，只需单击选中“出血限制”复选框，在其右侧的数值框中输入数值即可。

（四）设置分色打印

当印刷的数量较大时，通常都会先输出菲林，然后再进行印刷，这样可以有效地控制印刷成本，保证印刷的质量。对于一般的印刷品而言，需要输出4张菲林，即青色、品红色、黄色和黑色各一张，每一张对应CMYK模式中颜色的数值。在普通的打印机中也可以设置分色打印。其具体操作如下。

STEP 1 单击“打印选项”对话框的“分色”选项卡。

STEP 2 选中“打印分色”复选框，将激活对话框下方的分色列表框，并且列表框中的4种颜色复选框都处于选中状态，表示每一个分色都将分别打印，如图9-5所示。

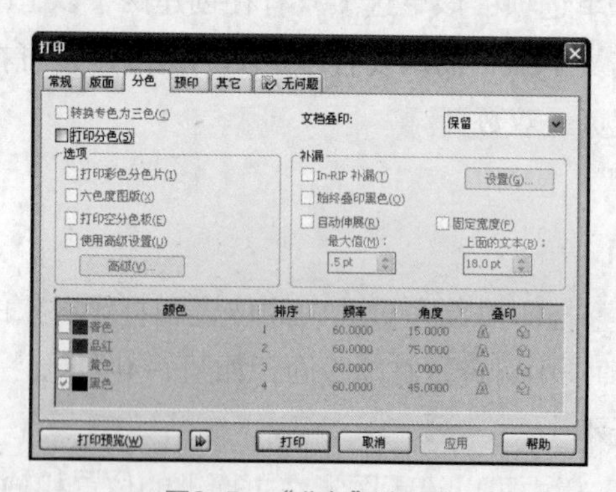

图9-5　“分色”选项卡

STEP 3 取消选中任一分色复选框，则在打印分色时不会打印该分色。

STEP 4 选中“六色度图版”复选框，则在其下方的分色列表框中显示6色模式下的分色。单击［打印］按钮，完成设置。

（五）设置打印预览

在设置好打印属性后，可以预览图形文件的打印情况，这样能够避免因为设置不当造成的错误。其具体操作如下。

STEP 1 打开设计好的图形文件，选择【文件】/【打印预览】菜单命令，将打开“打印预览”窗口，在该窗口中可以进行预览操作。

STEP 2 在“打印预览”窗口中，中间显示的即为预览图像。单击左侧工具箱中的挑选工具，在预览图像上单击并按住鼠标不放拖动，即可移动整个预览图像在页面中的位置；单击缩放工具，在窗口中单击鼠标左键可放大视窗，按住【Shift】键的同时单击鼠标左键，则可以缩小视窗，如图9-6所示。

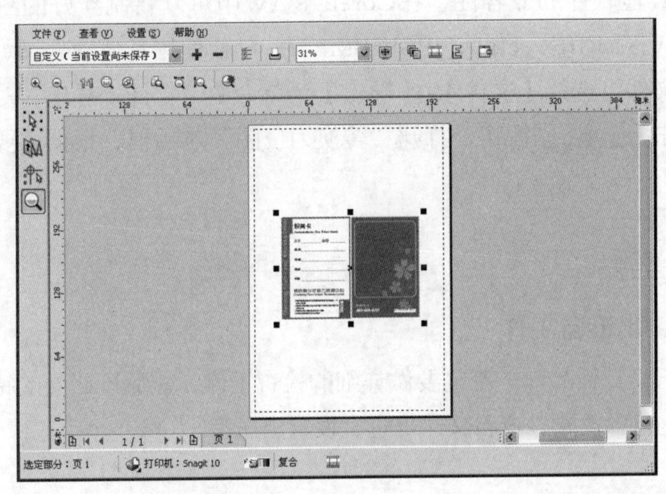

图9-6 “打印预览”窗口

在“打印预览”窗口中选择【文件】/【关闭打印预览】菜单命令，或单击按钮，可关闭打印预览窗口。

知识补充

单击左侧工具箱中的标记放置工具，其属性栏中的相关按钮含义如下。

① “打印文件信息”按钮：单击该按钮可在打印作业中添加文件信息。

② “打印页码”按钮：单击该按钮可在打印作业中添加页码。

③ “打印裁剪标记”按钮：单击该按钮可为打印作业添加切口线和折页线。

④ “打印套准标记”按钮：单击该按钮可为打印作业添加套准标记。

⑤ “颜色校准栏”按钮：单击该按钮可为打印作业添加色彩校正列。

⑥ “密度计刻度”按钮：单击该按钮可为打印作业添加浓度计比例。

任务二 图形的印刷输出及格式转换

在CorelDRAW中可以将图形文件按照需要输出为多种格式，本任务便对图形文件的印刷输出和格式转换进行讲解。

一、任务目标

本例将讲解用CorelDRAW中输出图形文件，通过这些知识，了解在CorelDRAW中图形的输出操作。

二、相关知识

在对图形的输出进行讲解前，首先应对图形文件的导出有所掌握。

为了增强和其他软件的兼容性，在CorelDRAW中可以将制作好的图形导出为其他程序支持的文件格式，如GIF、TIFF、JPG、BMP等，以便使用其他软件浏览和编辑等。打开需要导出的图形文件，选择【文件】/【导出】菜单命令，打开“导出”对话框，在其中进行相应设置后单击【导出】按钮，打开“转换为位图”对话框，根据需要进行设置后单击【确定】按钮即可。

三、任务实施

（一）印前输出准备工作

在印刷或输出设计作品前，都需要做详细的检查工作，避免不必要的错误发生。其中包括文字转曲、转化色彩模式、查看文件信息、设置出血等。

1. 文字转曲

文字能否正常显示依赖于计算机中安装的字体，将设计作品复制到其他电脑上后，如果没有相应的字体，文字则会显示错误或用其他的字体代替，而影响作品效果。要避免文字不能正常显示的情况发生，便需在将作品交付印刷公司前，先在计算机上将文字转曲，以保证印刷的效果。其具体操作如下。

STEP 1 打开设计的作品，选择【排列】/【取消全部群组】菜单命令，将所有对象全部解散群组。

STEP 2 选择【编辑】/【全选】/【文本】菜单命令，或选中所有要转曲的文字，按【Ctrl+Q】组合键即可。

将文字转曲后，如果担心遗漏有未转曲的文字，可以选择【文本】/【文本统计信息】菜单命令，打开“统计”对话框，在对话框中将显示段落文本和美术字对象的个数，以及使用的字体等信息。

2. 转换色彩模式为CMYK模式

由于打印输出的颜色模式应为CMYK模式，所以在将作品进行印刷前，必须对作品进行色彩模式的转换，即将RGB模式转换为CMYK模式。主要包括对位图进行色彩模式转换后，再对矢量图进行色彩模式转换。其具体操作如下。

STEP 1 打开图形文件，选择【编辑】/【查找和替换】/【查找对象】菜单命令，打开“查找向导”对话框。默认状态选中“开始新的搜索”单选项，单击 下一步(N)> 按钮，如图9-7所示。

STEP 2 在打开对话框的列表框中拖动滚动条，在其中单击选中“位图”复选框，再单击 下一步(N)> 按钮，如图9-8所示。

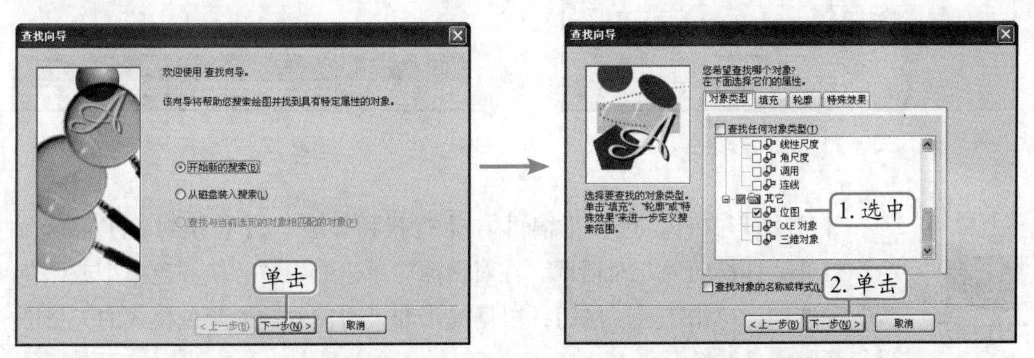

图9-7 “查找向导”对话框　　图9-8 选择查找对象

STEP 3 此时打开下一级对话框，在打开的对话框中单击 指定属性(S)位图... 按钮，如图9-9所示。

STEP 4 在打开的“指定的位图”对话框中单击选中“位图类型”复选框，在其后的下拉列表框中选择“RGB色（24-位）”选项，再单击 确定 按钮，如图9-10所示。

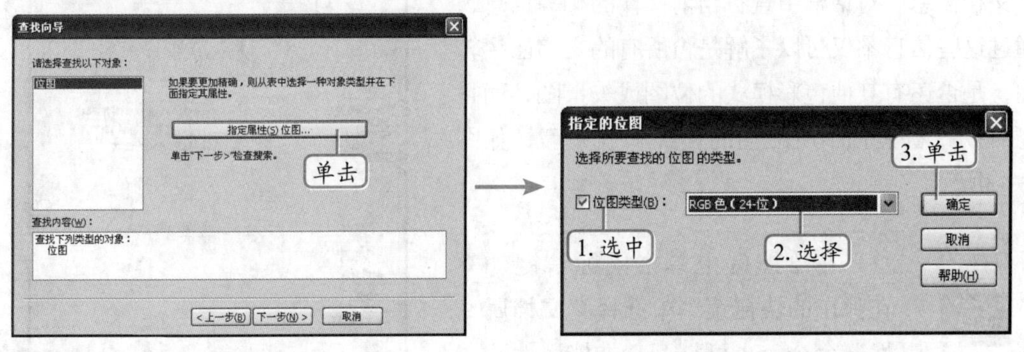

图9-9 单击按钮　　图9-10 选择位图类型

STEP 5 此时返回到“查找向导”对话框中，在“查找内容”栏中显示了需要查找的类型，然后单击 下一步(N)> 按钮。

STEP 6 在打开的“查找向导”对话框中将显示指定的查找对象和类型，单击 完成 按钮完成查找向导的设置，如图9-11所示。

STEP 7 此时CorelDRAW X4将会查找到第一个符合要求的对象并自动将其选中。选择【位图】/【模式】/【CMYK颜色（32位）】菜单命令，将查找到的对象进行色彩模式的转换。在“查找”对话框中单击 查找下一个(N) 按钮查找第二个符合要求的对象，如图9-12所示。

STEP 8 使用同样的方法将其颜色模式转换为CMYK模式。完成所有位图的色彩模式转换后，将打开提示对话框，单击 确定 按钮关闭该对话框。

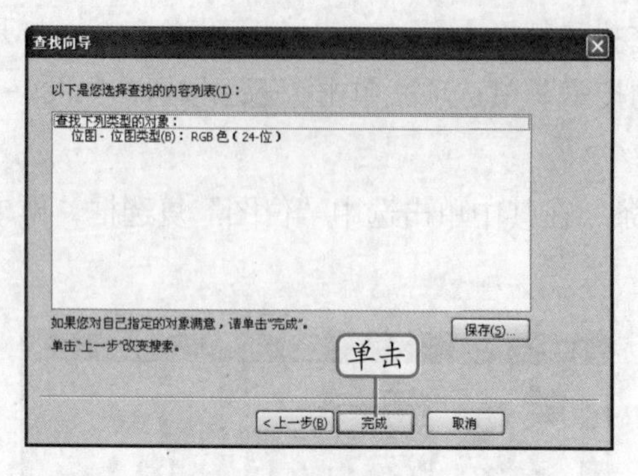

图9-11 完成查找

图9-12 “查找”对话框

打开图形文件，选择【编辑】/【查找和替换】/【替换对象】菜单命令，打开“替换向导”对话框。在对话框中单击选中“替换颜色模型或调色板”单选项，单击 下一步(N) > 按钮，根据提示即可对需要转换颜色模式的矢量图进行颜色模式转换。

3. 查看文档信息

在文字转曲和色彩模式转换完成后，可以通过选择【文件】/【文档信息】菜单命令，在打开的“文档信息”对话框中查看当前文件的相关信息，通过这些信息不仅可以了解是否所有的文字已经转曲，是否还有其他色彩模式的位图或矢量图，而且还可以查看文档中所应用的样式和效果等，如图9-13所示。

在绘图区中单击鼠标右键，在弹出的快捷菜单中选择“文档属性”命令，也可打开“文档属性”对话框。

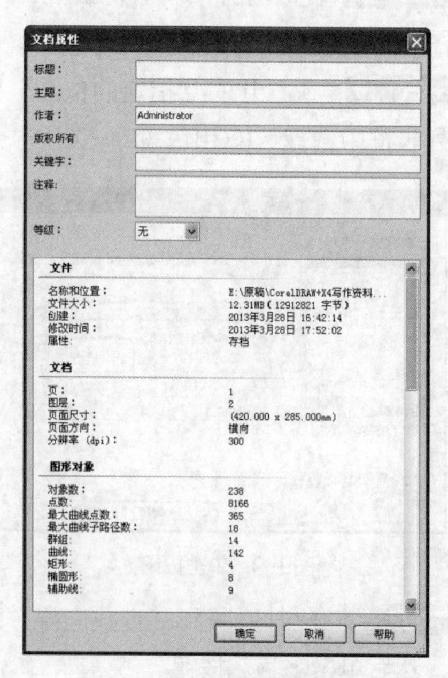

图9-13 “文档信息”对话框

4. 设置出血

出血是印刷的常用术语，为了避免在装订裁切时由于误差而产生白边的现象，在印刷输出前，都需要对处于页面边缘有颜色的对象进行出血处理。

在前面已经讲解了出血的区域一般为3mm，且最好在制作文件最初就在成品的尺寸上加上出血区域，这样在制作文件时，图形绘制便以出血线为准。

（二）图形的输出

除了打印输出外，CorelDRAW还支持如彩色印刷输出、网页格式输出及动画格式文件输出等输出方式，下面分别进行讲解。

1. 彩色印刷输出

下面便对彩色印刷输出方式进行讲解。其具体操作如下。

STEP 1 选择【文件】/【为彩色输出中心做准备】菜单命令，打开“配备‘彩色输出中心’向导”对话框。对话框中默认选中“收集与文档关联的所有文件”单选项，单击[下一步(N)>]按钮，如图9-14所示。

STEP 2 在打开的对话框中确认是否要复制作品中用到的字体，这里保持默认值，单击[下一步(N)>]按钮，如图9-15所示。

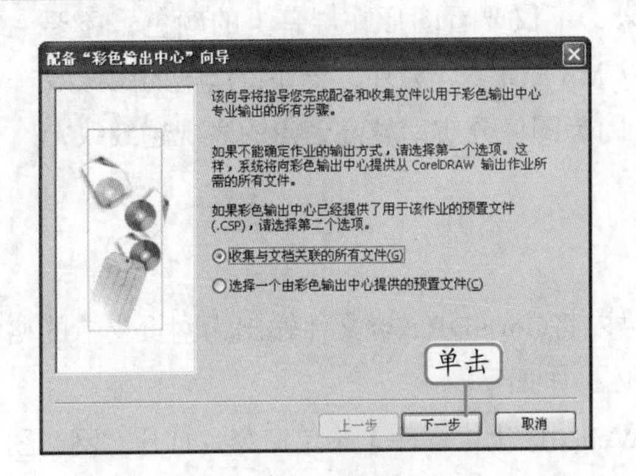

图9-14 打开对话框

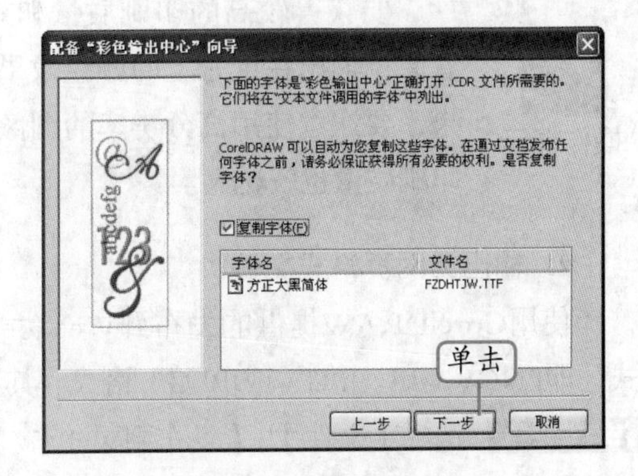

图9-15 复制字体

STEP 3 在打开的对话框中单击选中“生成PDF文件”复选框以确认生成PDF文件，单击[下一步(N)>]按钮，如图9-16所示。

STEP 4 在打开的对话框中选择“彩色输出中心”文件要保存的位置，这里保持默认值，单击[下一步(N)>]按钮，如图9-17所示。

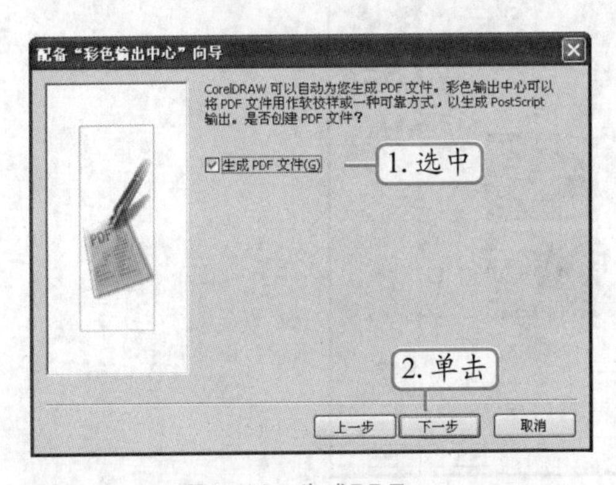

图9-16 生成PDF

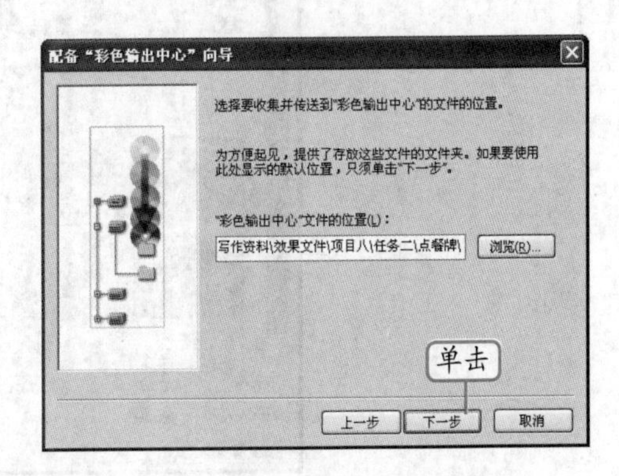

图9-17 设置文件保存位置

STEP 5 此时CorelDRAW开始输出文件，如图9-18所示。

STEP 6 输出完成后，在打开的对话框中显示输出文件的相关信息，单击[完成]按钮完成输出，如图9-19所示。

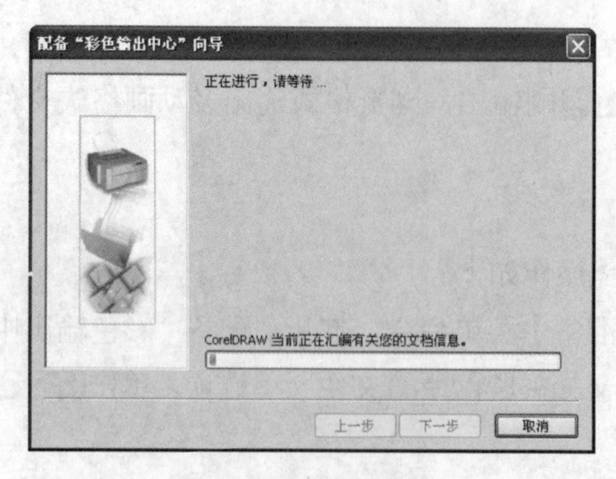

图9-18 开始输出文件

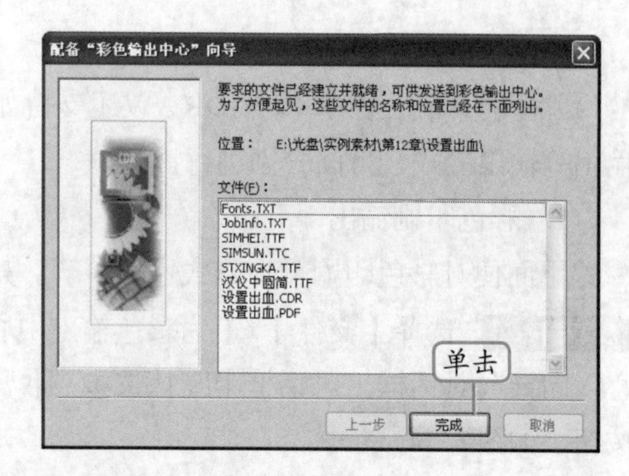

图9-19 完成输出

要获得较高的印刷质量和效果，不仅要看图形在屏幕上的颜色，还要看原稿输出在纸张上的颜色效果（CMYK值）。另外，要获得清晰的图像效果，要注意使用高分辨率的图像，因为图像分辨率越高，点的表现越细致，印刷质量也就越高。

2. 输出为网页格式文件

使用CorelDRAW提供的发布到Web功能可以将CorelDRAW文件输出为网页支持的格式，即PNG、GIF、JPG（或JPEG）格式。其具体操作如下。

STEP 1 选择【文件】/【发布到Web】/【Web图像优化程序】菜单命令，打开“网络图像优化器”窗口，如图9-20所示。

图9-20 “网络图像优化器”窗口

STEP 2 在右侧“原始”下拉列表框中选择要输出的网页格式，如“Gif”，将在其下面的区域显示经过优化后的图像信息。

STEP 3 查看右上方预览窗中图像的效果，如果满意，单击 确定 按钮，将打开“将网络图像保存至硬盘”对话框，选择要保存的位置，并在“文件名”下拉列表框中输入要保存图像的名称，单击保存(S)按钮保存图像即可，如图9-21所示。

STEP 4 在设置好的保存位置，即可看到已经输出的网页格式文件。

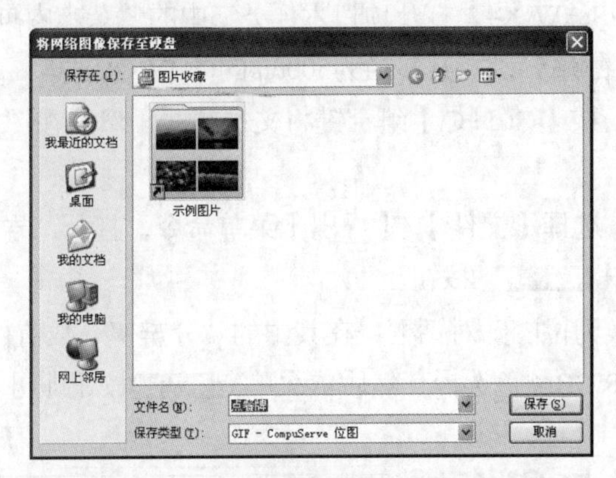

图9-21 “将网络图像保存至硬盘”对话框

在CorelDRAW X4中还可以将图像导出为Macromedia Flash软件支持的动画文件，即SWF格式。方法是打开“导出”对话框，在对话框中的“保存类型”下拉列表中选择“SWF-Macromedia Flash”选项，然后单击导出按钮，再在打开的“Flash导出”对话框中设置好参数，单击确定按钮。

实训一 输出“杂志内页”

【实训要求】

本实训要求将项目六任务二中的“杂志内页.cdr”输出为JPG格式，模式设置为RGB色彩，分辨率设置为120dip。本实训的参考效果如图9-22所示（效果参见：光盘:\效果文件\项目九\实训一\杂志内页.cdr）。

图9-22 导出后的图形效果

【实训思路】

要输出宣传单，需要先将文件中的位图全部转换为CMYK模式，然后转曲文本。

【步骤提示】

STEP 1 启动CorelDRAW X4，打开项目六任务二中的“杂志内页.cdr”图形文件。

STEP 2 查找位图，然后分别将其转换为300dip的CMYK模式。

STEP 3 全选文本，按【Ctrl+Q】组合键将文本转曲，然后在“文档属性”对话框中进行查看。

STEP 4 全选图形，选择【文件】/【导出】菜单命令，打开“导出”对话框，在其中选择需要的文件格式，单击导出按钮。

STEP 5 打开“转换为位图”对话框，在其中的“分辨率”数值框中输入120，在“颜色模式”下拉列表中选择RGB颜色选择，然后依次单击确定按钮即可。

实训二 设置并打印海报

【实训要求】

本实训要求打开前面项目七实训二中制作的“母亲节海报.cdr”图形文件，先设置打印纸张大小为A3，方向为横向，然后进行打印预览，并设置版面布局和打印位置等，最后将其打印出来。本实训的参考效果如图9-23所示。

图9-23 打印设置

【实训思路】

在打印海报之前，需要先设置海报打印的纸张大小，然后再在“打印预览”窗口中进行相关的设置。

【步骤提示】

STEP 1 启动CorelDRAW X4，打开项目七实训二中制作的“母亲节海报.cdr”图形文件。

STEP 2 选择【文件】/【打印设置】菜单命令，选择需要使用的打印机名称，然后单击“属性”按钮，设置打印纸张大小和方向。

STEP 3 打开“打印预览”窗口，单击工具箱中的版面布局工具，在属性栏中设置版面行列数。

STEP 4 单击打印预览窗口工具箱中的标记放置工具，设置打印套准标记和色彩校正列等。

STEP 5 单击打印预览窗口属性栏中的打印按钮，开始打印设置后的图形。

常见疑难解析

问：进行分色打印后，每个分色页面的黑色表示的是什么？

答：进行分色打印后查看分色页面时，各页面中黑色所占的比例，表示了相应颜色的多少。

问：如果在打印分色的时候，不想全部打印而只打印其中的某张可以吗？

答：可以。当选中“打印分色”复选框后，将激活对话框下方的分色列表框，并且列表框中的4种颜色复选框都处于选中状态，表示每一个分色都将分别打印。如果只想打印其中的某张，取消选中不需要打印的分色片前面所对应的复选框即可。

拓展知识

1. 位图背景透明化

在进行平面设计过程中，若遇到需要将位图的背景去除，可使用Photoshop去除位图的背景，使位图背景呈透明状。处理为透明背景后，将文件保存为.psd的文件格式，再导入CorelDRAW中便看不到位图的背景了。

使用Photoshop去除位图背景一般都是通过钢笔工具来实现的，其钢笔工具的用法同CorelDRAW中的贝塞尔工具的用法相似，在页面中按住鼠标左键并拖动，以确定起始锚点和曲度，然后释放鼠标并移动鼠标指针至其他位置，再按住鼠标左键并拖动，释放鼠标绘制出一段路径，按相同的方法可绘制其他路径。在拖动鼠标确定路径的曲度时，可以按住【Alt】键将节点转为尖突锚点，这样方便单独控制下一段路径的曲度。

2. 删除位图背景

在Photoshop中使用钢笔工具完成路径的绘制后，按【Ctrl+Enter】组合键转换路径为选区，然后按【Ctrl+J】组合键复制绘制的选区图形，在“图层”面板中双击背景图形，在打开的对话框中单击确定按钮，将其转换为普通图层，然后再该图层上单击鼠标右键，在弹出的快捷键中选择“删除图层”命令，即可删除位图的背景图像，如图9-24所示。

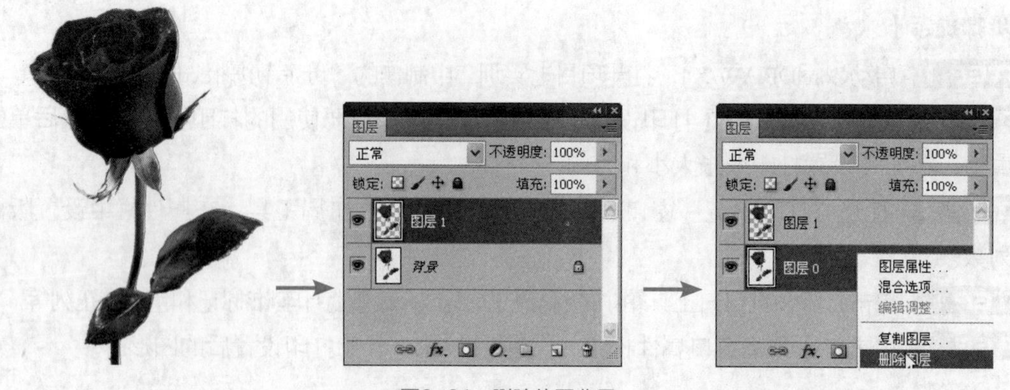

图9-24　删除位图背景

课后练习

（1）打开前面制作的任意图形文件，设置其打印纸张的大小，然后进行打印预览和布局设置，使图形位于页面中心，最后进行打印输出。

（2）打开任意图形文件，对文件进行印刷输出。先结合前面所讲知识将文字转曲，转换图像的CMYK颜色模式，然后利用“配备‘彩色输出中心’向导”对话框将文件发送到彩色输出中心，最后便可通过该文件进行批量的彩色印刷输出。

PART 10

项目十 综合实例——VI设计

情景导入

阿秀：小白，到此为止，CorelDRAW X4的知识就讲解完成了，今后，你就可以逐渐运用到工作当中了。

小白：太好了，终于学会CorelDRAW X4的相关知识了。

阿秀：嗯，虽然绘制图形的方法已经掌握了，但是如何运用到工作中去也是一件不容易的事情，这在之后的工作中就会逐渐接触到。

小白：那现在是不是就可以来完成制作一些公司中的设计任务了?

阿秀：不要着急，任何工作都是循次渐进的，在这之前，先来试试制作一套VI吧。

小白：VI是什么?

阿秀：VI就是企业的视觉识别系统，在制作的过程中你就会逐渐了解了。

学习目标

- 了解VI设计的相关知识
- 掌握企业VI的标志设计
- 掌握VI对的其他系统设计

技能目标

- 掌握VI的制作方法
- 掌握画册的制作方法
- 掌握其他相关类别文件的制作方法

任务一 设计LOGO

【任务要求】

本例将练习用CorelDRAW制作VI系统中的LOGO，即企业的标志，在制作时可以先新建文档，然后根据需要利用各种绘图工具制作企业LOGO。通过制作，掌握CorelDRAW中各种绘图工具的综合运用。本例制作完成后的最终效果如图10-1所示（效果参见：光盘:\效果文件\项目十\任务一\企业LOGO.cdr）。

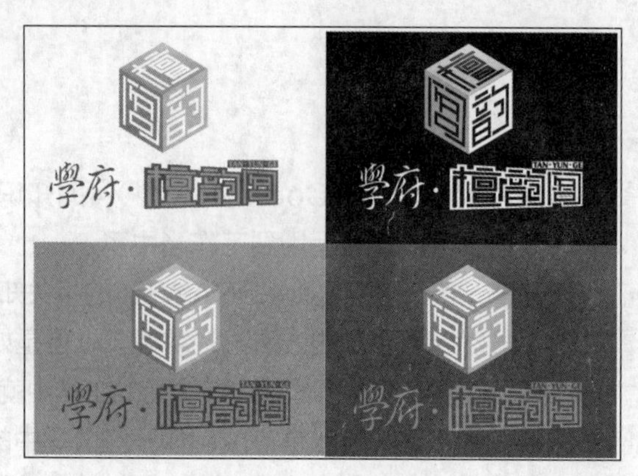

图10-1 LOGO效果

【任务思路】

LOGO设计是企业VI设计中的重要组成部分，在制作之前，首先需要认真确认客户的要求，然后可以在纸上绘制出大致的创意图形，最后再根据要求在CorelDRAW中将其绘制出来。

行业提示

一般来说，在设计标志时，所包含的内容包括LOGO及其创意说明、标志墨稿、标志反白效果图、标志的标准化制图、方格坐标制图、预留空间、最小比例限定、特定效果色展示（标准色）等。

【操作步骤】

STEP 1 启动CorelDRAW X4程序，新建一个图形文件，将其保存为"企业LOGO.cdr"。

STEP 2 选择工具箱中的矩形工具，绘制一个矩形图形，在绘制图形前可以先使用文本工具输入需要造型的文本，以免后期绘制图形时出错。

STEP 3 绘制完一个文本图形后，选择全部图形将其焊接，如图10-2所示。

STEP 4 根据相同的方法绘制其他文本的图形，焊接后的效果如图10-3所示。

操作提示

在设计企业的LOGO时，在最初绘制图形时，都是直接绘制出形状，不设置填充颜色，在效果满意后再对图形进行颜色和效果等设置。

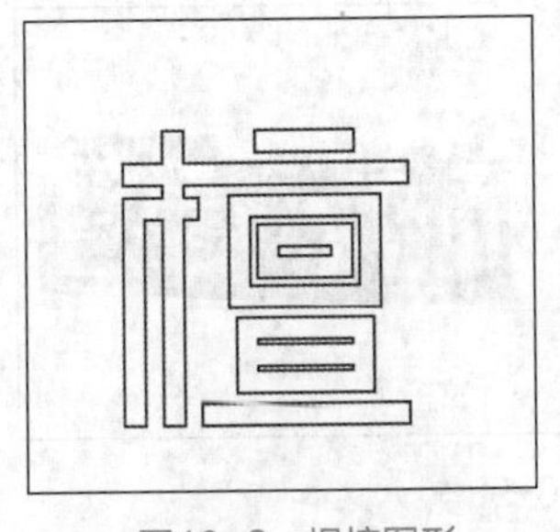

图10-2 焊接图形

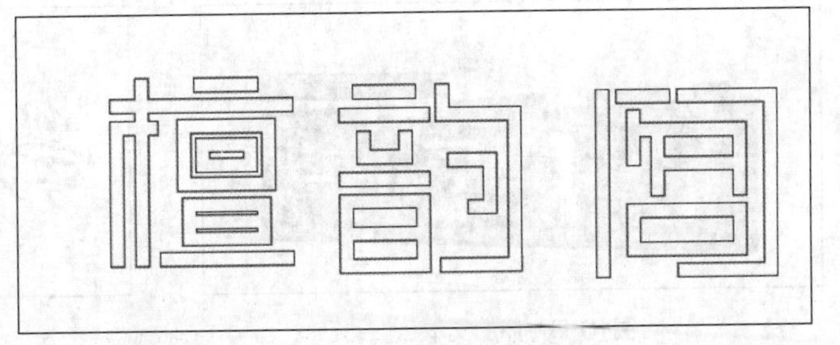

图10-3 绘制其余文本图形

STEP 5 选择绘制的图形，按【B】键将其底端对齐，然后按住【Alt】键后按3次【A】键，在打开的“对齐与分布”对话框中设置图形的分布间距，如图10-4所示。

STEP 6 选择全部图形，将其填充为黄绿（Y:60 K:20），取消轮廓线，如图10-5所示。

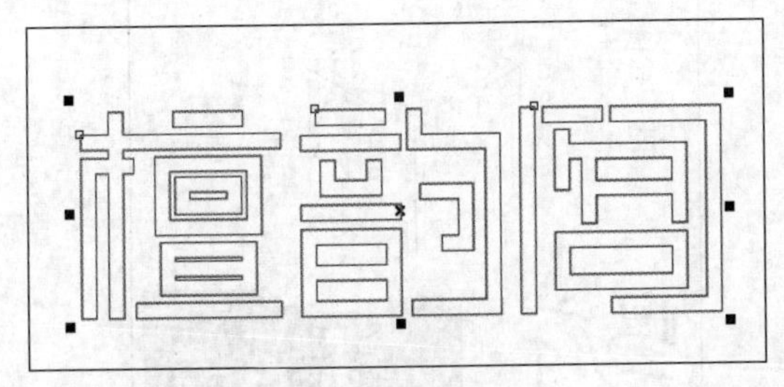

图10-4 对齐分布图形

图10-5 填充颜色

STEP 7 按【Ctrl+G】组合键群组图形，复制图形，然后选择工具箱中的交互式轮廓图工具，设置轮廓图样式为向外，步长为1，偏移量为1.525mm。按【Ctrl+K】组合键打散轮廓图效果，设置填充颜色为深黄（Y:50 K:50），如图10-6所示。

STEP 8 群组图形，选择【效果】/【添加透视】菜单命令，为图形添加透视效果，如图10-7所示。

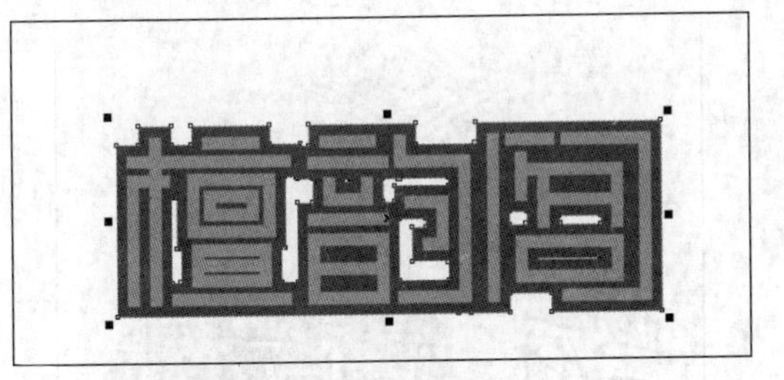

图10-6 添加轮廓图效果

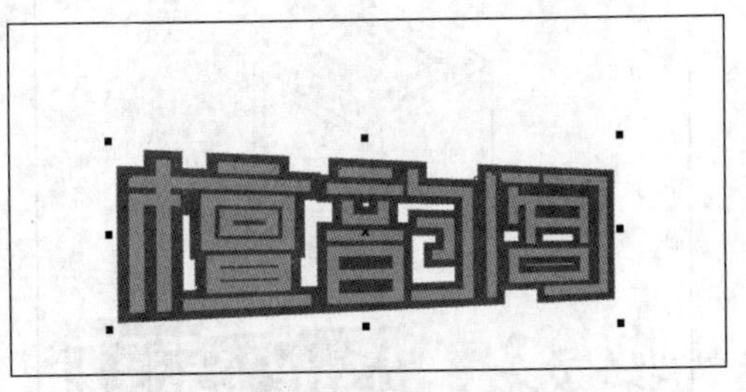

图10-7 添加透视效果

STEP 9 绘制一个深黄（Y:50 K:50）的矩形，然后在矩形上输入文本，设置字体为“Castle TUlt”，颜色为黄绿（Y:60 K:20），填充文本大小，并对齐矩形，完成后按【Ctrl+Q】组合键转曲文本，如图10-8所示。

STEP 10 输入文本，设置字体为“经典繁行书”，按【F10】键调整字符间距，然后按【Ctrl+Q】组合键转曲文本。

STEP 11 调整文本大小后，在后面绘制一个圆形，然后设置文本图形和圆形的颜色为深黄（Y:50 K:50），取消轮廓线，如图10-9所示。

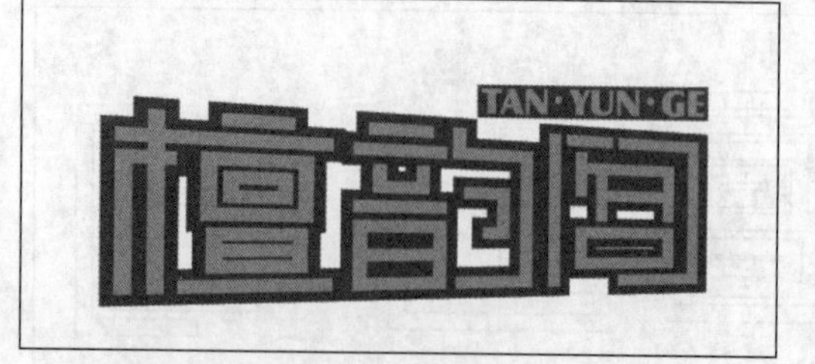

图10-8　添加文本

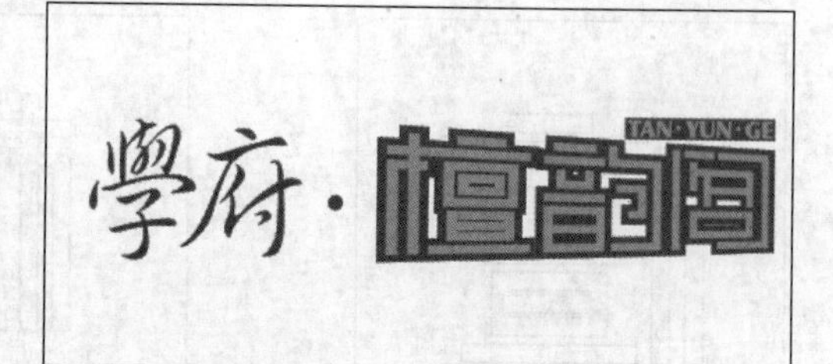

图10-9　输入文本

STEP 12 使用矩形工具和倾斜操作绘制如图10-10所示的图形。

STEP 13 为图形中的每个图形添加轮廓图效果，偏移量可根据当前效果自行决定，完成后打散图形，如图10-11所示。

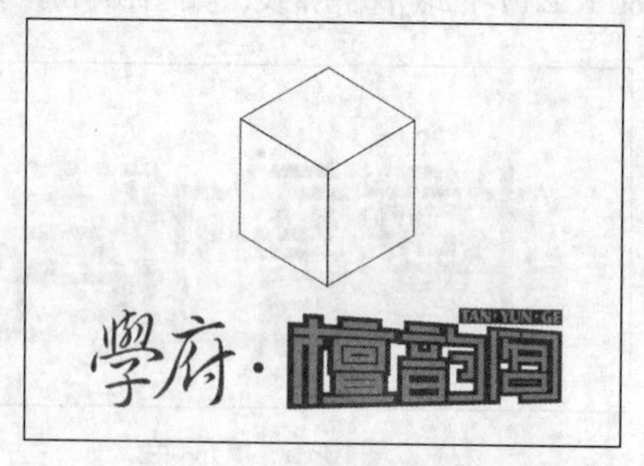

图10-10　绘制图形

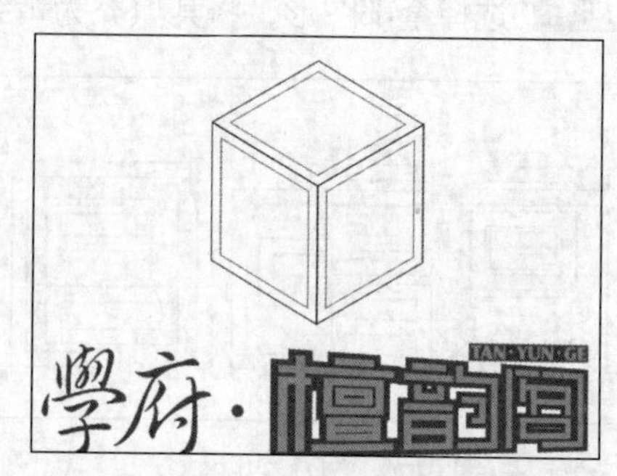

图10-11　添加轮廓图效果

STEP 14 复制之前的添加颜色后的图形，将其缩放至合适大小，然后选择其中的图形，为其添加透视效果。注意透视效果的参考点是以里面的图形为标准，效果如图10-12所示。

STEP 15 根据相同的方法为其他图形添加透视效果，然后删除里面多余的的图形，如图10-13所示。

图10-12　添加透视效果

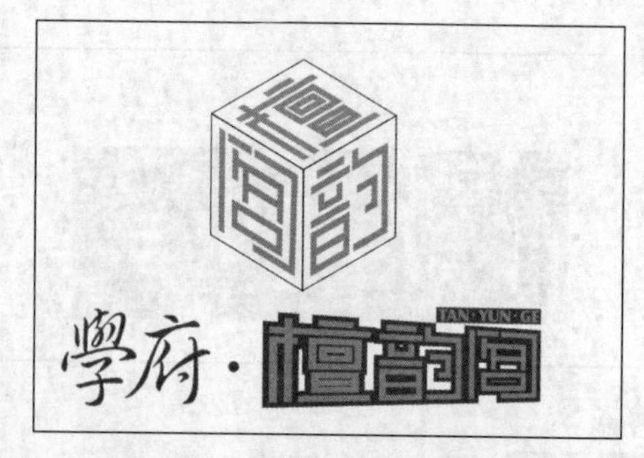

图10-13　为其他图形添加透视效果

STEP 16 将每个面的颜色分别设置为黄绿（Y:60 K:20）、黄绿（Y:60 K:10）、黄绿（Y:60 K:30），取消轮廓线，然后设置文本图形的颜色为白色，如图10-14所示。

STEP 17 使用贝塞尔工具在顶面的位置绘制一个白色的三角形图形，取消轮廓线，然后使用交互式透明工具为其应用透明效果，如图10-15所示。

STEP 18 复制标志图形，设置颜色分别为白色、白色、黑色，作为标志的墨稿效果图，如图10-16所示。

STEP 19 复制标志图形，为其设置不同的标准色，如图10-17所示。

图10-14 填充颜色

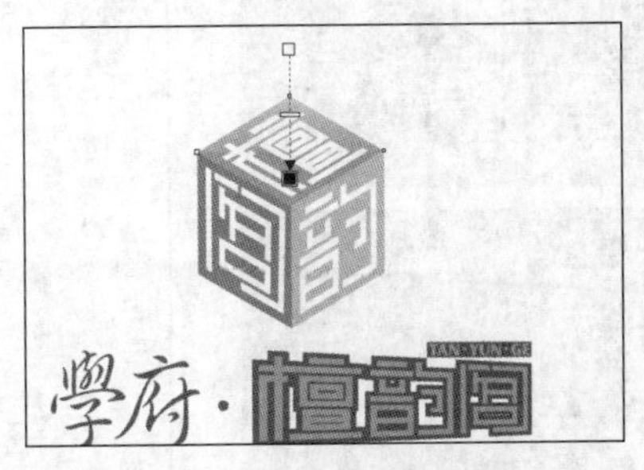

图10-15 设置透明效果

图10-16 标志墨稿

图10-17 标志标准色

知识补充

标志的标准制图是指使用表格工具在标志的下方绘制的等比例表格，主要用于规范标志的大小等（这里就不再一一讲解）。

任务二 设计办公用品

【任务要求】

本例将练习用CorelDRAW制作VI应用系统中的办公用品，其中应用系统包括有产品造型、办公用品、企业环境、交通工具、服装服饰、广告媒体、招牌、包装系统、公务礼品、陈列展示、印刷出版物等。在制作时可以先新建文档，然后根据需要利用各种绘图工具绘制需要的办公用品，如名片、信纸、信封、传真用纸、VIP卡、办公笔、笔记本、纸杯等，通过制作，掌握在CorelDRAW中绘制各种图形的操作。

【任务思路】

办公用品同样是企业VI系统设计中必不可少的部分，在制作之前，可以到网上搜索VI办公用品的相关素材，这样，便不用对每一项办公用品都手动绘制。新建图形文件，然后绘制图形即可，后面再根据需要添加页面，继续绘制出相关的办公用品即可。本例制作完成后的最终效果如图10-18所示（效果参见：光盘:\效果文件\项目十\任务二\办公用品.cdr）。

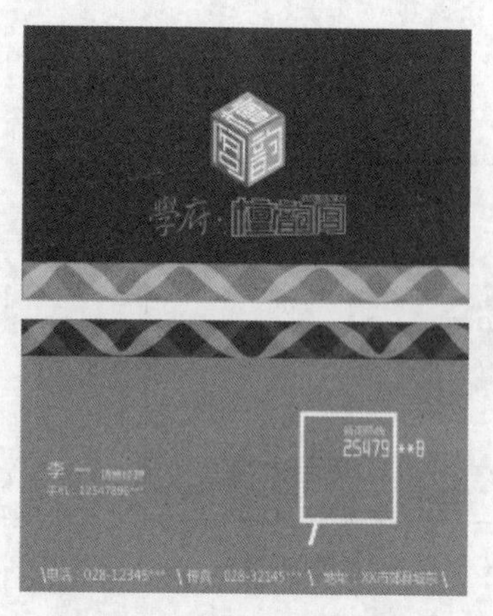

名片

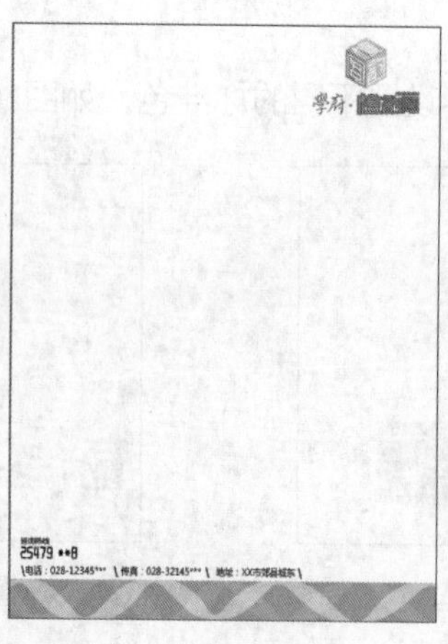

信纸

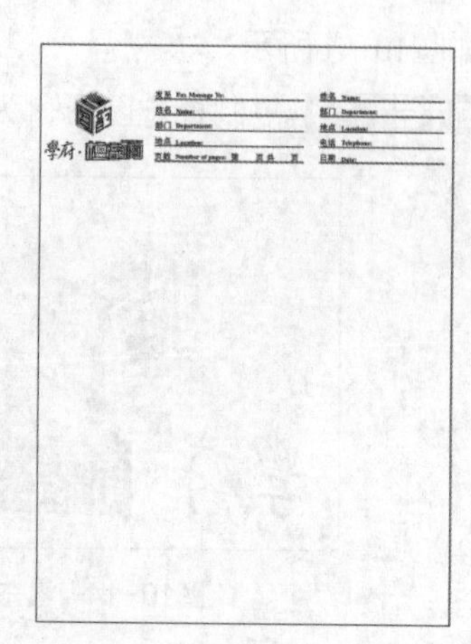

传真纸

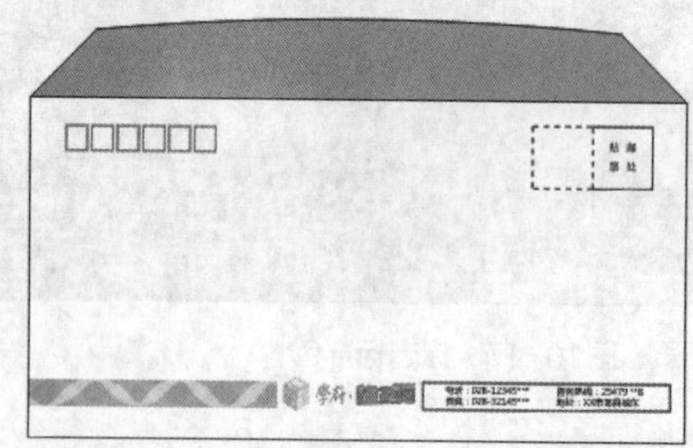
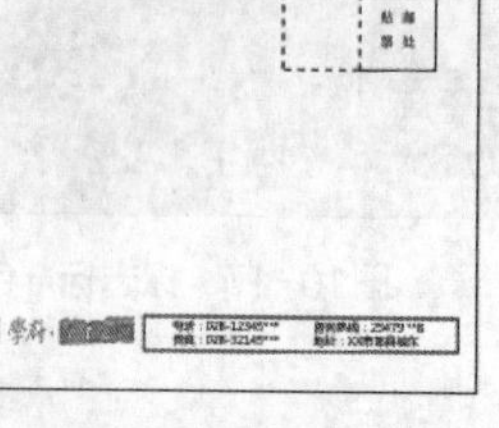

信封

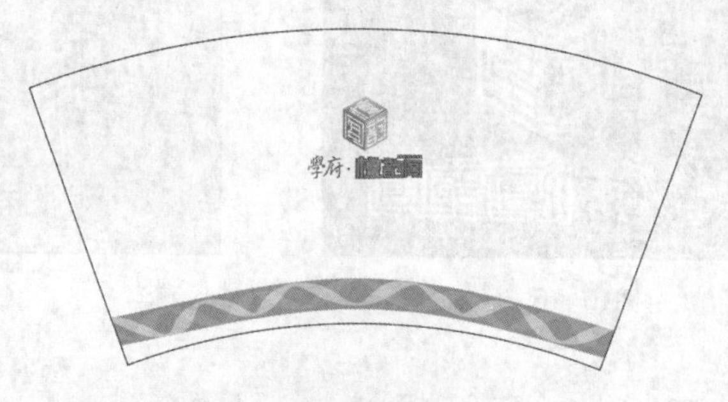

纸杯剖面图

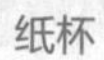

纸杯

杯垫

光盘正面

光盘背面

光盘袋

笔记本 钢笔 VIP卡

图10-18 办公用品效果

【操作步骤】

STEP 1 启动CorelDRAW X4程序，新建一个图形文件，将其保存为“办公用品.cdr”。

STEP 2 选择工具箱中的矩形工具，绘制一个大小为90mm × 53mm的矩形。

STEP 3 在任意位置绘制一个颜色为黄绿（Y:60 K:20）的矩形，取消轮廓线，然后使用贝塞尔工具绘制如图10-19所示的曲线图形，将其填充为白色，并复制一个到相应位置。

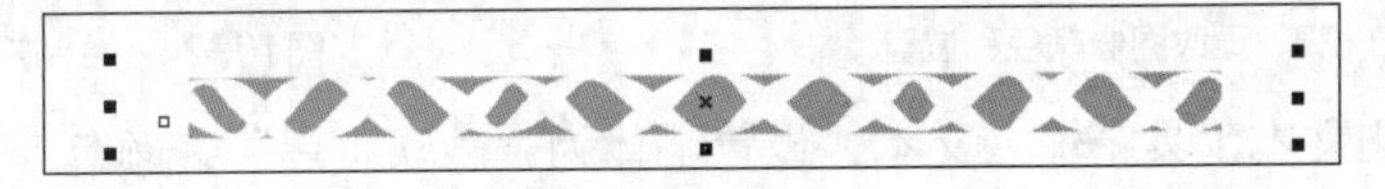

图10-19 绘制图形

STEP 4 为白色的曲线图形设置不同的透明效果，透明度分别为40和80，然后将其放置在矩形中，作为VI中的辅助图形使用，如图10-20所示。

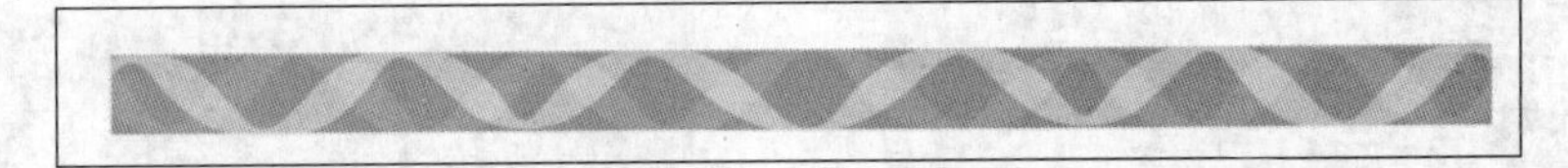

图10-20 设置透明效果

辅助图形是VI系统中不可缺少的一部分，可以增加标志等VI设计中其他要素在实际应用中的应用面，尤其在传播媒介中可以丰富整体内容和强化企业形象。

STEP 5 复制辅助图形到最初绘制的矩形上，缩放其大小后将其放置在矩形中，如图10-21所示。

STEP 6 将矩形填充为深黄（Y:50 K:50），取消轮廓线，然后导入任务一中的“企业LOGO.cdr”图形，复制需要的标志图形到矩形上，并缩放其大小，如图10-22所示。

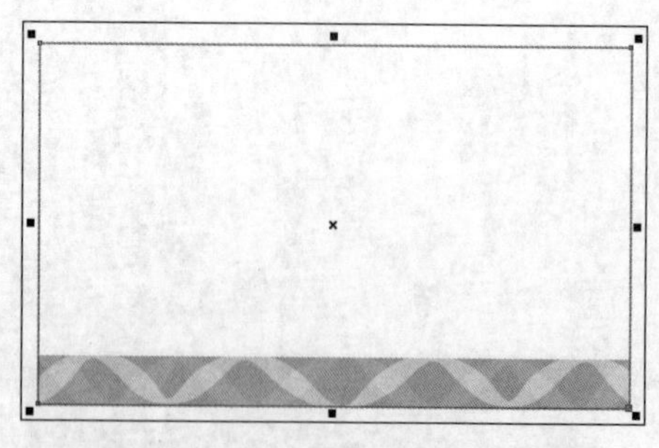

图10-21　复制辅助图形

图10-22　导入标志图形

STEP 7 复制名片的矩形，将填充颜色更改为黄绿（Y:60 K:20），将矩形中的辅助图形颜色更改为深黄（Y:50 K:50），然后将其位置放置在矩形上方，完成后的效果如图10-23所示。

STEP 8 在名片的右侧绘制矩形方框，然后在下面绘制一个倾斜的矩形，设置矩形颜色为白色，取消轮廓线，如图10-24所示。

图10-23　更改图像颜色和位置

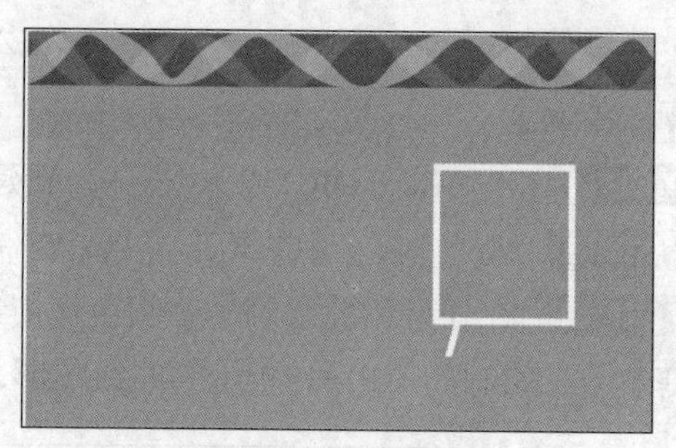

图10-24　绘制矩形

STEP 9 使用文本工具箱输入文本，设置字体为“微软雅黑”，颜色都为白色，然后按【F10】键分别调整文本间距，完成后调整各个文本的大小，如图10-25所示。

STEP 10 在下方文本中间绘制白色的矩形，取消轮廓线，然后将其向左倾斜15°，完成名片的制作，如图10-26所示。

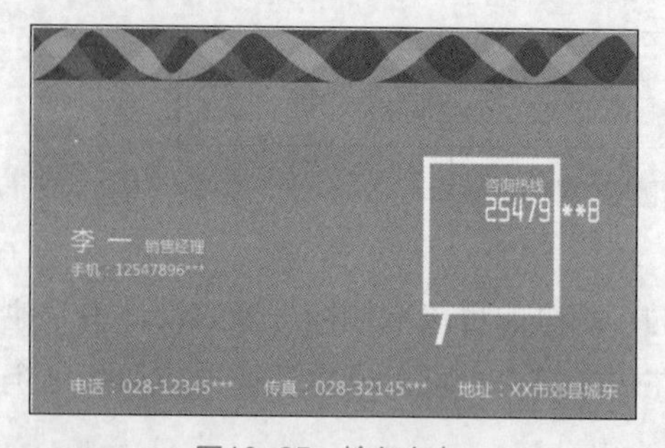

图10-25　输入文本

图10-26　绘制矩形

STEP 11 添加页面，绘制一个矩形，填充为白色，然后复制辅助图形放置在矩形的下方，并将其放置在矩形中。

STEP 12 复制标志图形，缩放其大小后将其放置在矩形的右上角，如图10-27所示。

STEP 13 在信纸的左下角输入相应文本，如广告词等，这里直接复制名片中的文本信息，如图10-28所示。

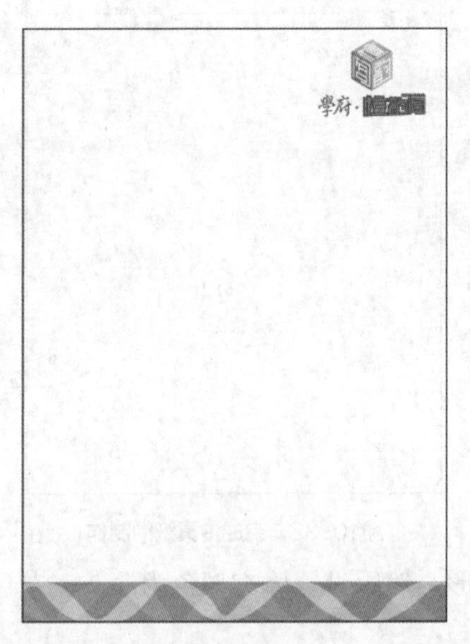

图10-27 复制图形

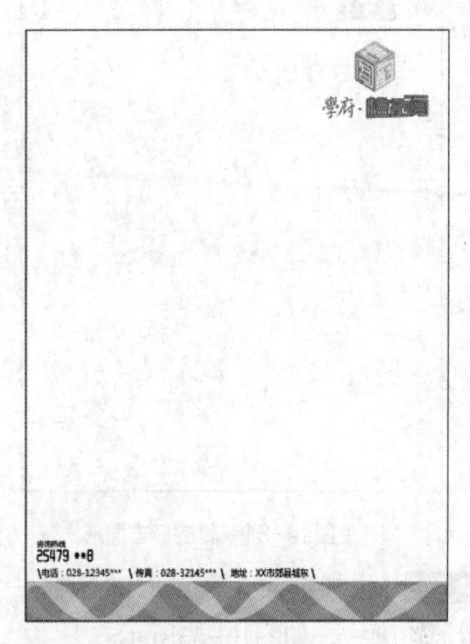

图10-28 输入文本

STEP 14 添加页面，使用矩形工具、文本工具、贝塞尔工具绘制如图10-29所示的信封图形，注意转曲文本，并设置邮编框的轮廓颜色为红色。

STEP 15 复制辅助图形，缩放其大小后将其放置在相应位置，并将其放置到容器中。

STEP 16 将信封上面的图形填充为黄绿（Y:60 K:20），然后复制标志图形，将其位置更改横排放置，缩放其大小后放置在相应位置。

STEP 17 在标志后面绘制矩形，在矩形中输入相关文本即可，如图10-30所示。

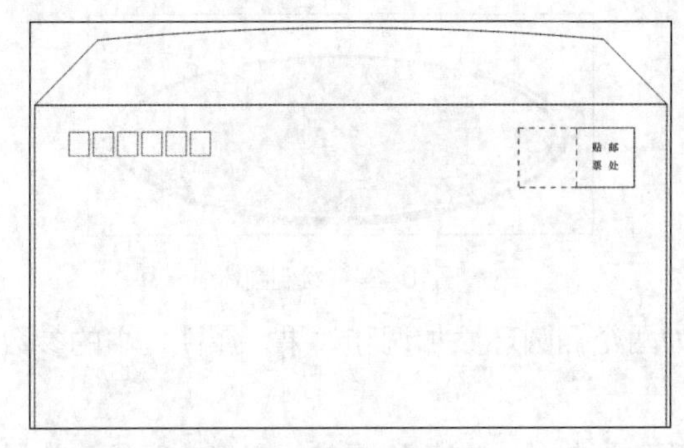

图10-29 绘制信封图形

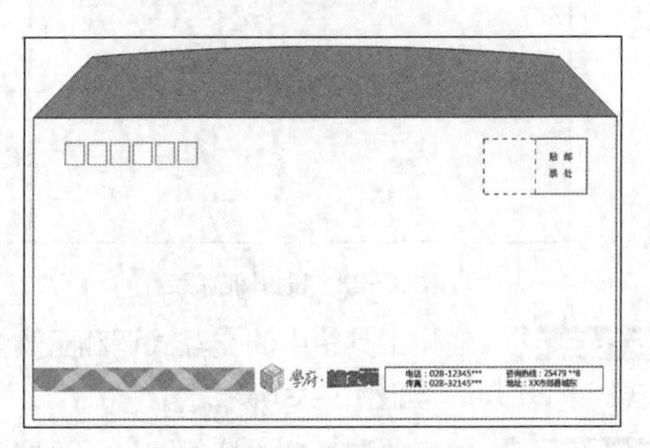

图10-30 完成信封的制作

STEP 18 添加页面，绘制一个矩形，填充为白色，然后复制墨稿中的标志到相应位置，更改颜色和大小后的效果如图10-31所示。

STEP 19 使用文本工具输入相关文本，设置字体为“微软雅黑”，英文字体为“方正小标宋简体”，然后设置相应大小后转曲文本，在各行文本的下面绘制一个直线，对齐与分布后的效果如图10-32所示，完成传真纸的制作。

图10-31 复制标志图形

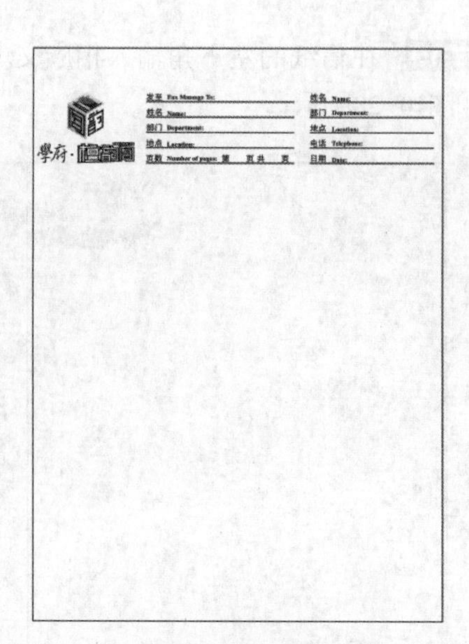

图10-32 完成传真纸的制作

STEP 20 添加页面，在页面中绘制一个椭圆形，然后设置填充颜色为深灰、灰色和白色，取消轮廓线，如图10-33所示。

STEP 21 在椭圆外面绘制两个椭圆的圆环，设置其颜色为白色和灰色，如图10-34所示。

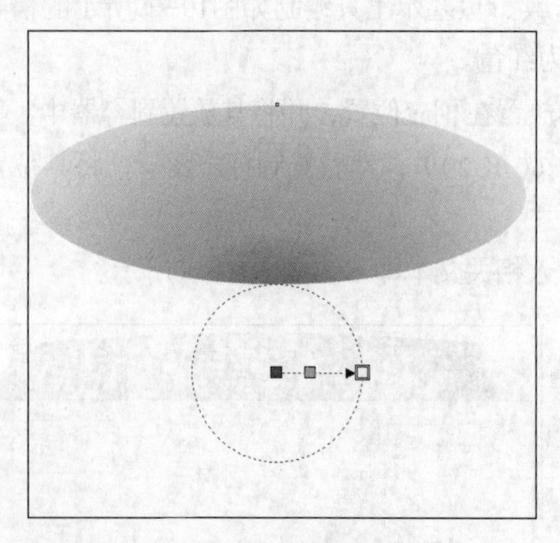

图10-33 设置椭圆颜色

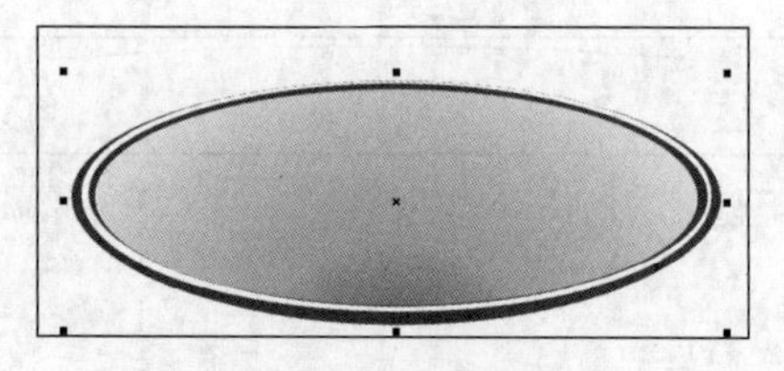

图10-34 绘制圆环

STEP 22 使用工具箱中的交互式调和工具为两个椭圆环添加调和效果，属性栏中的参数默认设置即可，如图10-35所示。

STEP 23 继续绘制纸杯的杯体图形，设置颜色为灰色、白色和深灰，取消轮廓线，效果如图10-36所示。

STEP 24 复制辅助图形，使用交互式封套工具将其更改为弧形，注意此时更改的只是矩形，里面的曲线图形未发生变化，因此，还需要进入到容器中，对曲线图形应用封套效果，完成后，将辅助图形放置到杯体的图形中，如图10-37所示。

STEP 25 复制标志图形，缩放其大小后将其放置在纸杯图形上，如图10-38所示。

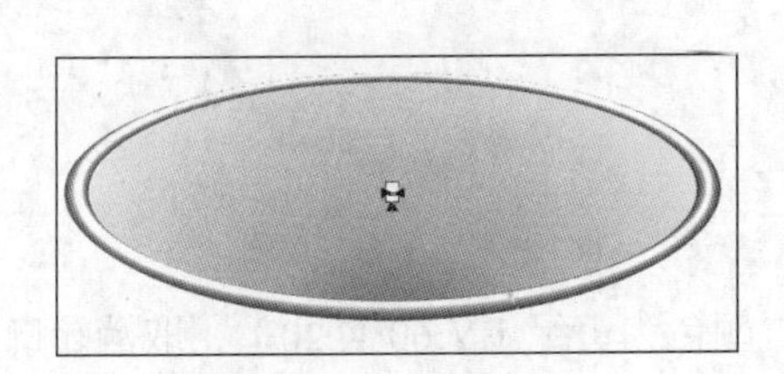

图10-35 添加调和效果

图10-36 绘制杯体图形

图10-37 添加封套效果

图10-38 复制标志图形

STEP 26 为了便于查看，还需要绘制纸杯的剖面图，使用椭圆工具绘制如图10-39所示的图形，作为纸杯的剖面图。

STEP 27 使用同样的方法在上面添加标志图形和辅助图形，如图10-40所示。

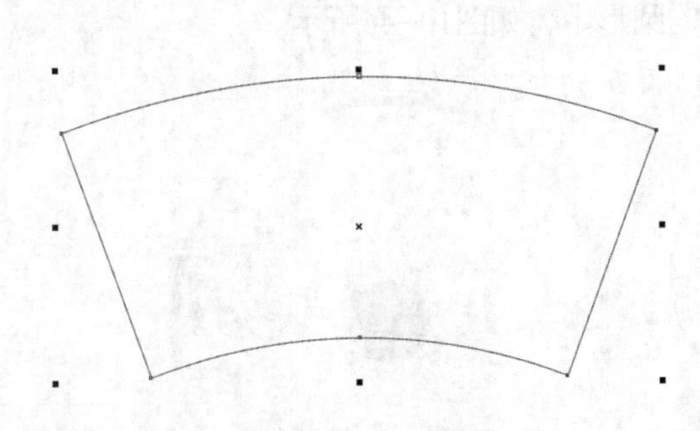

图10-39 绘制图形

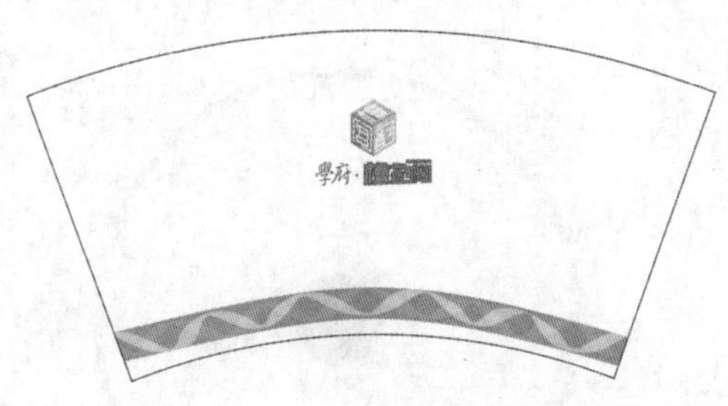

图10-40 添加标志和辅助图形

STEP 28 绘制一个10边形，然后使用交互式变形工具对其进行推拉变形，如图10-41所示。

STEP 29 将图形填充为黄绿（Y:60 K:20），取消轮廓线，然后为其添加轮廓图效果，偏移量可自行设置，然后打散轮廓图，将其填充为白色，如图10-42所示。

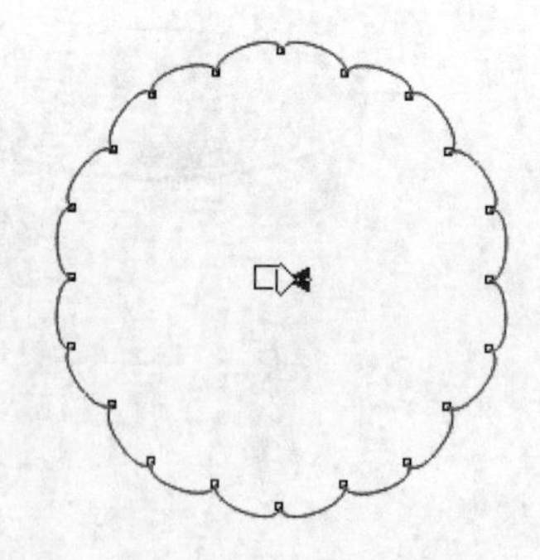

图10-41　变形图形

图10-42　打散轮廓图

STEP 30 在图形的中间绘制一个圆形，设置颜色为黄绿（Y:60 K:20），取消轮廓线，如图10-43所示。

STEP 31 将名片上的矩形框复制到圆形中，调整大小后的效果如图10-44所示，完成杯垫的制作。

图10-43　绘制圆形

图10-44　复制图形

STEP 32 添加页面，在页面中使用椭圆工具绘制圆形，并将其分别填充为黑色、灰色、白色、灰色，取消轮廓线，如图10-45所示。

STEP 33 复制辅助图形，将其矩形中的图形提取出来，然后将其填充为黄绿（Y:60 K:20），并缩放到合适大小，将其放置在白色的圆形中，如图10-46所示。

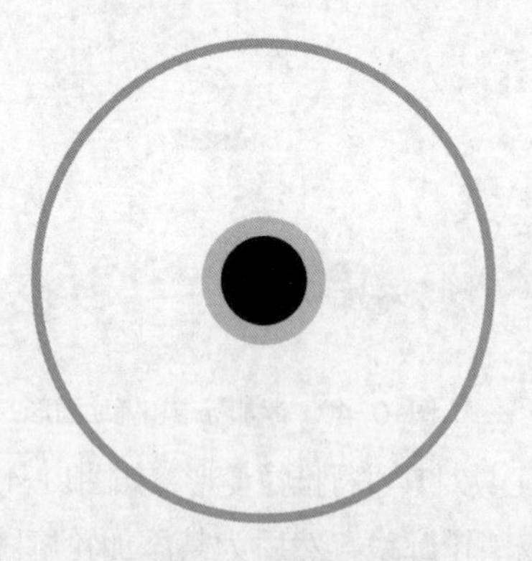

图10-45　绘制圆形

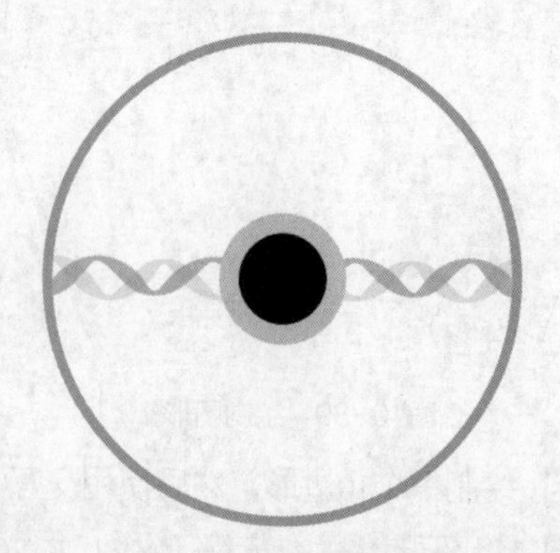

图10-46　放置辅助图形

STEP 34 复制标志图形，缩放其大小后将其放置在光盘上，如图10-47所示。

STEP 35 在光盘底端输入联系信息文本（也可直接复制之前的），然后在文本中间绘制黑色的矩形，并倾斜一定的角度，如图10-48所示。

图10-47 复制标志图形

图10-48 输入信息文本

STEP 36 继续使用椭圆工具绘制圆形，设置其颜色分别为黑色、白色、黑色，取消轮廓线，如图10-49所示。

STEP 37 绘制一个灰色的矩形，注意水平居中对齐圆形，然后将该图形放置在外面的黑色圆形中，如图10-50所示。

图10-49 绘制圆形

图10-50 绘制矩形

STEP 38 复制标志图形，将其缩放至合适大小后放置在相应位置，如图10-51所示。

STEP 39 使用矩形工具绘制一个正方形，并将其填充为白色，然后绘制一个小的圆形图形，使用圆形去修剪矩形，得到光盘的光盘袋。

STEP 40 复制辅助图形，缩放其大小后将其旋转并放置在绘制的图形中，并复制标志图形和联系信息文本到合适的位置，如图10-52所示。

STEP 41 添加页面，在其中绘制一个圆角矩形，并将其填充为黑色，取消轮廓线。

STEP 42 在矩形左侧绘制白色的圆形，并复制多个圆形，注意等距离分布圆形，如图10-53所示。

STEP 43 选择所有的圆形，使用其修剪矩形，然后删除所有圆形。

STEP 44 复制矩形，将其放置在最下层，然后填充为灰色，为笔记本添加立体效果，如

图10-54所示。

图10-51　放置标志图形

图10-52　绘制光盘袋

图10-53　修剪图形

图10-54　复制图形

STEP 45　复制辅助图形，将其矩形中的图形提取出来，并缩放和旋转图形，将其放置在黑色的图形中，如图10-55所示。

STEP 46　复制墨稿的标志图形，缩放其大小后将其放置在相应位置。

STEP 47　使用文本工具输入“记事本”，设置其字体为“方正粗宋简体”，颜色为金色，将文本缩放至合适大小。

STEP 48　使用文本工具输入“NOTEBOOK”，设置其字体为“Arial Black”，颜色为金色，将文本缩放至合适大小，如图10-56所示。

STEP 49　使用贝塞尔工具绘制几条白色的线条，注意等距离分布线条图形，效果如图10-57所示。

STEP 50　在圆形的图形处绘制一个灰色的矩形，取消轮廓线，并向下复制一个到相应位置，然后按【Ctrl+D】组合键再制图形，效果如图10-58所示。

图10-55 添加辅助图形

图10-56 输入文本

图10-57 绘制线条

图10-58 绘制矩形

STEP 51 使用矩形工具和贝塞尔工具绘制如图10-59所示的图形。

STEP 52 为其中的矩形填充黑、灰、深灰的线性渐变，完成后的效果如图10-60所示。

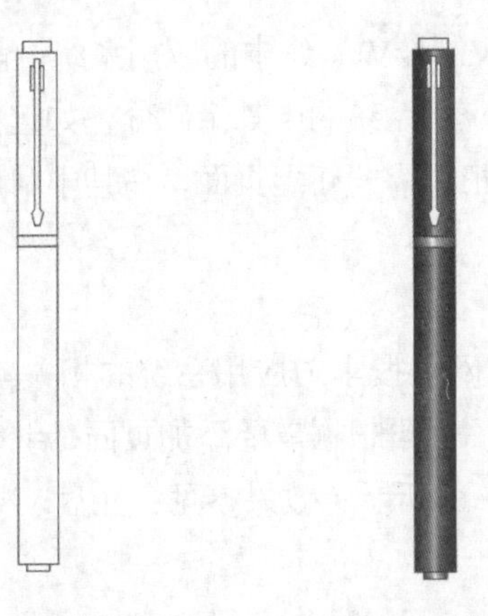
图10-59 绘制钢笔图形 图10-60 填充颜色

STEP 53 绘制一个90mm×53mm的矩形，将其填充为黄绿（Y:60 K:20），复制辅助图形，提取其中的内容图形，将其放置在矩形的下方，如图10-61所示。

STEP 54 复制标志图形到合适位置，然后输入“VIP卡”，设置字体为“方正粗宋简体”，颜色为白色，将文本缩放至合适大小，如图10-62所示。

图10-61 调整辅助图形

图10-62 输入文本

STEP 55 复制之前名片中的相关信息，将其放置在相应位置，然后输入VIP的卡号文本，设置字体为“方正粗宋简体”，颜色为白色，将文本缩放至合适大小，如图10-63所示。

STEP 56 选择矩形，按【F10】键切换到形状工具，将矩形更改为圆角矩形，如图10-64所示。

图10-63 添加文本信息

图10-64 转换为圆角矩形

任务三 设计应用系统

【任务要求】

本例将练习用CorelDRAW制作VI系统中的应用系统，前面已经对VI中的办公事务用品进行了制作，这里主要是制作应用系统的中其余部分，如宣传海报、宣传单、标识牌等。在制作时可以先新建文档，然后根据需要新建页面，在其中利用各种绘图工具绘制需要的图形即可。

【任务思路】

在制作之前，同样可以到网上搜索VI应用系统的相关素材，如汽车的模型等。新建图形文件，然后绘制图形即可，后面再根据需要添加页面，继续绘制出相关的图形即可。本例制作完成后的最终效果如图10-65所示（效果参见：光盘:\效果文件\项目十\任务三\应用系统.cdr）。

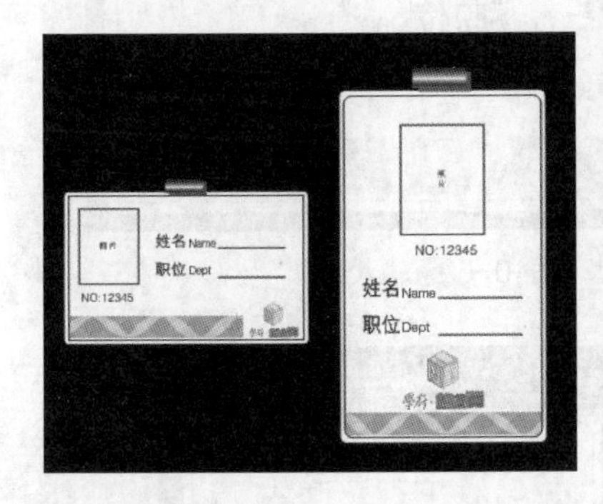

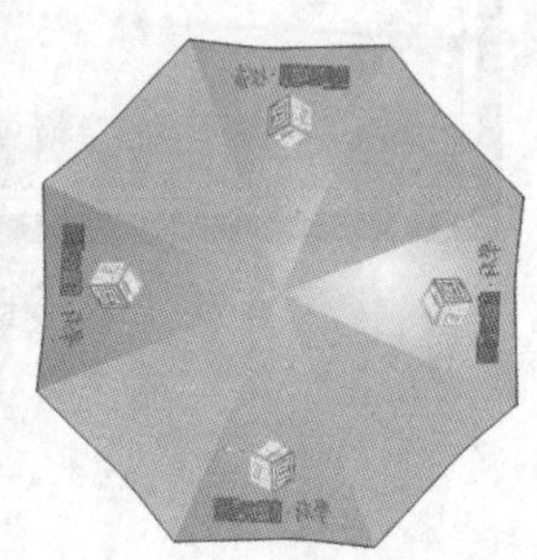

图 10-65　应用系统效果

【操作步骤】

STEP 1 启动CorelDRAW X4程序，新建一个图形文件，将其保存为“应用系统.cdr”。

STEP 2 在页面中绘制一个矩形，将其填充为黑色，然后将其锁定。

STEP 3 继续绘制一个白色的圆角矩形和矩形，将其居中对齐，如图10−66所示。

STEP 4 将之前绘制的辅助图形导入到当前文件中，然后复制一个辅助图形并缩小，将其放置在里面的白色矩形中。

STEP 5 复制标志图形，将其缩小并放置在合适的位置，如图10−67所示。

图10−66　绘制矩形

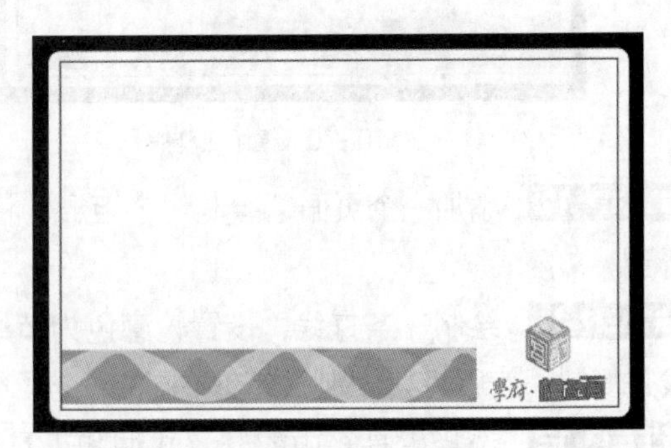

图10−67　复制相关图形

STEP 6 在矩形中绘制一个小一些的矩形，并设置其轮廓线为虚线的样式，然后在该矩形中心位置输入“照片”文本，字号大小为8pt，如图10−68所示。

STEP 7 在矩形上输入其他相关信息文本，并设置字体为“方正中等线简体”，字号为14pt和10pt，然后在相应文本后面绘制一条直线，如图10−69所示。

STEP 8 绘制一个矩形，将其填充为灰色，取消轮廓线。然后复制该矩形到相应位置，设置其填充颜色为灰色、白色、灰色、白色，如图10−70所示。

STEP 9 利用相同的方法制作一个竖式排版的工作牌，效果10-71所示。

图10-68 绘制虚线矩形

图10-69 输入文本

图10-70 横版工作牌

图10-71 竖版工作牌

STEP 10 添加一个页面，绘制一个矩形，将其填充为红色到淡黄的射线渐变，如图10-72所示。

STEP 11 绘制一条直线，设置轮廓色为黄绿（Y:60 K:10），轮廓宽度为0.3mm，旋转直线并复制，然后将其分别放置在不同的位置。

STEP 12 选择工具箱中的交互式调和工具调和工具，在属性栏中设置步长位100，如图10-73所示。

STEP 13 将调和后的图形放置在矩形中后进入矩形中编辑图形，选择调和图形将其打散，然后取消所有群组，选择所有图形后按【Ctrl+L】组合键结合图形。

STEP 14 选择工具箱中的交互式透明工具，设置透明效果为标准，透明度为60，结束编辑后的效果如图10-74所示。

STEP 15 在矩形上绘制一个白色的矩形，将其垂直居中和顶部对齐，然后复制标志图形到相应的位置，如图10-75所示。

图10-72 填充图形

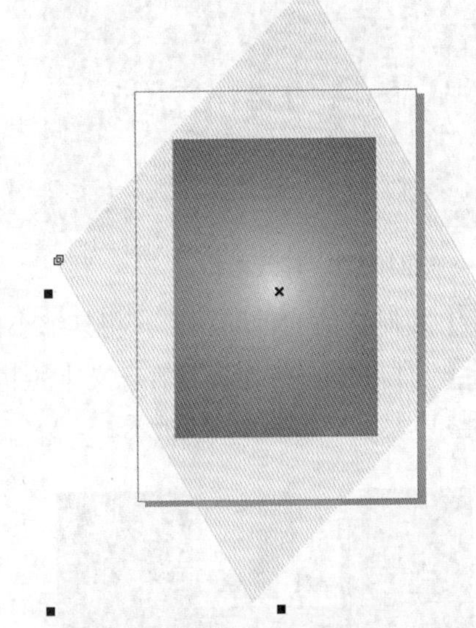
图10-73 调和图形

图10-74 设置透明效果

图10-75 复制图形

STEP 16 输入相关文本，设置其字体分别为“方正特雅宋”，颜色为黄绿（Y:60 K:10）到白色的线性渐变，然后选择工具箱中的交互式轮廓图工具，为文本添加外轮廓效果，按【Ctrl+K】组合键打散轮廓图，然后设置颜色为红色，如图10-76所示。

STEP 17 在下面继续输入相关文本，设置其字体分别为“方正兰亭粗黑简体”，颜色为黄色到白色的线性渐变，然后选择工具箱中的交互式轮廓图工具，为文本添加外轮廓效果，按【Ctrl+K】组合键打散轮廓图，然后设置颜色为红色，轮廓颜色为黄色，宽度为0.5mm，如图10-77所示（注意文本与矩形的对齐）。

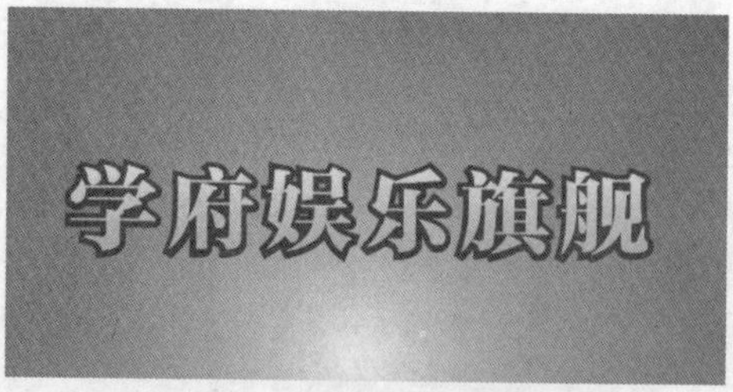

图10-76　输入文本

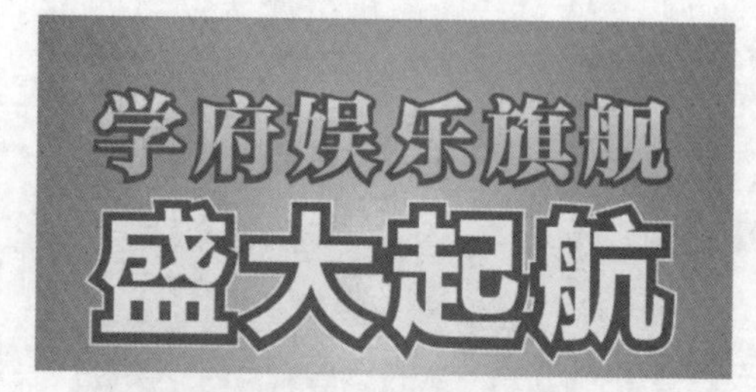

图10-77　输入其他文本

STEP 18 复制之前的辅助图形，将其缩小并放置在相应位置，如图10-78所示。

STEP 19 输入之前的电话等信息文本（也可将之前的文件导入），设置颜色为白色，然后分别调整其大小，如图10-79所示。

图10-78　复制辅助图形

图10-79　复制文本

STEP 20 添加一个页面，在页面中绘制一个八边形，然后按【F10】键切换到形状工具，对节点进行调整，并旋转图形，如图10-80所示。

STEP 21 选择该图形，将其填充为白色到灰色的射线渐变，增强图形的立体效果，如图10-81所示。

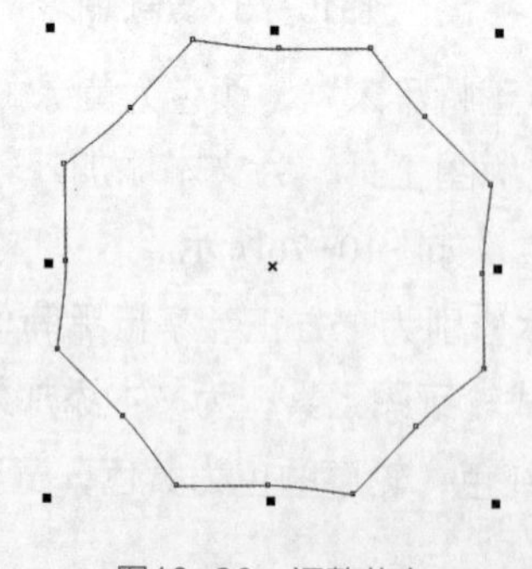

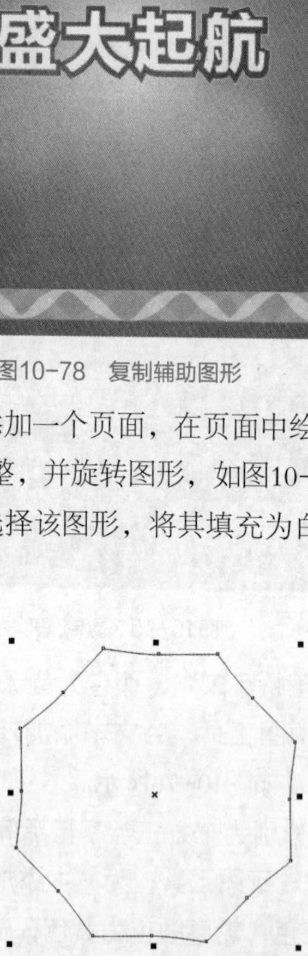

图10-80　调整节点

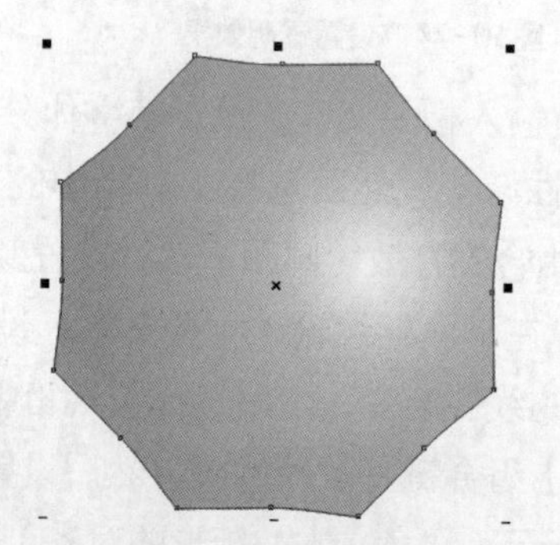

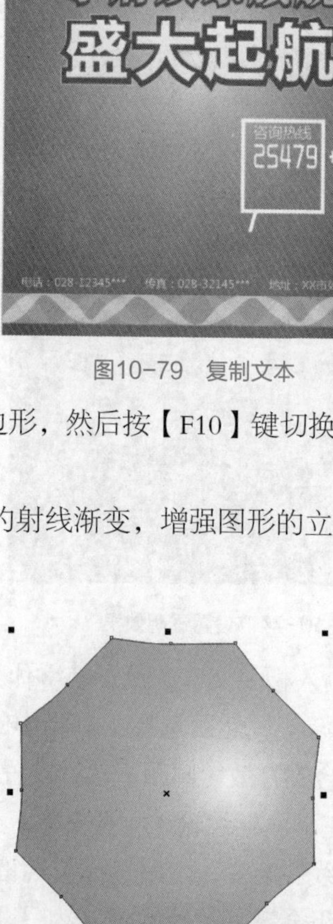

图10-81　填充颜色

STEP 22 使用贝塞尔工具沿相关节点绘制三角形，然后沿中心旋转复制图形，将复制后的图形填充为黄绿（Y:60 K:10），取消轮廓线，并将其放置在图形中，如图10-82所示。

STEP 23 复制标志图形，将其旋转缩放至合适大小，然后放置在相应位置，完成伞的制作，效果如图10-83所示。

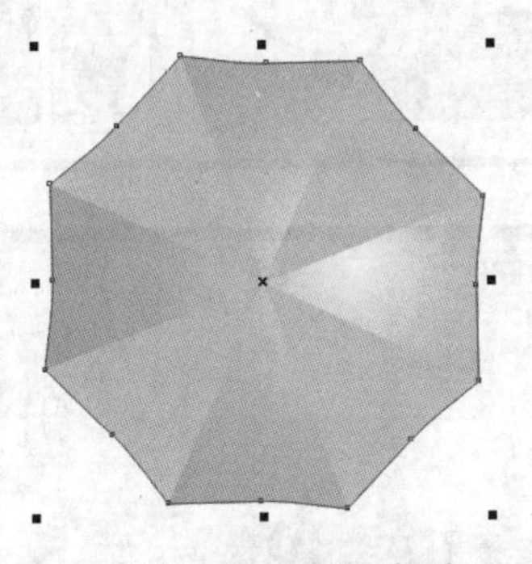

图10-82 绘制三角形

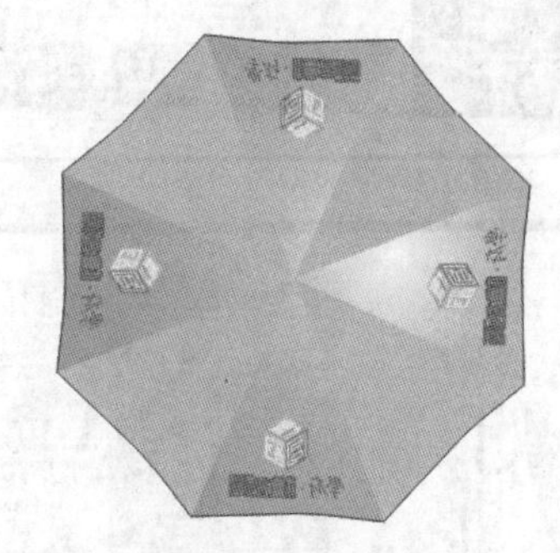

图10-83 复制标志图形

实训一 制作"画册"

【实训要求】

本实训要求设计一本中国风的画册，其中页数为8页（包括封面和封底），尺寸为210mm×210mm，加上出血区域则为216mm×216mm。

【实训思路】

画册是一个展示平台，可以是企业，也可以是个人。在画册制作设计的过程中，要依据不同的内容或不同的主题特征，进行优势整合，统筹规划，使画册在整体和谐中求创新。在CorelDRAW中新建文件并设置页面大小后，添加需要的页面数，然后将需要的文本和图片（素材参见：光盘:\素材文件\项目十\实训一\锦里）内容分别放置在不同的页面，这样在后期制作的过程中便可避免文本混乱。本实训的参考效果如图10-84所示（效果参见：光盘:\效果文件\项目十\实训一\锦里.cdr）。

操作提示

在设计画册时，由于图片繁多，这里提供的素材只是一部分，其余的景点介绍素材可自行上网下载。

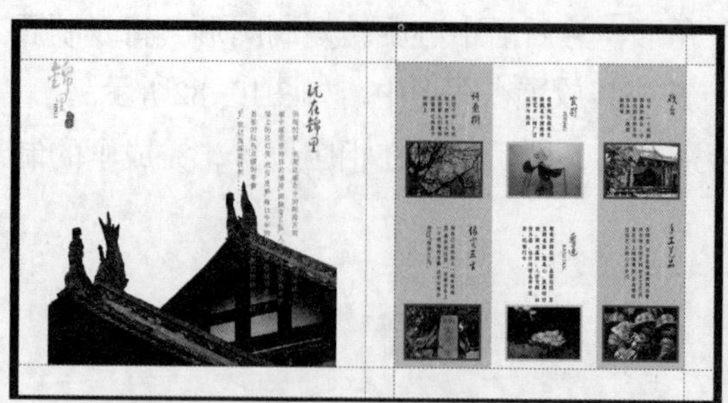
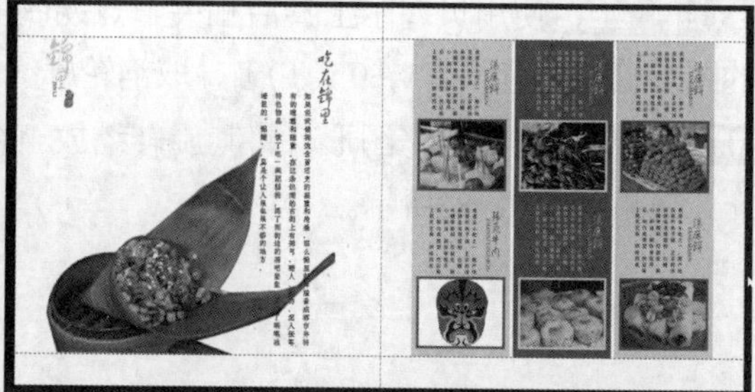

图10-84　画册效果

【步骤提示】

STEP 1 新建一个图形文件，设置页面为420mm×210mm（这里的尺寸是两个页面的大小，也可以只设置为210mm×210mm，只是后面在建立页面时要多一些），然后双击矩形工具□绘制矩形，将矩形的大小设置为426mm×216mm，选择【视图】/【显示】/【出血】菜单命令，显示出血区域。

STEP 2 根据需要添加相关的辅助线，然后添加需要的页面数。

STEP 3 在第一个页面上制作画册的封面和封底内容（注意封面在右侧，封底在左侧）。

STEP 4 在后面的页面中导入需要的素材文件，然后输入文本，并设置文本的相关属性。

STEP 5 注意在设计画册时，颜色应用不宜过多，且版面结构上要相似。

实训二　制作“DM单”

【实训要求】

DM单的制作形式不限，在制作时设计人员要透彻了解商品，充分考虑其折叠方式、尺寸大小、实际重量等。打开提供的素材文件（素材参见：光盘:\素材文件\项目十\实训二\图片1.jpg、图片2.jpg、图片3.jpg），根据文本内容的多少进行排版，最终效果如图10-85所示（效果参见：光盘:\效果文件\项目十\实训二\学校DM单.cdr）。

【实训思路】

本实训可综合运用前面所学知识进行设计，在设计时要注意主次分明，颜色的应用上要贴近学校性质。

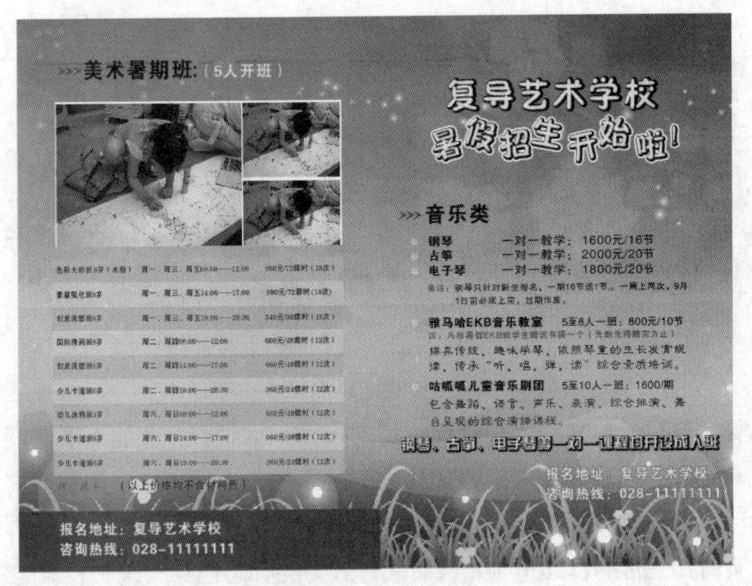

图10-85 DM单效果

【步骤提示】

STEP 1 新建图形文件，然后绘制矩形。

STEP 2 导入需要的素材文件作为DM单的背景，注意设置图片的透明效果。

STEP 3 输入文本，并对文本设置相应的颜色。

STEP 4 输入其他相关文本，并对文本设置相应的属性，注意要条理分明。

STEP 5 绘制矩形制作表格，并设置不同的填充颜色，然后在表格上输入相关文本，并设置字体属性。

常见疑难解析

问：使用什么软件制作标志比较好呢？

答：最好选择矢量图形绘制软件，如CorelDRAW、Illustrator等，它们生成的矢量格式文件在应用标志上很方便，无论对其放大或缩小都不会影响效果。

问：在设计广告宣传资料时，需要重点注意哪些呢？

答：在设计前，设计者需要了解客户的宣传意图和方式，对整个版面有大致的规划，包括色调和版式等，充分准备后，才能设计出更符合客户要求的作品。

拓展知识

1. 关于标志设计

标志是表明事物特征的记号，它以显著、易识别的物象、图形或文字符号为直观语言，要求以简洁明了的图形、强烈的视觉刺激效果，给人留下深刻的印象。图10-86所示为可口可乐的标志设计。

图10-86 LOGO

标志、徽标和商标（LOGO）是现代经济的产物，承载着企业的无形资产，是企业综合信息传递的媒介。标志在企业形象宣传过程中，是应用最广泛、出现频率最高，同时也是企业日常经营活动、广告宣传、文化建设、对外交流必不可少的元素。通过标志，可以看出企业强大的整体实力和完善的管理机制，具有法律效力的标志还具有维护权益的特殊作用。

标志具有以下几种特性，下面对其进行简要介绍。

- **识别性**：识别性是企业标志重要功能之一。在当今的市场经济体制下，只有特点鲜明、容易辨认和记忆、含义深刻、造型优美的标志，才能在同行中凸显出来。由于标志直接关系到个人、企业乃至集团的根本利益，所以决不能雷同、混淆，以免造成误解。因此标志必须特征鲜明，具有很强的可识别性。
- **显著性**：显著性是标志又一重要特性。要想标志引起人们的关注，最好做到色彩强烈醒目、图形简练清晰，并且和企业之间具有良好的融通性，让人一看到标志即可联想到该企业。
- **多样性**：标志的用途各有不同，表现方式也很多，从其应用形式、构成形式、表现手段来看都有着极其丰富的多样性。标志的应用形式包括平面的和立体的（如浮雕等），在设计时应根据不同的需要选择不同的应用形式。
- **艺术性**：在设计标志的时候，除了需要能体现企业精神外，还需要具有一定程度的艺术性，这样既符合实用要求，又符合美学原则，给人以美感。艺术性强的标志更能吸引和感染人，给人以强烈和深刻的印象。
- **准确性**：标志要说明的寓意或象征，其含义必须准确、易懂，要能符合人们认识心理和认识能力。另外，准确性也是非常重要的，尽量避免多解或误解，让人在极短时间内准确无误地领会其意义。

2. VI设计的注意事项

在设计VI时，需要注意以下问题。

- 一套完整的VI系统包括的范围比较广，大致可分为基本识别系统、办公用品系统、广告宣传系统、环境空间系统、运输系统、企业服饰系统等。
- 当企业标志与其他单色一起运用时，标志一般采用白色反底效果，标准图与标准字体的用色必须一致，在与其他复杂背景一起运用时，标志通常采用白色加黑色投影来突出标志。

3. 颜色的应用

在设计文件时，在颜色的采取上同样重要，人们对颜色的识别比较敏感，不同的颜色给人不同的感觉和情绪，所以企业在VI设计中运用颜色搭配时，要先对颜色的内涵有所了解。

颜色在视觉上有冷暖、轻重、明暗、清浊之分，人们通过对颜色的感觉，影响人们的心情、情绪、思维、感情、行为等，所以合理地运用颜色是非常重要的。下面对一些常用颜色的感觉进行介绍。

- 绿色——青春、活力、成长、和平。
- 白色——明亮、纯洁、神圣、高雅。
- 黑色——严谨、刚毅、凝重、坚定。
- 蓝色——科技、理智、冷静、开阔。
- 黄色——富贵、光明、兴奋、希望。
- 紫色——高贵、神秘、浪漫、典雅。
- 红色——热情、兴奋、辉煌、宏观。
- 橙色——华丽、温馨、欢乐。

课后练习

（1）新建图形文件，制作一个指示牌，效果如图10-87所示（效果参见：光盘:\效果文件\项目十\课后练习\指示牌.cdr）。

（2）本练习要求制作一张KTV的活动DM效果，在制作的过程中要注意图形的排列顺序，参考效果如图10-88所示（效果参见：光盘:\效果文件\项目十\课后练习\DM单.cdr）。

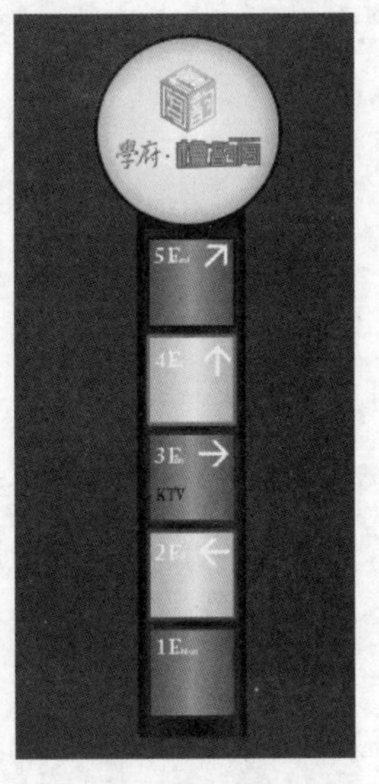

图10-87 指示牌效果

图10-88 DM单效果

（3）本练习要求制作一张快餐店的菜单宣传效果，其参考效果如图10-89所示（效果参见：光盘:\效果文件\项目十\课后练习\餐馆菜单.cdr）。

图10-89　餐馆菜单效果